高职高专建筑智能化工程技术专业规划教材

电气照明技术

第2版

主　编　肖　辉
副主编　王晓东
参　编　李英姿　李新兵
主　审　江豫新

机　械　工　业　出　版　社

本书是编者根据国家颁发的有关标准、规程与规范，以有关专业书籍为借鉴和参考，并结合自身教学经验和工程实践编写而成的。

全书分10章，第一、二章介绍电气照明的相关基础知识，包括光的基本知识、视觉与颜色；第三、四章介绍电光源和照明器的原理与应用；第五章介绍照明计算；第六～八章是应用部分，主要介绍各类照明设计的要点和设计方法，同时从照明节能、保护生态环境的角度，强调“绿色照明”工程实施的重要性；第九章介绍照度的工程测量方法；第十章汇集了编者的部分设计作品，举一反三，希望读者能学以致用。

本书在内容上力求深入浅出、简明扼要、层次清楚、语言透彻，注重理论学习与实际工程相结合，向读者阐述了电气照明设计和应用的完整理念。同时，为了便于读者学习，编者就每章的重点内容，特编制了相应的思考题，供读者在学习时参考和选用。

本书主要面向高职高专建筑智能化工程技术专业、自动化类专业及相关专业的教学，也可供有关工程技术人员作为设计与应用的参考。

为方便教学，本书配有电子课件等，凡选用本书作为教学用书的学校，均可来电索取。咨询电话：010-88379758；电子邮件：cmpgapzhi@sina. com。

图书在版编目（CIP）数据

电气照明技术/肖辉主编．—2版．—北京：机械工业出版社，2018.12（2024.8重印）

高职高专建筑智能化工程技术专业规划教材

ISBN 978-7-111-61526-2

Ⅰ．①电…　Ⅱ．①肖…　Ⅲ．①电气照明-照明技术-高等职业教育-教材　Ⅳ．①TM923.01

中国版本图书馆CIP数据核字（2018）第277459号

机械工业出版社（北京市百万庄大街22号　邮政编码100037）
策划编辑：王宗锋　责任编辑：王宗锋　陈文龙
责任校对：肖　琳　封面设计：陈　沛
责任印制：张　博
北京建宏印刷有限公司印刷
2024年8月第2版第2次印刷
184mm×260mm · 13印张 · 1插页 · 320千字
标准书号：ISBN 978-7-111-61526-2
定价：36.00元

凡购本书，如有缺页、倒页、脱页，由本社发行部调换

电话服务
服务咨询热线：010-88379833
读者购书热线：010-68326294

网络服务
机工官网：www.cmpbook.com
机工官博：weibo.com/cmp1952
教育服务网：www.cmpedu.com
金书网：www.golden-book.com

前　言

照明不仅仅具有功能性，而且是具有装饰性的景观，它是技术美和艺术美的结晶体。因此，照明技术是一门综合性的边缘学科，它包含光学、电工学、建筑学、生理学、心理学、环境学和社会学等多学科知识。同时，随着技术的发展，各种相关的产品更新换代频繁，知识更新快。本书正是基于此，力图通过对各个学科的阐述，融会贯通，使读者能学习和应用照明知识，促进照明技术的提高。

随着我国经济建设和市政建设的发展，夜景灯光成为塑造城市形象、促进旅游商业发展不可缺少的重要组成部分；同时，生活水平的提高及居住条件的改善对照明的需求也日益增强。如何才能满足人们的需要，利用现代科技营造一个舒适、高效、节能的光环境成为亟待解决的问题。为此组织编写本书，旨在普及电气照明知识。

本书编写所遵循的原则：力求通过深入浅出地阐述基本概念及举例说明的方法，使广大读者深刻理解现代电气照明的理论性、工程的实用性和技术的先进性，达到学以致用。

本书结合编者的教学经验，并根据国家颁发的有关建筑电气设计的规程、规范和标准编撰而成。肖辉任本书主编，负责全书的框架构思、编写组织及整体统稿工作，并编写第六、九、十章；王晓东任副主编，并编写第一、二、三章；李英姿编写第四、七、八章；李新兵编写第五章。江豫新任本书主审。

本书内容丰富、深入浅出、实例详尽，综合多种专业并面向实际工程。同时，为了使读者便于学以致用，编者查阅了大量公开的技术书刊和资料，吸取了其间大量的图表和数据，在此向大家致以衷心的感谢！

由于编者水平有限，书中难免存在错误、疏漏和不当之处，敬请广大读者朋友批评指正。

编　者

目　录

第一章

光的基本知识

第一节 光的概念

一、光的本质

光是辐射能，它以电磁波的形式在空间传播。在照明技术中，光是指能引起视觉的辐射能，即人对光的感觉，更通俗一点，这种感觉就是“亮”。但人眼所能直接感觉到的光波仅占波长范围极宽的电磁波中的一小部分，称为可见辐射（可见光），如图1-1所示。

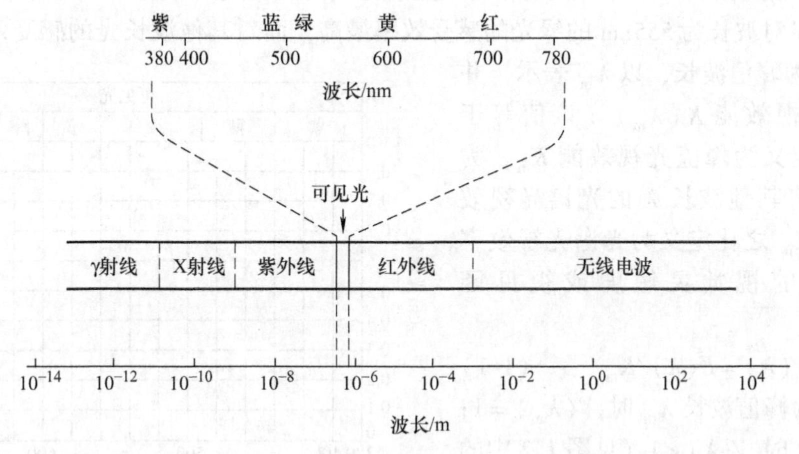

图1-1 电磁波频谱

光的波长可以用单位nm、μm等表示。其中，$1nm = 10^{-9}m$，$1μm = 10^{-6}m$。

可见光的波长范围限定在380～780nm之间；波长比可见光长的光学辐射中，波长范围限定在780nm～1mm之间的，是红外辐射（红外线）；波长比可见辐射短的光学辐射中，波长范围限定在10～380nm之间的，是紫外辐射（紫外线）。

任何物体发射或反射足够数量波长的辐射能，作用于人眼时，人就可看见该物体。然而，即便是可见的辐射光谱部分，作用于人眼的效果也是不同的。有的光谱段作用较强，使人们的视觉比较明显；有的光谱段则对人眼作用较弱，甚至有的让人很少察觉到或察觉不到。因此，光是一种客观存在的能量，它与人们的主观感觉有着密切的联系。

二、光与颜色

可见光谱的颜色实际上是由连续光谱混合而成的，波长从380nm向780nm增加时，光的颜色从紫色开始，按蓝、绿、黄、橙、红的顺序逐渐变化。光的颜色与相应的波段见表1-1。

表 1-1　光的颜色与相应的波段

波长区域/nm	区域名称		性　质	波长区域/nm	区域名称		性　质
10～200	真空紫外	紫外线	光辐射	560～600	黄	可见光	光辐射
200～300	远紫外			600～640	橙		
300～380	近紫外			640～780	红		
380～450	紫	可见光		780～1500	近红外	红外线	
450～490	蓝			1500～10000	中红外		
490～560	绿			10000～1×10^6	远红外		

三、光的辐射特性

我们仅研究与视觉有关的光辐射特性，通常用下面的一些基本参量来描述。

（1）光谱光视效能 $K(\lambda)$　光谱光视效能是用来度量由辐射能所引起的视觉能力。光谱光视效能 $K(\lambda)$ 的单位为流明每瓦（lm/W）［“流明”（lm）为光通量的量纲，见下节］。

（2）光谱光视效率 $V(\lambda)$　人眼在可见光谱范围内的视觉灵敏度是不均匀的，它随波长而变化。人眼对波长为 555nm 的绿光的感受效率最高，而对其他波长光的感受效率却较低，故称 555nm 为峰值波长，以 λ_m 表示，并将其光谱光视效能 $K(\lambda_m)$（该值等于 683lm/W）定义为峰值光视效能 K_m。为便于分析，将其他波长 λ 的光谱光视效能 $K(\lambda)$ 与 K_m 之比定义为光谱光视效率（又称人眼的视觉灵敏度或视见函数），即

$$V(\lambda)=K(\lambda)/K_m \qquad (1\text{-}1)$$

当波长为峰值波长 λ_m 时，$V(\lambda_m)=1$；为其他波长 λ 时，$V(\lambda)<1$（见图 1-2 中的曲线 1）。

注意：图 1-2 中曲线 1 表示明视觉条件下的光谱光视效率，曲线 2 表示暗视觉条件下的光谱光视效率。照明技术中，主要研究明视觉条件下的光谱辐射。

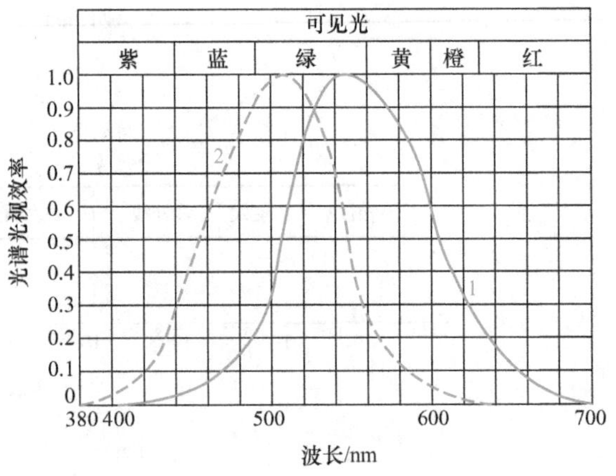

图 1-2　光谱光视效率曲线
1—明视觉　2—暗视觉

第二节　基本的光度量

一、基本光度量的概念

在照明设计中，常用一些基本的光度量来评定光环境设计的质量、照明效果的好坏以及满足人眼视觉功效的程度等。本节介绍几个基本的、较为常用的光度量。

1. 光通量 Φ

人眼对各种不同波长的光的视觉灵敏度 $V(\lambda)$ 是不一样的，波长为 555nm 时的 $V(\lambda)$ 最

大，等于1，其他波长时的$V(\lambda)$都小于1。可见光范围内，光源的总辐射功率在人眼中引起的光通量为

$$\Phi = K_m \int_0^{\infty} \Phi_\lambda V(\lambda)\,d\lambda = K_m \int_{380}^{780} \Phi_\lambda V(\lambda)\,d\lambda \tag{1-2}$$

式中，Φ 为光通量（lm）；K_m 为峰值光视效能，$K_m = 683\text{lm/W}$（对应于 $\lambda = 555\text{nm}$）；Φ_λ 为光谱辐射功率（W/nm）；$V(\lambda)$为明视觉条件下的光谱光视效率,无量纲系数。

光通量的国际单位制和我国法定单位制的基本单位是流明（lm）。在照明工程中，光通量是说明光源发光能力的基本量。例如，一只220V、40W 的白炽灯发射的光通量为 350lm，而一只220V、36W（T8 管）的荧光灯发射的光通量为 2500lm，为白炽灯的 7 倍多。

2. 发光强度 *I*

由于辐射发光体在空间发出的光通量不均匀，大小也不同，故为了表示辐射发光体在不同方向上光通量的分布特性，需引入光通量的角密度概念，如图 1-3 所示。

发光强度就是特定方向上每球面度发射的光通量。

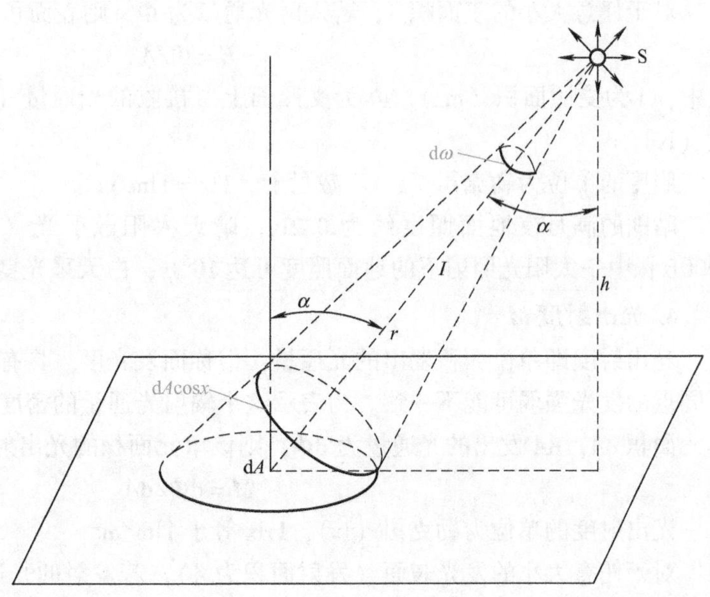

图 1-3 点光源的发光强度

在图 1-3 中，S 为点状发光体（点光源），它向各个方向辐射光通量。若在某一方向上取微小立体角 dω，在此立体角内所发出的光通量为 dΦ，则两者的比值定义为这个方向上的发光强度 *I*，即

$$I = d\Phi / d\omega \tag{1-3}$$

若以圆锥顶为球心，r 为半径做一个球体，锥面在球上截出的面积 A 为 r^2，则该立体角称为一个单位立体角，又称为球面度。其表达式为

$$\omega = A/r^2$$

式中，A 为面积（m^2）。

一个球体的球面度为 4π。

发光强度的单位为坎德拉（cd），数量上，1cd = 1lm/sr。发光强度用于说明光源发出的光通量在空间各方向或选定方向上的分布密度。

若光源辐射的光通量 Φ_ω 是均匀的，则在立体角 ω 内的平均发光强度 I 为

$$I = \Phi_\omega / \omega \tag{1-4}$$

式中，Φ_ω 为光源在立体角内所辐射的光通量（lm）；ω 为光源辐射范围的立体角（sr）；I 为立体角 ω 内的平均发光强度（cd）。

例如，一只220V、40W的白炽灯发射的光通量为350lm，它的平均发光强度为350 ÷ 4π≈28cd。若在该裸灯泡上面装一盏白色搪瓷平盘灯罩，那么灯正下方的发光强度可提高到70～80cd；如果配上一个聚焦合适的镜面反射罩，那么灯下方的发光强度可以高达数百坎德拉。然而，在后两种情况下，灯泡发出的光通量并没有变化，只是光通量在空间中的分布更为集中，相应的发光强度也就提高了。

3. 照度 E

照度是指被照面上光通量的面积密度。表面上任一点的照度 E 定义为入射光通量 $d\Phi$ 与该单元面积 dA 之比，即

$$E = d\Phi/dA \tag{1-5}$$

对于任意大小的表面积 A，若入射光通量为 Φ，则表面积上的平均照度 E 为

$$E = \Phi/A \tag{1-6}$$

式中，A 为受照面积（m^2）；Φ 为受照面上所接收的光通量（lm）；E 为受照面上的平均照度（lx）。

照度的单位为勒克司（lx），数量上，$1lx = 1lm/m^2$。

晴朗的满月夜地面照度约为0.2lx；晴天太阳散射光（非直射）下的地面照度约为1000lx；中午太阳光照射下的地面照度可达10^5lx；白天采光良好的室内照度为100～500lx。

4. 光出射度 M

光出射度即单位面积发出的光通量，俗称面发光度。具有一定面积的发光体，其表面上不同点的发光强弱可能不一致。为表示这个辐射光通量的密度，可在表面上任取一个微小的单元面积 dA，dA 发出的光通量为 $d\Phi$，则该单元面积的光出射度 M 为

$$M = d\Phi/dA \tag{1-7}$$

光出射度的单位为勒克司（lx），1rlx 等于 $1lm/m^2$。

对于任意大小的发光表面（发射面积为 A），若发射的光通量为 Φ，则在发光表面的平均光出射度 M 为

$$M = \Phi/A \tag{1-8}$$

式中，A 为发射面积（m^2）；Φ 为发射面上发出的光通量（lm）；M 为平均光出射度（lx）。

光出射度 M 与照度 E 之间关系如下：

1）光出射度和照度具有相同的量纲。

2）光出射度表示发光体发出的光通量表面密度，而照度则表示被照物体所接收的光通量表面密度。

3）对于因反射或透射而发光的二次发光表面，光出射度分别为

反射发光　　$M = \rho E$

透射发光　　$M = \tau E$

式中，ρ 为被照面的反射比；τ 为被照面的透射比；E 为二次发光面上被照射的照度。

5. 亮度 L

如图1-4所示，在一个广光源上取一个单元面积 dA，从与表面法线成 θ 角的方向上去观察，将这个方向上的光强与人眼所“见到”的光源面积之比，定义为光源在这个方向的亮度。

由图中可以得出，能够看到的光源面积 dA' 及亮度 L_θ 分别为

$$dA' = dA\cos\theta、L_\theta = \frac{d\Phi}{d\omega dA\cos\theta} = \frac{I_\theta}{dA\cos\theta} \tag{1-9}$$

式中，dA 为发光体的单元面积（m^2）；θ 为视线与受照表面法线之间的夹角（°）；I_θ 为与法线成 θ 角的给定方向上的发光强度（cd）。

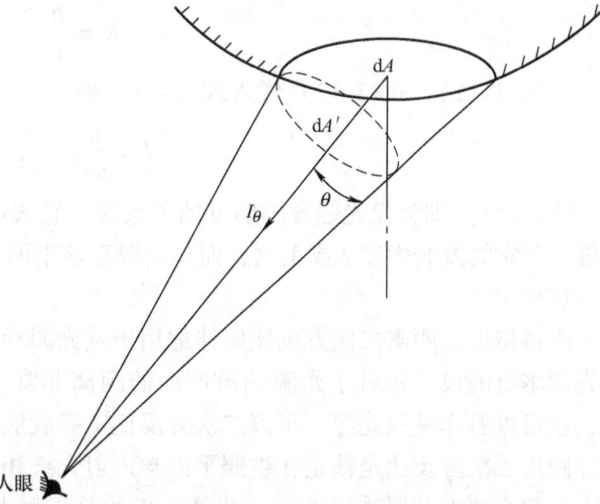

图 1-4　广光源一个单元面积上的亮度

亮度的单位为坎德拉每平方米（cd/m^2）。

理想漫射发光体或漫反射表面二次发光体的发光强度遵守朗伯余弦定律，即 $I_\theta = I_0\cos\theta$，如图1-5所示。而其亮度则与方向无关，即从任意方向看，亮度都是一样的。

对于完全扩散的表面，光出射度 M 与亮度 L 的关系为

$$M = \pi L \tag{1-10}$$

部分光源的亮度见表 1-2。

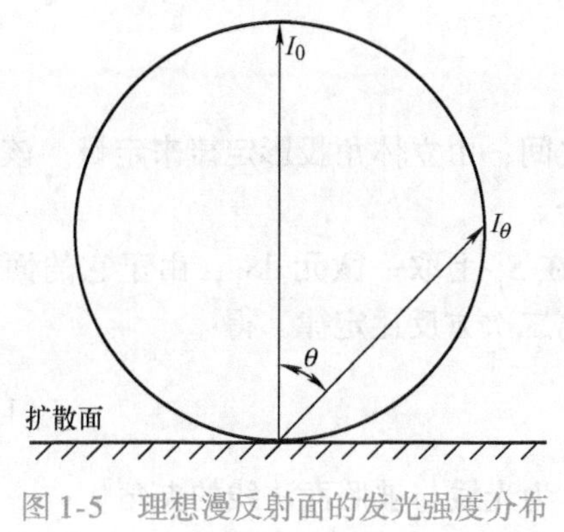

图 1-5　理想漫反射面的发光强度分布

表 1-2　部分光源的亮度

光　源	亮度/（cd/m^2）
太阳	$>1.6\times10^9$
碳极弧光灯	$(1.8\sim12)\times10^8$
钨丝灯	$(2.0\sim20)\times10^6$
荧光灯	$(0.5\sim15)\times10^4$
蜡烛	$(0.5\sim1.0)\times10^4$
蓝天	0.8×10^4
电视屏幕	$(1.7\sim3.5)\times10^2$

二、基本光度量间的关系

1. 发光强度与照度

假定有一点光源，在立体角 ω 内发出的光通量为 Φ，发光强度为 I，则它们之间的关系为

$$\Phi = I\omega \tag{1-11}$$

同样，在离此点光源 r 处的平面中，对应相同的立体角 ω 的面积 S 上，也获得光通量 Φ，且有

$$S = \omega r^2 \tag{1-12}$$

按照照度定义可知，在面积 S 上获得的照度为

$$E=\frac{\Phi}{S} \tag{1-13}$$

把式(1-11)、式(1-12) 代入式(1-13) 得

$$E=\frac{I\omega}{\omega r^2}=\frac{I}{r^2} \tag{1-14}$$

式(1-14) 即为发光强度与照度的关系式，它表明，某光源在距离 r 的平面上所形成的照度，与它的发光强度 I 成正比，而与光源至该平面的距离 r 的二次方成反比，此即距离二次方反比定律。

应该指出，距离二次方反比定律适用于点光源形成的照度。当然，这里说的点光源，是指光源本身的尺寸相对于光源到被照面的距离非常小。一般当光源尺寸小于该距离的 1/5 时，就可以看作是点光源，距离二次方反比定律就能适用。

距离二次方反比定律是在被照平面与入射光线相垂直的情况下得出的。若光线斜射到平面上，那么照度就要乘以 $\cos\alpha$。此处 α 指的是入射光线与该平面法线间的夹角，即入射角。因此，对于任一入射角 α 的入射光线，被照面的照度可以写成

$$E_\alpha=E\cos\alpha \tag{1-15}$$

于是，距离二次方反比定律为

$$E=\frac{I}{r^2}\cos\alpha \tag{1-16}$$

如果有多个点光源同时对某一被照平面形成照度，那么计算点的照度即为这些点光源单独形成的照度的算术和。

2. 照度与亮度

光源的亮度和该光源在被照面上所形成的照度之间，由立体角投影定律来定量。该定律适用于光源尺寸比它到被照面的距离相对较大的场合。

设有一均匀发光的发光面 S_1，及一被照面 S_2，在 S_1 上取一微元 $\mathrm{d}S_1$，由于它的面积相对于它到被照面的距离很小，故可应用点光源的距离二次方反比定律，得

$$\mathrm{d}E=\frac{I_\alpha}{r^2}\cos\theta \tag{1-17}$$

式中，I_α 为微元与平面法线成 α 角度的发光强度；θ 为光线与被照面法线的夹角。

由亮度定义可知，该微元的亮度为

$$L_\alpha=\frac{I_\alpha}{\mathrm{d}S_1\cos\alpha} \tag{1-18}$$

将式(1-18) 代入式(1-17) 得

$$\mathrm{d}E=\frac{L_\alpha\mathrm{d}S_1\cos\alpha}{r^2}\cos\theta \tag{1-19}$$

式(1-19) 中，$\frac{\mathrm{d}S_1\cos\alpha}{r^2}$是微元 $\mathrm{d}S_1$ 在 α 方向上所张的立体角 $\mathrm{d}\omega$。故式(1-19) 可改写为

$$\mathrm{d}E=L_\alpha\mathrm{d}\omega\cos\theta \tag{1-20}$$

对整个发光面积 S_1 在 α 方向上所张的立体角 ω 积分，即为整个发光面对被照面所形成的照度 E

$$E = \int L_\alpha \cos\theta \mathrm{d}\omega \tag{1-21}$$

因为光源在各个方向的亮度是均匀的，所以有

$$E = \omega L_\alpha \cos\theta \tag{1-22}$$

式(1-22) 为立体角的投影定律。它表示某一亮度为 L_α 的发光面在被照面上形成的照度，与其本身的亮度 L_α 以及该发光面的立体角在被照面上的投影的乘积成正比，而与发光面的面积无关。

第三节 材料的光学性质

一、光的反射、透射和吸收比

光线在未遇到物体时，总是以直线方向进行传播；当遇到某种物体时，光线可能被反射、被透射或者被吸收。光投射到非透明的物体表面时，光通量被反射称为光的反射；光投射到透明物体时，光通量除被反射和吸收外，大部分则被透射。

材料对光的反射、透射和吸收性质可用相应的系数表示为

反射比 $$\rho = \Phi_\rho / \Phi_i \tag{1-23}$$

透射比 $$\tau = \Phi_\tau / \Phi_i \tag{1-24}$$

吸收比 $$\alpha = \Phi_\alpha / \Phi_i \tag{1-25}$$

式中，Φ_i 为投射到物体材料表面的光通量；Φ_ρ 为 Φ_i 之中被物体材料反射的光通量；Φ_τ 为 Φ_i 之中被物体材料透射的光通量；Φ_α 为 Φ_i 之中被物体材料吸收的光通量。

其中，$$\rho + \alpha + \tau = 1 \tag{1-26}$$

二、光的反射

1. 分类

当光线遇到非透明物体表面时，大部分光通被反射。光线在镜面和扩散面上的反射状态有三种：规则反射、散反射和漫反射。

(1) 规则反射 在研磨很光的镜面上，光的入射角等于反射角，反射光线总是在入射光线和法线所决定的平面内，并与入射光分处在法线两侧，称为反射定律。如图 1-6 所示，在反射角以外，人眼看不到反射光，这种反射称为规则反射，亦称定向反射（或镜面反射）。它常用来控制光束的方向，灯具的反射灯罩就是利用这一原理制作的。

(2) 散反射 光线从某一方向入射到经散射处理的铝板、经涂刷处理的金属板或毛面白漆涂层时，反射光向各个不同方向散开，但其总的方向是一致的，其光束的轴线方向仍遵守反射定律。这种光的反射称之为散反射，如图 1-7 所示。

(3) 漫反射 光线从某一方向入射到粗糙表面或涂有无光泽镀层时，反射光被分散到各个方向，即不存在规则反射，这种光的反射称为漫反射。当反射遵守朗伯余弦定律时，那么，从反射面的各个方向看去，其亮度均相同，这种光的反射则称为各向同性漫反射（或完全漫反射），如图 1-8 所示。

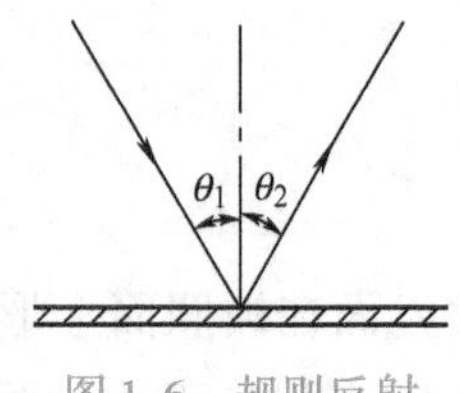

图 1-6 规则反射

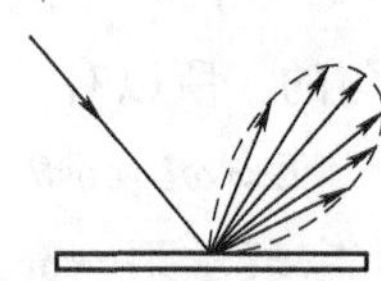

图 1-7 散反射

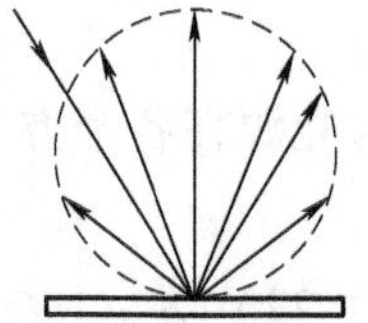

图 1-8 各向同性漫反射

2. 定向度

对于扩散反射面，如比较光滑的白色光面大理石，虽然其具有较高的反射比，但从图 1-7 中可看出，它只在某个方向上有较高的亮度，而其他方向的亮度并不高。因此，要使它在各个方向上都有一定的亮度，就必须接收较高的照度，并且还会产生亮点。材料表面的光洁程度不同，扩散反射的程度也不同，现用定向度的概念（见图 1-9）来衡量它的定向程度，即

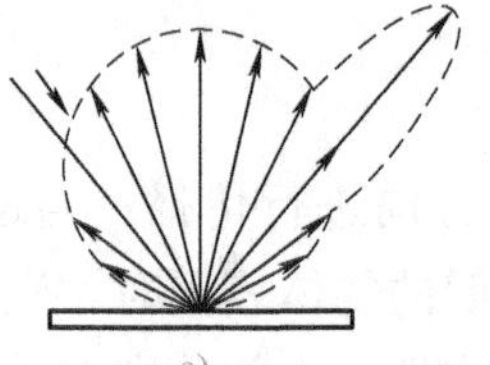

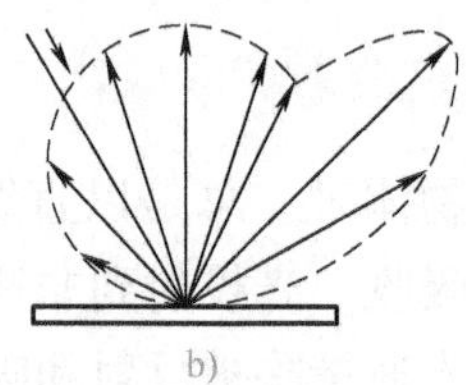

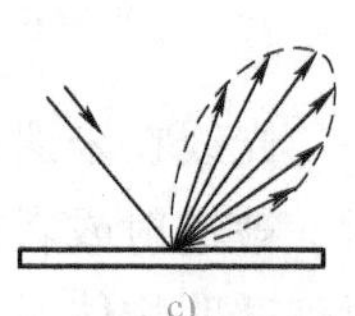

图 1-9 “定向度”的概念

$$D = (L_{max} - L)/L_{max} \tag{1-27}$$

式中，D 为定向度；L_{max} 为某一方向上的最大亮度值；L 为其他方向上的最大亮度值。

从式(1-27）中可看出，若 $L = L_{max}$（即各个方向亮度均相等），则 $D = 0$，此时为纯漫反射；若 $L = 0$（即只有一个方向上有亮度，其他方向均无亮度），则 $D = 1$，此时为纯定向反射，所有材料的 D 值均在 0 ~ 1 之间。部分材料的反射比和吸收比见表 1-3。

表 1-3 部分材料的反射比和吸收比

	材料	反射比	吸收比		材料	反射比	吸收比
规则反射	银	0.92	0.08	漫反射	石膏	0.87	0.13
	铬	0.65	0.35		无光铝	0.62	0.38
	铝(普通)	60 ~ 73	40 ~ 27		率喷漆	0.35 ~ 0.40	0.65 ~ 0.60
	铝(电解抛光)	0.75 ~ 0.84(光泽)		建筑材料	木材(白木)	0.40 ~ 0.60	0.60 ~ 0.40
		0.62 ~ 0.70(无光)			抹灰、白灰粉刷墙壁	0.75	0.25
	镍	0.55	0.45		红砖墙	0.30	0.70
	玻璃镜	0.82 ~ 0.88	0.18 ~ 0.12		灰砖墙	0.24	0.76
漫反射	硫酸钡	0.95	0.05		混凝土	0.25	0.75
	氧化镁	0.975	0.025		白色瓷砖	0.65 ~ 0.80	0.35 ~ 0.20
	碳酸镁	0.94	0.06		透明无色玻璃(1 ~ 3mm)	0.08 ~ 0.10	0.01 ~ 0.03
	氧化亚铅	0.87	0.13				

照明器（灯具）采用反射材料的目的在于把光源发出的光反射到需要照明的方向。为了提高效率，一般宜采用反射比较高的材料，此时反射面就成为二次发光面。

三、光的透射

光线入射到透明或半透明材料表面时，一部分被反射、被吸收，而大部分可以透射过去。例如，光在玻璃表面垂直入射时，入射光在第一面（入射面）反射4%，在第二面（透过面）反射3%～4%，被吸收2%～8%，透射比为80%～90%。透射光在空间分布的状态有三种：规则透射、散透射和漫透射。

（1）规则透射　当光线照射到透明材料上时，透射光是按照几何光学的定律进行透射的，这就是规则透射，如图1-10所示。其中，图1-10a为平行透光材料（如平板玻璃），透射光的方向与原入射光方向相同，但有微小偏移；图1-10b为非平行透光材料（如三棱镜），透射光的方向由于光的折射而改变了方向。

（2）散透射　光线穿过散透射材料（如磨砂玻璃）时，在透射方向上的发光强度较大，在其他方向上发光强度则较小。此时，表面亮度也不均匀，透射方向较亮，而其他方向则较弱，这种情况称为散透射，如图1-11所示。

（3）漫透射　光线照射到散射性好的透光材料（如乳白玻璃等）时，透射光将向所有的方向散开，并均匀分布在整个半球空间内，这称为漫透射。当透射光服从朗伯余弦定律时，即亮度在各个方向上均相同，则称为均匀（或完全）漫透射，如图1-12所示。

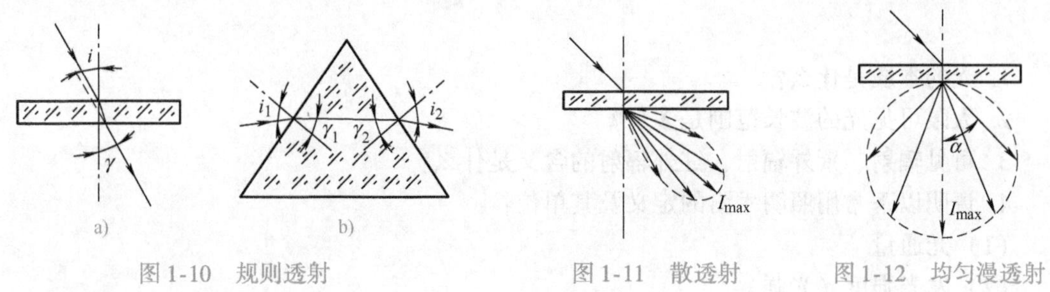

图1-10　规则透射　　图1-11　散透射　　图1-12　均匀漫透射

四、材料的光谱特征

1. 光谱反射比

材料表面具有选择性地反射光通量的性能，即对于不同波长的光，其反射性能也不同。这就是在太阳光照射下物体呈现各种颜色的原因。为了说明材料表面对于一定波长光的反射特性，引入光谱反射比这一概念。

光谱反射比ρ_λ定义为物体反射的单色光通量$\Phi_{\lambda\rho}$与入射的单色光通量$\Phi_{\lambda i}$之比，即

$$\rho_\lambda = \Phi_{\lambda\rho}/\Phi_{\lambda i} \tag{1-28}$$

图1-13所示为几种颜料的光谱反射系数$\rho_\lambda = f(\lambda)$的曲线。由图可见，这些颜料的表面在与其色彩相同的光谱区域内具有最大的光谱反射比。

通常所说的反射比ρ，是对色温为5500K的白光而言的。

2. 光谱透射比

透射性能也与入射光的波长有关，即材料的透射光也具有光谱选择性，用光谱透射比表示。光谱透射比τ_λ定义为透射的单色光通量$\Phi_{\lambda\tau}$与入射的单色光通量$\Phi_{\lambda i}$之比，即

$$\tau_\lambda = \Phi_{\lambda\tau}/\Phi_{\lambda i} \tag{1-29}$$

通常所说的透射比，是对色温为5500K的白光而言的。

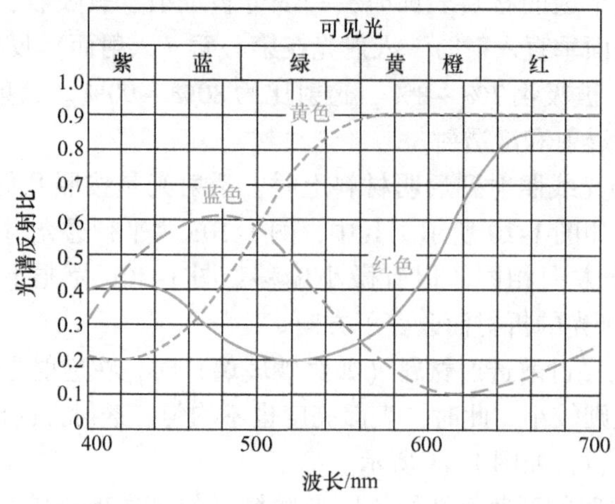

图1-13 几种颜料的光谱反射系数

思 考 题

1. 光的本质是什么？
2. 人眼可见光的波长范围是多少？
3. 可见辐射、紫外辐射、红外辐射的含义是什么？
4. 说明以下常用照明术语的定义及其单位：

(1) 光通量

(2) 发光强度（光强）

(3) 照度

(4) 光出射度

(5) 亮度

5. 光的反射有哪几类？分别述之。
6. 光的透射有哪几类？分别述之。
7. 通常所说的反射比、透射比是指什么？
8. 什么是材料的光谱特征？

第二章

视觉与颜色

第一节　人眼与视觉

一、人眼的构造

人眼是一个复杂而又精密的感觉器官，剖面图如图 2-1 所示。光线进入人眼是产生视觉的第一阶段，人眼的工作状态在很多方面与照相机相似。其中，把倒像投射到视网膜上的透镜是有弹性的，它的曲率和焦距由睫状肌控制，其控制过程就叫作调节。透镜的孔径（即瞳孔的大小）由虹膜控制，像自动照相机那样，在低照度下瞳孔孔径变大；而在高照度下瞳孔孔径缩小。

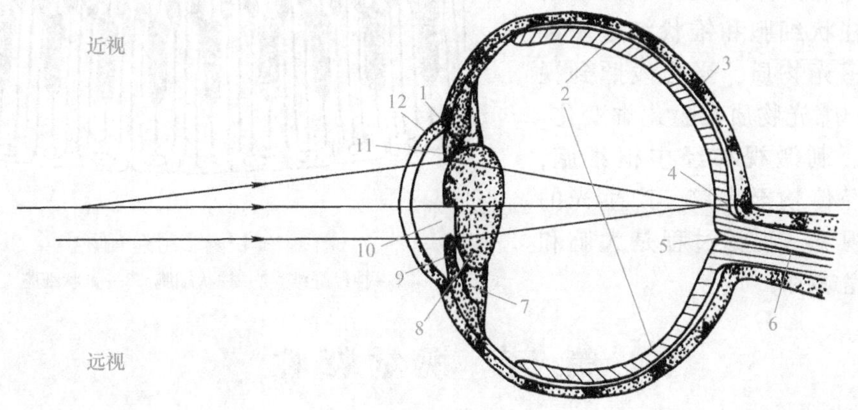

图 2-1　人眼的剖面图

1—透膜变圆　2—视网膜　3—巩膜　4—中央凹　5—盲点　6—视神经　7—睫状肌　8—透膜变平　9—虹膜张开　10—瞳孔　11—虹膜收缩　12—角膜

二、人眼的视觉

视觉并不是瞬息即逝的过程，它是“多步”编码和分析的最终产物，这些编码和分析的过程综合起来为我们提供了环境亮度和色度变化图样的含义。照明设计师正是利用有关视觉的知识来有效地控制光的环境。

1. 感光的生理基础

在光辐射中有一部分是人眼能够看见的，即可见光。人眼是怎么感到这部分光的呢？原来在人眼的视网膜上布满了大量的感光细胞，感光细胞有两种：锥状细胞和柱状细胞，如图 2-2 所示。

（1）锥状细胞　锥状细胞的实际数量达几百万个，以中央凹区域分布最为致密，锥状细胞的功能是在昼间看物体，而且可看到物体的颜色。色盲就是由于锥状细胞功能失调所致。

（2）柱状细胞　柱状细胞的数量也达几百万个，它们呈扇面形状分布在黄斑到视网膜边缘的整个区域内。柱状细胞在黄昏光线下活跃，在夜视中起作用，但它们不能感知颜色。在照度较低时，柱状细胞对蓝色光的敏感度要比锥状细胞高许多倍，所以战争时期实行灯火管制时不用蓝色光而用红色光。

2. 视觉的产生

当可见光进入人眼并经过外层透明保护膜后，发生折射，光线从角膜进入水样体和瞳孔。通过瞳孔的自动调节，由晶状体和透明玻璃状体液将光线聚集在视网膜上。视网膜上的柱状细胞和锥状细胞里都含有一种感光物质，当光线照到视网膜上时，感光物质发生化学变化，产生脉冲，刺激视神经中枢细胞，再由视神经传输至大脑，产生光的感觉，即视觉。视觉过程是大脑和眼睛共同完成的。

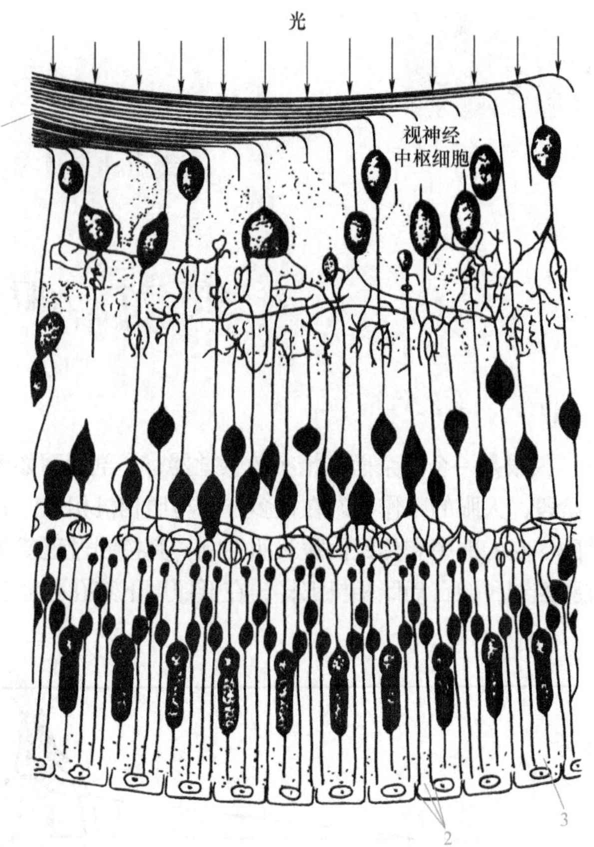

图 2-2　视网膜的剖面图

1—神经纤维　2—柱状细胞　3—锥状细胞

第二节　视觉特性

一、暗视觉、中介视觉和明视觉

视网膜上分布着柱状细胞和锥状细胞两种感光细胞。这两种细胞对光的感受性是不同的。其中，柱状细胞对光的感受性很高，而锥状细胞对光的感受性却很低。

1. 暗视觉

视场亮度在 $10^{-6} \sim 10^{-2} cd/m^2$ 时，只有柱状细胞工作，锥状细胞不工作，这种视觉状态称为暗视觉。

2. 中介视觉

视场亮度在 $10^{-2} \sim 10 cd/m^2$ 时，柱状细胞和锥状细胞同时起作用，这种视觉状态称为中介视觉。

3. 明视觉

视场亮度超过 $10 cd/m^2$ 时，锥状细胞的工作起主要作用，这种视觉状态称为明视觉。

二、光谱灵敏度

不同观察者的眼睛对各种波长的光的灵敏度稍有不同，而且这种灵敏度还随着时间、观察者的年龄和健康状况而变。因此，只能从许多人的大量观察结果中取平均。现在大家公认并由国际照明委员会（CIE）承认的平均人眼对各种波长 λ 的光的光谱灵敏度（简称光谱光视效率），如图 1-2 所示。图中，曲线 1 为明视觉的光谱光视效率曲线、曲线 2 则为暗视觉的光谱光视效率曲线。

柱状细胞的最大灵敏度在波长为 507nm 处，而锥状细胞的最大灵敏度在波长为 555nm 处。因此，黄昏亮度低，暗视觉柱状细胞工作时，绿光与蓝光显得特别明亮；而在白天亮度高，明视觉锥状细胞工作时，波长较长的光谱（如黄光与红光）显得明亮。

如同感光片对各种颜色光的感光灵敏度不同一样，人眼对各种颜色光的灵敏度也不一样，它对绿光的灵敏度最高，而对红光的灵敏度则低得多。也就是说，相同能量的绿光和红光，前者在人眼中引起的视觉强度比后者所引起大得多。

虽然柱状细胞对光的感受性很高，但它却不能分辨颜色，只有锥状细胞在感受光刺激时，才有颜色感。因此，只有在照度较高显得明亮的条件下，才有良好的颜色感；而在低照度的暗视觉中，颜色感很差，此时，各种颜色的物体都给人造成蓝、灰的颜色感。

三、视觉阈限

光刺激必须达到一定的数量才能引起光的感觉。能引起光感觉的最低限度的亮度称为视觉的绝对阈限。对于在人眼中长时间出现的大目标，视觉阈限亮度为 $10^{-6}\mathrm{cd/m^2}$。也就是说，视觉可以忍受的亮度上限约为 $10^{-6}\mathrm{cd/m^2}$，超过这个数值，视网膜就可能因辐射过强而受到损伤。

绝对阈限的倒数表示感觉器官对最小光刺激的反应能力，称之为绝对感受性。实验证明，在充分适应黑暗的条件下，人眼的绝对感受性非常高，即人眼视觉阈限十分小。

四、视觉适应

在现在和过去呈现的各种亮度、光谱分布、视角的刺激下，视觉系统状态的变化过程称为视觉适应。它可分为明适应与暗适应，如图 2-3 所示。

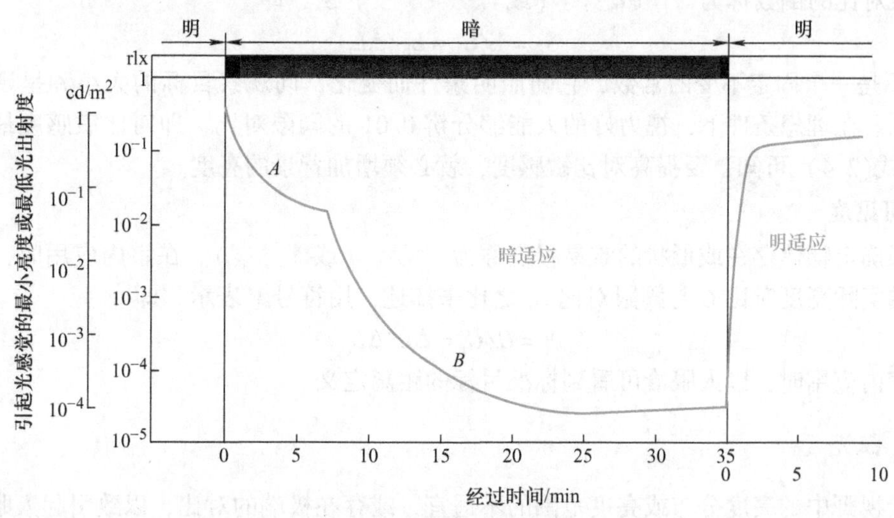

图 2-3　明适应与暗适应

1. 明适应

视觉系统适应高于几个坎德拉每平方米（cd/m^2）亮度变化过程及终极状态称为明适应。

2. 暗适应

视觉系统适应低于百分之几坎德拉每平方米（cd/m^2）亮度变化过程及终极状态称为暗适应。

对人眼来说，视觉适应过程不仅是一个生理光学过程，同时也是一个光化学过程。当视场内明暗急剧变化时，人眼不能很快适应，视力下降。为了满足眼睛适应性的要求，例如，在隧道入口处须有一段明暗过渡照明，以保证一定的视力要求；而隧道出口处因明适应时间很短，一般在1s以内，故可不做其他处理。

五、对比敏感度与可见度

任何视觉目标都有它的背景。目标和背景之间在亮度或颜色上的差别，是人在视觉上能认知世界万物的基本条件。前者是亮度对比，后者为颜色对比。

1. 亮度对比

视野中目标亮度和背景亮度之差与背景亮度之比称为亮度对比 C，即

$$C=(L_o-L_b)/L_b=\Delta L/L_b \tag{2-1}$$

式中，L_o 为目标亮度（cd/m^2）；L_b 为背景亮度（cd/m^2）。

2. 对比敏感度

人眼刚刚能够识别目标与背景的最小亮度差称为亮度差别阈限 ΔL_t，即

$$\Delta L_t=(L_o-L_b)_t \tag{2-2}$$

式中，ΔL_t 为亮度差别阈限（cd/m^2）。

亮度差别阈限与背景亮度之比称为阈限对比 C_t，即

$$C_t=(L_o-L_b)_t/L_b=\Delta L_t/L_b \tag{2-3}$$

阈限对比的倒数称为对比敏感度（或对比灵敏度）S_c，即

$$S_c=1/C_t=L_b/\Delta L_t \tag{2-4}$$

S_c 不是一个固定不变的常数，它随照明条件而变化，同观察目标的大小和呈现的时间也有关系。在理想条件下，视力好的人能够分辨0.01的阈限对比，即对比敏感度最大可达100。由式(2-4）可知，要提高对比敏感度，就必须增加背景的亮度。

3. 可见度

人眼确定物体存在或形状的难易程度称为可见度（或能见度）。在室内应用时，以目标与背景的实际亮度对比 C 与阈限对比 C_t 之比来描述，用符号 V 表示，即

$$V=C/C_t=\Delta L/\Delta L_t \tag{2-5}$$

在室内应用时，以人眼恰可看到标准目标的距离定义。

六、眩光

由于视野中的亮度分布或亮度范围的不适宜，或存在极端的对比，以致引起人眼的不舒适感觉或者降低观察细部（或目标）的能力，这种视觉现象统称为眩光。按其评价的方法

不同，前者称为不舒适眩光，后者称为失能眩光。

（1）不舒适眩光　产生不舒适的感觉，但并不一定降低视觉对象可见度的眩光。

（2）失能眩光　降低视觉对象的可见度，但并不一定产生不舒适感觉的眩光。

通常，视觉作业面上规则反射与漫反射重叠出现，造成作业与背景之间对比的减弱，致使部分或全部细节模糊不清，就称为光幕反射；由光泽表面反射光产生的眩光，称为反射眩光。光幕反射是反射眩光中的一种，它们都会降低作业面的亮度对比，使目视工作效果降低，从而也就降低了照明效果。在考虑功能性照明的设计中，要尽量克服眩光的影响，减少光污染，但在装饰照明中，要善于巧妙运用眩光营造景观效果。

七、视觉敏锐度

视觉敏锐度（视力）是表明人眼能识别细小物体形状到什么程度的一个生理尺度。当人眼能把两个非常近的点区别开来时（构成亮点影像知觉，人眼达到刚能识别与不能识别的临界状态），此两点与人眼之间连线所构成的夹角 θ 称为视角，以弧分（1/60°）为单位，视角的倒数 $1/\theta$ 即称为视觉敏锐度（视力）（Visual Acuity）。

通常采用缺口圆环（国际上称为兰道尔环）作为检查视力的标准视标，如图2-4所示。圆环直径为7.5mm、环宽与环缺口为1.5mm。当环心到人眼的切线的距离为5m时，环的缺口视角为1′，若刚刚能识别这个缺口的方向，则视力为1.0。若距离仍为5m，而圆环增大一倍，则视力为0.5。除采用缺口圆环外，也有采用文字、图形或数字等形式的视标。

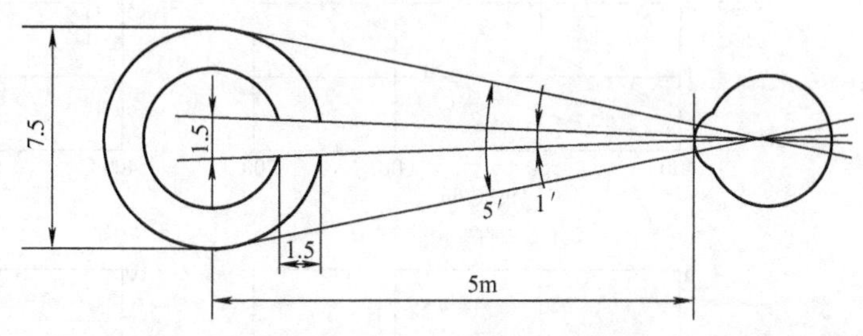

图2-4　缺口圆环（兰道尔环）视标（视力为1.0时的条件）

视力随亮度的提高而提高。当物体亮度超过1000cd/m^2 时，其提高程度开始减弱。当物体亮度超过10000cd/m^2 时，就不再提高了。

视力还与被识别物体周围的亮度有关。在一个方形的视标上，中间有一个5°视角的圆点。试验时，改变圆点与方形视标两者的亮度差别，就会发现：被视点周围较暗或周围亮度与圆点相同时，视力均较高；周围亮度高于被视点亮度时，视力下降。周围亮度越高，视力下降越严重。

八、视亮度

对于一个固定光谱成分的光，在不同适应亮度条件下，其感觉亮度与实际亮度不同；或者在同一亮度条件下，不同光谱成分的光，其亮度感觉也不同，即客观的（计量）亮度与感觉到的亮度之间有差异。为此，引进了一个主观亮度的概念，称之为视亮度（Brightness）。

人眼知觉一个区域所发射光的多寡的视觉属性称为视亮度，它受适应亮度水平和视觉敏锐度的影响，没有量纲。假如一个面具具有300cd/m^2（100英尺朗伯）的亮度，当人眼适应于300cd/m^2 时，它的视亮度为100。

第三节　颜　　色

一、光谱能量（功率）分布

一个光源发出的光是由许多不同波长的辐射组成的，其中各波长的辐射能量（功率）也不同。光源的光谱辐射能量（功率）按波长的分布称为光谱能量（功率）分布，以光谱能量的任意值来表示光谱能量分布称为相对光谱能量分布。常用照明电光源的相对光谱能量（功率）分布如图 2-5 所示。

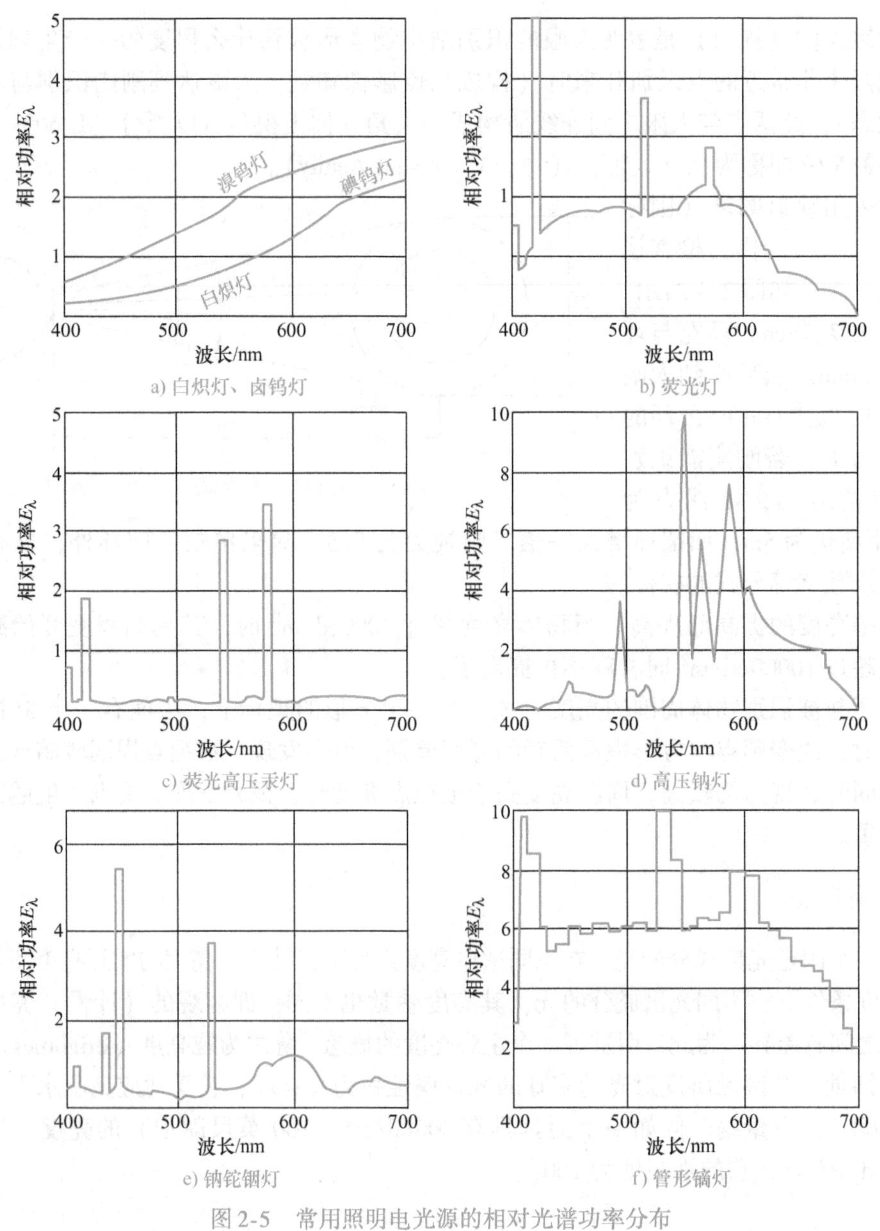

图 2-5　常用照明电光源的相对光谱功率分布

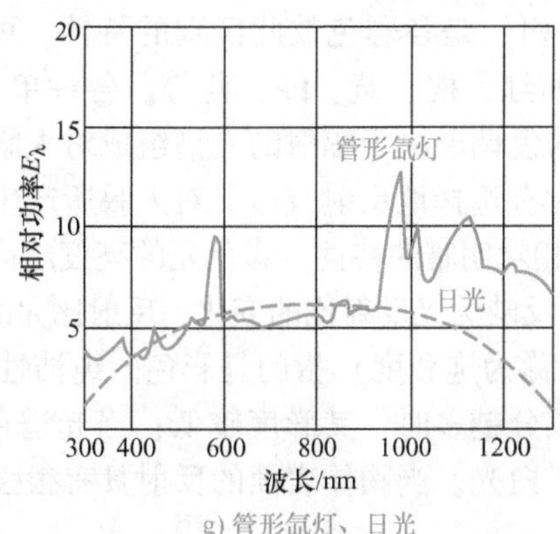

g) 管形氙灯、日光

图 2-5　常用照明电光源的相对光谱功率分布（续）

物体的颜色是物体对光源的光谱辐射有选择地反射或透射对人眼所产生的感觉。

可见光包含的不同波长的单色辐射在视觉上反映出不同的颜色。表 2-1 是光谱中各种颜色的波长及其范围。

表 2-1　光谱中各种颜色的波长及其范围

颜　色	波长/nm	波长区域/nm
紫	420	380 ~ 450
蓝	470	450 ~ 480
绿	510	480 ~ 550
黄	580	550 ~ 600
橙	620	600 ~ 640
红	700	640 ~ 780

二、颜色的分类

颜色可以分为非彩色和彩色两大类。

（1）非彩色　非彩色指白色、黑色和中间深浅不同的灰色，它们可以排列成一个系列，称之为黑白系列，如图 2-6 所示。

1）纯白是反射比 $\rho=1$（即 $\Phi_\rho/\Phi_i=1$）的理想的完全反射的物体，接近纯白的有氧化镁。

2）纯黑是 $\rho=0$ 的无反射的物体，它们在自然界中不存在，接近纯黑的有黑绒。

黑白系列的非彩色代表物体的反射比的变化，在视觉上表现为明度的变化（相应于视亮度 $M=\rho E$ 的变化），越接近白色，明度越高；越接近黑色，明度越低。

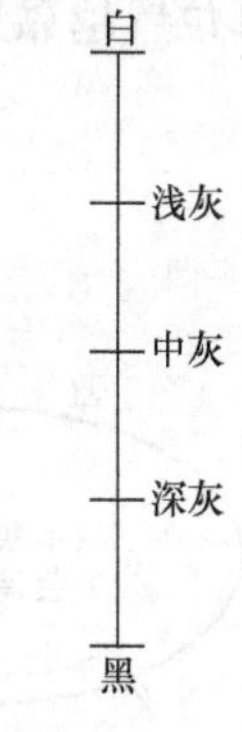

图 2-6　黑白系列

白色、黑色和灰色物体对光谱各波长的反射没有选择性，故称它们是“中性色”。

（2）彩色　彩色指黑色系列以外的各种颜色。任何一种彩色的表观颜色都可以按照三个特性来描述，即色调、明度和彩度。

1）色调。色调（也称色相）是各彩色彼此区别的特性。可见光谱中不同波长的辐射，在视觉上表现为各种色调，如红、橙、黄、绿、蓝等。各种单色光在白色背景上呈现的颜色，就是光谱的色调。光源的色调取决于辐射的光谱组成对人眼所产生的感觉。物体的色调取决于物体对光源的光谱辐射有选择地反射或透射对人眼所产生的感觉。

2）明度。明度是指颜色相对明暗的特性。彩色光的亮度越高，人眼越感觉明亮，它的明度就越高。物体颜色的明度则反映为光反射比的变化，反射比大的颜色明度高，反之明度低。

3）彩度。彩度（有时也称为饱和度）指的是彩色的纯洁性。可见光谱的各种单色光彩度最高。当光谱色渗入白光成分越多时，其彩度越低；当光谱色渗入白光成分比例很大时，在人眼看来，彩色光就变成了白光。当物体表面的反射具有很强的光谱选择性时，这一物体的颜色就具有较高的彩度。

非彩色只有明度的差别，没有色调和彩度这两个特性。因此，对于非彩色，只能根据明度的差别来辨认物体，而对于彩色，可以从明度、色调和彩度三个特性来辨认物体，这就大大提高了人们识别物体的能力。

三、颜色立体

用一个三维空间的立体可以把颜色的三个特性全部表示出来，此立体称之为颜色立体，如图 2-7 所示。

在颜色立体中，纵轴表示黑白系列明度的变化。色调由水平面上的圆周表示，圆周上各点代表不同的光谱色（红、橙、黄、绿、蓝、紫），圆心是中灰色，它的明度和圆周上各种色调的明度相同。从圆周向圆心过渡，表示颜色彩度逐渐降低。

颜色立体是一个理想化的示意模型，其目的是使人们易于理解颜色三特性的相互关系。

四、颜色环

颜色环是一个表示颜色及其混合规律的示意图。若把颜色饱和度最高的光谱色，依波长顺序围成一个圆环，并加上紫红色，便构成颜色立体的圆周，称之为颜色环，如图 2-8 所示。每一种颜色都在圆环上或圆环内占有一个确定位置，白色位于圆环的中心，颜色越不饱和，其位置越靠近中心。

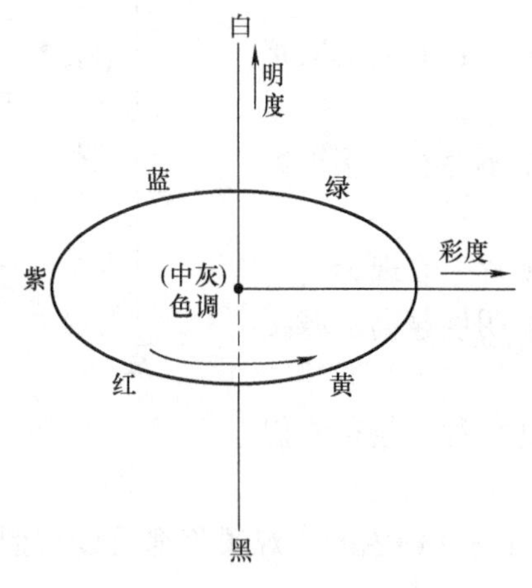

图 2-7　颜色立体

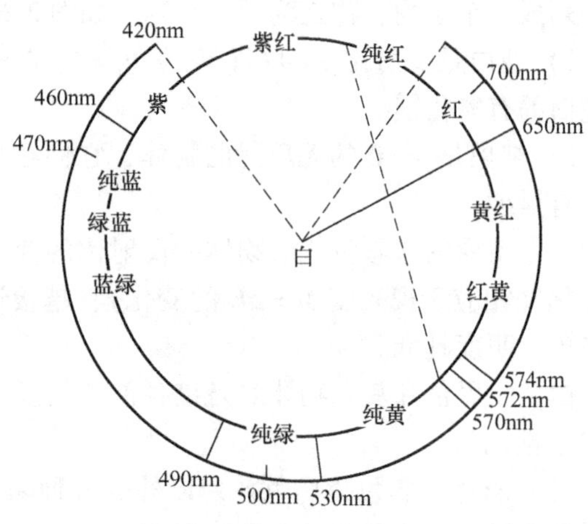

图 2-8　颜色环

五、颜色混合

人眼能够感知和辨认的每一种颜色都能用红、绿、蓝三种颜色匹配出来。但是，这三种颜色中无论哪一种都不能由其他两种颜色混合产生。因此，在色度学中将红、绿、蓝称为加法三原色。

颜色混合可以是颜色光的混合，也可以是物体颜色（彩色涂料或染料）的混合。这两种混合所得结果是不同的。

1. 颜色光的混合

它们属于相加混合，是由不同颜色的光谱引起人眼的同时兴奋。颜色光的混合具有以下规律：

1）凡两种颜色按适当比例混合能产生白色或灰色，这两种颜色称为互补色。颜色环圆心相对边的两种颜色都是互补色，即互补色若按适当比例相混合，可得到白色或灰色。例如，黄和蓝、红和青、绿和品红等是互补色。

2）颜色环上任何两种非互补色相混合时，可以产生中间色，其位置大致位于两种颜色相连的直线上，其色调取决于两颜色的比例。例如，420nm 紫色和 700nm 红色相混合将产生紫红色系列，它是光谱上所没有的颜色。

3）表现颜色相同的光，不管其光谱组成是否相同，在颜色相加混合中具有同样的效果。例如，若颜色 A = 颜色 B，颜色 C = 颜色 D，则颜色 A + 颜色 C = 颜色 B + 颜色 D。另外，如果 A + B = C，而 x + y = B，则同样有 A + (x + y) = C。这个由替代而产生的混合色，与原来的混合色在视觉上是等同的。

4）各种颜色的光所组成的混合光的总亮度，等于组成混合光的各种颜色光的亮度的总和。这一定律称为亮度相加定律。

颜色光的相加混合可用于不同类型光源的混合照明、舞台照明、彩色电视的颜色合成等方面。

2. 物体颜色的混合

与上述相加混合不同，物体颜色的混合属于相减混合：

1）颜色的减法混合中应用的减法三原色，分别是加法三原色红、绿、蓝的互补色，即青色、品红色和黄色，如图 2-9 所示。青色吸收光谱中红色部分，透过或反射其他波长辐射，称为减红原色，是控制红色用的，减红原色印在白纸上用白光照射时是蓝绿色，即青色。品红色为减绿原色，是控制绿色的，其印在白纸上为红紫色，称为品红色。减蓝原色印在白纸上呈黄色，用来控制蓝色。

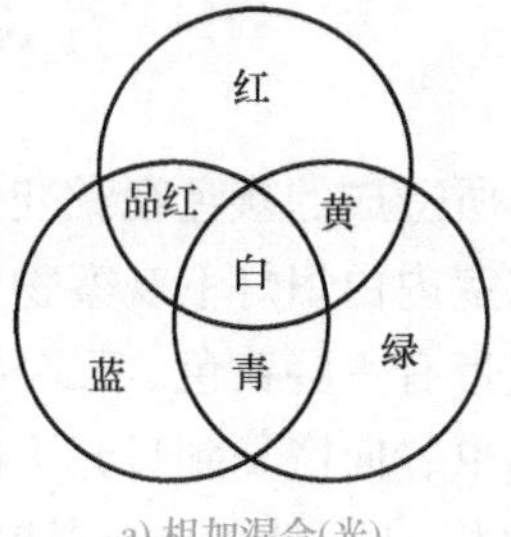

a) 相加混合(光)

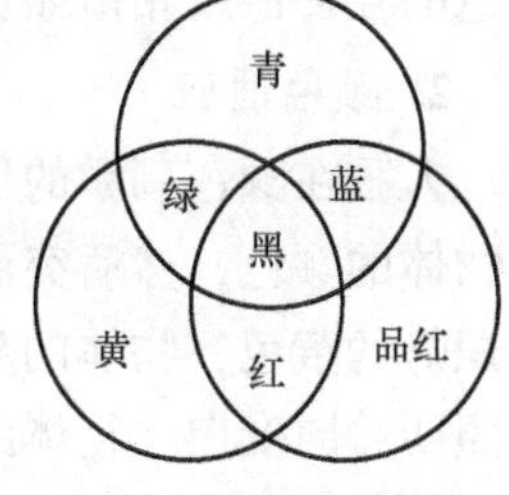

b) 相减混合(物体色光)

图 2-9　彩色的原色与中间色

2）彩色涂料对于光的选择反射是颜色相减的过程。深红色的颜料吸收了白光中大量的蓝色和绿色，仅反射红色，即它从入射光中减掉了蓝色和绿色。同样的道理可以说明一块黄色的滤光片由于减掉了蓝色，只透过红色和绿色，红光和绿光进而混合呈黄色。颜料和彩色滤光片的减色原理，如图2-10所示。

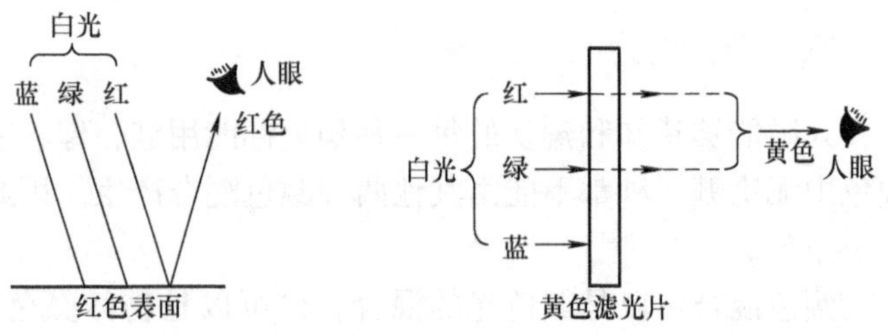

图2-10 颜料与彩色滤光片的减色原理

3）当两种颜料混合或两个彩色滤光片重合时，有重叠相减的效果，并且相减混合得到的颜色总比原来的颜色暗。例如，将黄色滤光片与青色滤光片重合，由于黄色滤光片“减蓝”、青色滤光片“减红”，重叠相减只透过绿色；同样，品红色和黄色颜料混合，因品红色滤光片“减绿”、黄色滤光片“减蓝”而呈现红色；将品红、黄、青三种减法原色混合在一起，则彩色全被减掉而呈现黑色。

掌握颜色混合的规律，一定要注意颜色相加混合与颜色相减混合的区别，而不能误用日常配色经验。切忌将减法原色的品红色误为红色，将青色误为蓝色，并以为红、黄、蓝是减法三原色，而造成与加法原色的红、绿、蓝混淆不清。

六、颜色视觉

人的视觉器官不但能反映光的强度，而且能反映光的波长特性。前者表现为亮度的感觉，后者表现为颜色的感觉。颜色是物体的属性，通过颜色视觉，人们能从外界获得更多的信息，因此，颜色视觉在生产和生活中具有重要的意义。

在明视觉条件下，人眼对于380～780nm范围内的电磁波引起不同的颜色感觉。感觉的颜色从紫色到红色，相应的波长由短到长，如图1-1所示。人眼是一种高效率的彩色匹配仪，具有正常视觉的人，其视网膜中央凹能够分辨各种颜色，属全色区。

1. 颜色对比

相邻的不同颜色，在观看时存在着相互影响，这种现象称为颜色对比。例如，在一块黄色背景上放一张白纸，用眼睛注视白纸中心几分钟，白纸会出现蓝色。黄色和蓝色为互补色，即每一种颜色都在其周围诱导出一种确定的颜色，这种颜色称为被诱导色（原来诱导颜色的互补色或相似颜色）。

2. 颜色适应

人眼在颜色刺激的作用下所造成的颜色视觉变化，称为颜色适应。例如，先在日光下观察物体的颜色，然后突然改在室内白炽灯下观察物体的颜色，开始时，室内照明看起来带有白炽灯的黄色，物体的颜色也带有一些黄色。几分钟后，当视觉适应了白炽灯光的颜色，室内照明趋向变白，物体的颜色也趋向恢复到日光下的原来颜色。再如，在暗色背景上照射一小块黄光，当眼睛先看过大面积的强烈红光一段时间之后，再看这黄光，此时黄光呈现绿色；经过一段时间，眼睛会从红光的适应中逐渐恢复，绿色渐淡，几分钟后又成为原来的黄色。可见，对于某种颜色光适应以后，再观察另一颜色时，后者的颜色会发生变化，并带有适应光的补色成分。

3. 光的色彩对人的生理和心理作用

生理作用：人的视觉是人类认识和改造世界最重要的信息来源，它是由屈光介质和视觉感受器及神经系统完成光信号传播、光电转换和信号处理，最后皮层的视觉中枢结合人们的生活经验进行感知的完整过程。其中，最基本的要素是需要有光的参与。

光线进入人眼并射入视网膜上的光感受器：柱状细胞、锥状细胞及固有光敏视网膜神经节细胞（ipRGCs）。所有这些细胞都会吸收光，并将其作为信息以电化学信号的形式发送到大脑的不同部位。柱状细胞可促进周边视觉及光线较暗条件下的视觉，对绿蓝光（498nm）表现出峰值灵敏度。锥状细胞可促进白天视觉和色觉，此系统感知亮度的峰值灵敏度发生在绿黄光（555nm）处。光敏视网膜神经节细胞（ipRGCs）是影响昼夜节律光信号传导的主要感光细胞，其专属视蛋白（视黑素）的光谱峰值敏感波长大约在蓝紫光（480nm）处。

除了促进视觉以外，光还会以非视觉方式影响人体。人类和动物体内都有生物钟，能够按照大约24h的周期同步生理功能，这称为昼夜节律。通过视网膜上的光感受器，特别是光敏视网膜神经节细胞（ipRGCs），身体会对多种环境钟（使生理功能与此周期中的太阳日保持一致的外部信号）做出反应。例如，在夜晚，持续6.5h的200lx的光照强度抑制了90%褪黑素的分泌，这使得人体的昼夜节律往后延迟了3h。持续1h的光照抑制了40%褪黑素的分泌，随着时间的增加，褪黑素的抑制越来越大，但是抑制的速率放缓。蓝光（460nm）和绿光（555nm）对褪黑素的抑制效果是不一样的，其中绿光相对于蓝光的光谱灵敏度是半衰期为37.8min的指数衰减。

心理作用：白光的色温对人的心理有重要影响。暖白色色温对精神状态有积极的影响，对专注度有消极的影响。同等照度的情况下，中间色温光源与低色温光源相比，中间色温光源下的空间舒适性和感知宽敞性更好。

对于不同波长的光，人的心理感受不一样。红色象征热情、健康、性感和自信，是个能量充沛的色彩，表现出一种积极向上的情绪。橙色温暖又阳光，代表了幸福、安全、活力和成熟。绿色有利于思考的集中，可提高工作效率，消除疲劳。蓝色给人理智、冷静的感觉。

第四节 表色系统

将颜色进行分类，并用数字和字母来表示，称为表色系统。

表色系统可分为两类：

1）以颜色的三个特性为依据，即按色调、明度和彩度加以分类，这类系统称为单色分类系统。目前用得最广泛的是孟塞尔表色系统。

2）以三原色说为依据，即任意一种颜色可以用三种原色按一定比例混合而成，这类系统称为三色分类系统。目前用得最为广泛的是CIE表色系统。

一、孟塞尔表色系统

孟塞尔表色系统是由孟塞尔创立的，它是一种采用颜色图册的表色系统，即按颜色的三个特性进行分类，并以它们的各种组合来表示。

1. 色调H（孟塞尔色调）

如图2-11所示，按照红（5R）、黄红（5YR）、黄（5Y）、黄绿（5GY）、绿（5G）、蓝绿（5BG）、蓝（5B）、蓝紫（5PB）、紫（5P）、红紫（5RP）分成10种色调，每种色调又各自分成从0~10的感觉上的等距指标，共有40种不同的色调。

2. 明度V（孟塞尔明度）

如图2-12所示，对同一色调的色彩来说，浅的明亮，深的阴暗。其中光波被完全吸收而不反射者为最暗，明度定为0；光被全部反射而不吸收者为最亮，明度定为10；在它们之间按感觉上的等距指标分成10等份来表示其明度。明度与反射比的关系见表2-2。

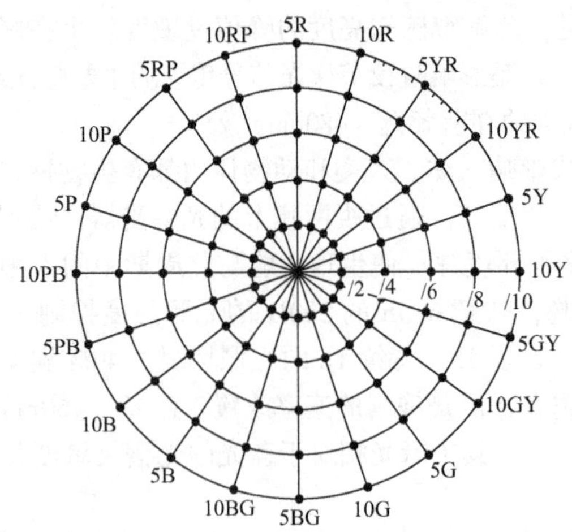

图2-11 孟塞尔表色系统中一定明度的色调与明度

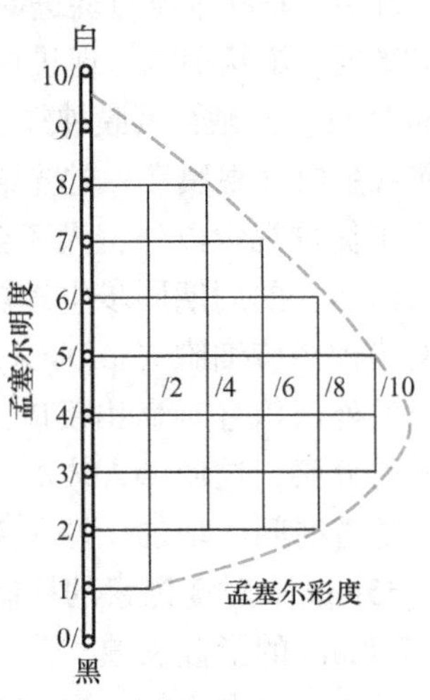

图2-12 孟塞尔表色系统中一个色调面上的明度与彩度组成

表2-2 明度与反射比的关系

明　度	反射比	明　度	反射比	明　度	反射比
10.0	1.000	6.5	0.353	3.0	0.0637
9.5	0.875	6.0	0.293	2.5	0.0450
9.0	0.766	5.5	0.240	2.0	0.0304
8.5	0.665	5.0	0.192	1.5	0.0198
8.0	0.575	4.5	0.151	1.0	0.0117
7.5	0.492	4.0	0.117	0.5	0.0057
7.0	0.420	3.5	0.088	0.0	0.0000

3. 彩度C（孟塞尔彩度）

对相同明度的色彩来说，又有鲜艳和阴沉之分，鲜艳的程度称为彩度，如红旗的红，其彩度高；红豆的红，其彩度就低。一般光谱色（单色光，如5R、5Y、5G、5B、5P）的彩度最高。

色调和明度均具有一定的颜色，在图册排列中，把非彩色的彩度作为0，彩度按感觉上的等距指标增加。与明度有所不同，彩度规定为11个等级，不同的色调所分的等级也不同。例如蓝色为1~6，红色为1~16。对于一种颜色，数字越大，彩度就越高。图2-13所示为孟塞尔表色系统中色立体的组成。

按上述色调、明度和彩度的分类，孟塞尔表色系统用数字和符号表示颜色的方法是先写色调，其次写明度，然后在斜线下写出彩度，即“HV/C”。譬如红旗可表示为“5R5/10”。非彩色用符号N，再标上其明度表示，如N5。

二、CIE 表色系统

1. 三原色学说

光谱的全部颜色可以用红、绿、蓝三种光谱波长的光混合得到，这就是颜色视觉的三原色学说。这种学说认为锥状细胞包含红、绿、蓝三种反应色素，它们分别对不同波长的光发生反应，视觉神经中枢综合这三种刺激的相对强度而产生一种颜色感觉。三种刺激的相对强度不同时，就会产生不同的颜色感觉。据此，可通过不同比例的三种原色相加混合来表示某种特定颜色，即

$$[C]\equiv r[R]+g[G]+b[B] \tag{2-6}$$

式中，[C]为某种特定颜色（或被匹配的颜色）；[R]、[G]、[B]为红、绿、蓝三原色；r、g、b 为红、绿、蓝三原色的比例系数，且满足 $r+g+b=1$；≡表示匹配关系，即在视觉上颜色相同，但能量或光谱成分却不同。

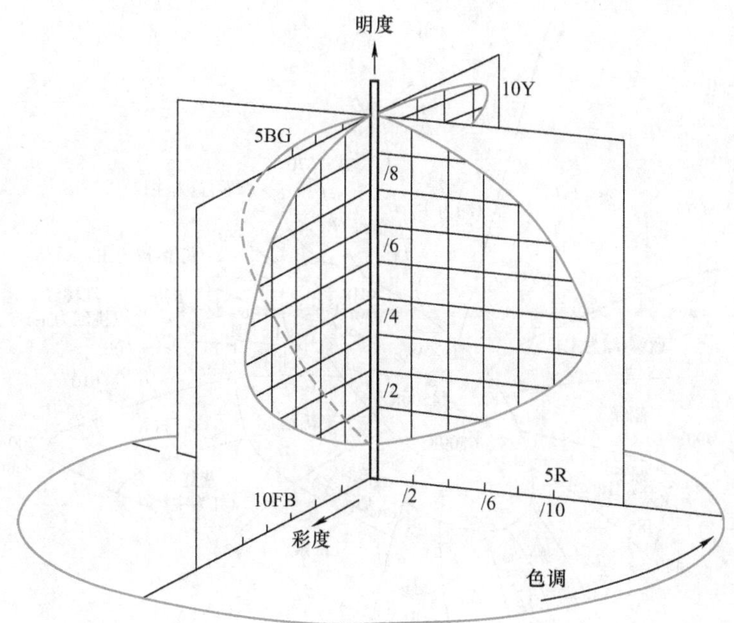

图 2-13　孟塞尔表色系统中色立体的组成

例如，蓝绿色用颜色方程式表示时，可写成[C]≡0.06[R]+0.31[G]+0.63[B]。另外，匹配白色或灰色时，三原色系数必须相等，即满足 $r=g=b$。

如果［R］、［G］、［B］三原色相加混合得不到相等的匹配时，可将三原色之一加到被匹配颜色的一方，以达到相等的颜色匹配。此时，式(2-6）中有一项必为负值（假设为[B]），这可以理解为将该原色滤去，即[C]≡r[R]+g[G]−b[B]。

由于 RGB 系统可能出现负值，故 CIE 另用三个假想的原色 X、Y、Z 来代替 RGB，任何一种颜色（光）的 X、Y、Z 比例都是不同的。颜色的色（度）坐标可以通过计算 X、Y、Z 各在（X+Y+Z）总量中的比例来获得，即

$$x=X/(X+Y+Z) \tag{2-7}$$

$$y = Y/(X + Y + Z) \tag{2-8}$$

$$z = Z/(X + Y + Z) \tag{2-9}$$

2. CIE 色度图

1931 年，CIE 制定了色度图，它用三原色比例 x、y、z 来表示一种颜色，如图 2-14 所示。

由于 $x + y + z = 1$，故 x、y 确定以后，z 就可以确定了。因此，在色度图中只有 x、y 两个坐标，而无 z 坐标。其中，x、y 坐标分别相当于红原色和绿原色的比例。

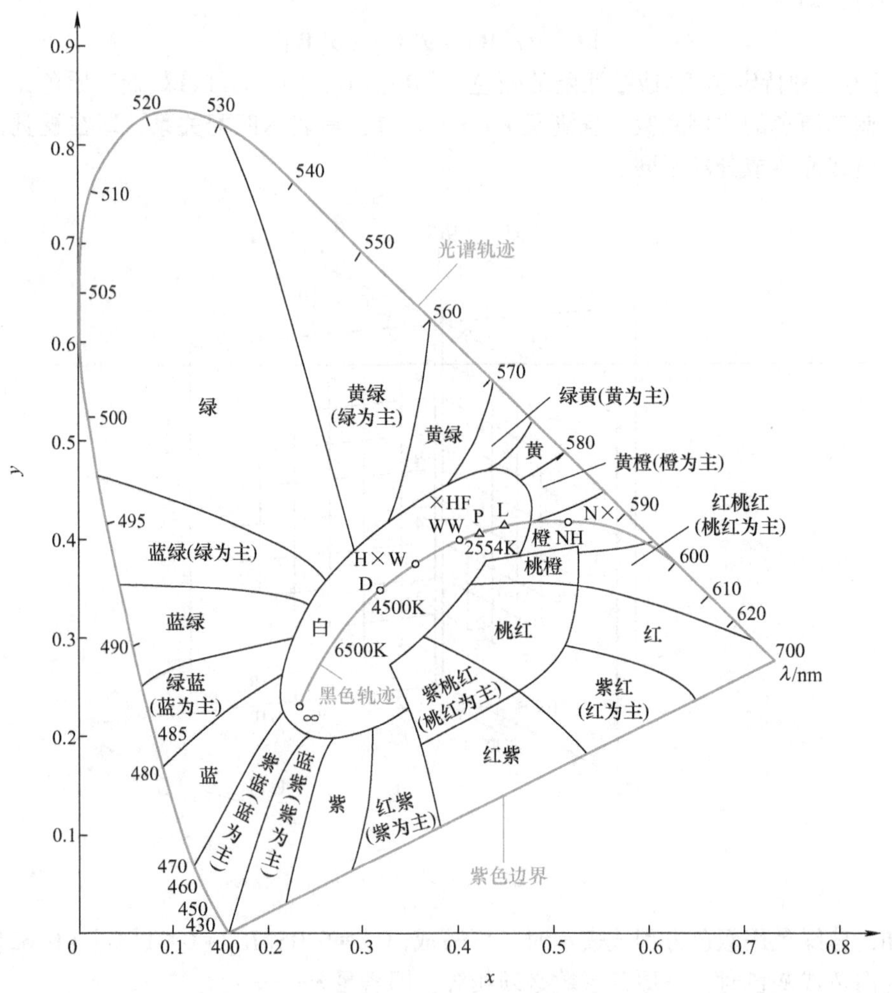

图 2-14　GIE 色度图

D—日光色荧光灯　W—白色荧光灯　WW—暖白色荧光灯　L—一般照明用白炽灯

P—照相制版用灯　H—高压水银灯　HF—水银荧光灯　N—钠灯　NH—高压钠灯

1）任何一个颜色都可以用 CIE 色度图上的一点来确定，其色坐标为（x，y）。

2）图 2-14 中马鞍形的曲线表示光谱色，称为光谱轨迹。

3）连接光谱轨迹末端的直线称为紫色边界，它是光谱中所没有但自然界存在的颜色。

4）通过 D 的弧形曲线称为黑体轨迹，它表示黑体温度和色度的关系。

第五节　光源的颜色与显色

一、光源的颜色

照明光源的颜色常用两个性质不同的术语来表征：

1）光源的色表。即人眼观看光源所发出光的颜色（灯光的表观颜色）。

2）光源的显色性。即光源照射到物体上所显现出来的颜色。

1. 光源的色温

在照明应用领域，常用色温定量描述光源的色表。当一个光源的颜色与黑体（完全辐射体）在某一温度时发出的光色相同时，黑体的温度就称为该光源的色温，符号为 T_c，单位为开尔文（K）。

在任何温度下，若某物体能把投射到它表面的任何波长的能量全部吸收，则称该物体为黑体。黑体的光谱吸收率 $\alpha_B=1$。黑体加热到高温时将产生辐射，黑体辐射的光谱功率分布完全取决于它的温度。在800～900K的温度下，黑体辐射呈红色，3000K呈黄白色，5000K左右呈白色，在8000～10000K时呈淡蓝色。

热辐射光源（如白炽灯、卤钨灯等）的光谱能量分布与黑体的光谱能量分布近似，故其颜色变化基本上符合黑体轨迹。色温与白炽体的实际温度有一定的内在联系，但并不相等。例如，白炽灯泡的色温为2878K时，其灯丝的真实温度为2800K。

热辐射光源以外的其他光源的光色，在色度图上不一定准确地落在“黑体轨迹”上，如图2-14所示。此时，只能用光源与黑体轨迹最接近的颜色来确定该光源的色温，这样确定的色温称为相关色温，符号为 T_{cp}。显然，该光源的光谱能量分布与黑体是不同的。

一般而言，红色光的色温低，蓝色光的色温高。各种光源的色温见表2-3。

表2-3　各种光源的色温

光　源	色温/K	光　源	色温/K
太阳（大气外）	6500	钨丝白炽灯（1000W）	2920
太阳（在地表面）	4000～5000	荧光灯（日光色）	6500
蓝色天空	18000～22000	荧光灯（冷白色）	4300
月亮	4125	荧光灯（暖白色）	2900
蜡烛	1925	金属卤化物灯	
煤油灯	1920	钠铊铟灯	4200～5000
钨丝白炽灯（10W）	2400	镝钬灯	6000
钨丝白炽灯（100W）	2740	钪钠灯	3800～4200
弧光灯	3780	高压钠灯	2100

2. 光源的显色性

照明光源显现被照物体颜色的性能称为显色性。光源的显色性是由光源的光谱功率分布所决定的，因此要判定物体颜色，就必须先确定光源。

（1）标准光源　CIE 规定了四种标准光源：

1）标准光源 A。温度约为 2856K 的完全辐射体（黑体）发出的光，现实的标准光源 A 是色温为 2856K 的充气钨丝白炽灯。

2）标准光源 B。在标准光源 A 上加一个特定的液体滤光器而得到近似 4874K 的黑体放射光，用它来代表直射阳光。

3）标准光源 C。在标准光源 A 上加一个特定的液体滤光器而得到近似 6774K 的黑体放射光，用它来代表平均昼光。

4）标准光源 D_{65}。表示色温约为 6504K 的合成昼光。CIE 还规定了色温约为 5503K 的 D_{55} 和色温约为 7504K 的 D_{75} 等标准光源，作为典型的昼光色度。

目前，常以标准光源 A 作为低色温光源的参照标准，而以标准光源 D_{65} 作为高色温光源的参照标准，来衡量在各种不同光源照明下的颜色效果。

（2）显色指数　CIE 还制定了一种光源显色性的评价方法，即采用显色指数表示光源的显色性。

光源的显色指数包括一般显色指数（R_a）与特殊显色指数（R_i）两种。R_a 的确定方法是以选定的一套共 8 个有代表性的色样，在待测光源与参照光源下逐一进行比较，确定每种色样在两种光源下的色差 ΔE_i。然后，按照约定的定量尺度，计算每一种色样的显色指数 R_i，即

$$R_i = 100 - 4.6\Delta E_i \tag{2-10}$$

一般显色指数 R_a 则是 8 个色样显色指数的算术平均值，即

$$R_a = \frac{1}{8}\sum_{i=1}^{8} R_i \tag{2-11}$$

对于一般人工照明光源，只用 R_a 作为评价显色性的指标即可。在需要考察光源对特定颜色的显色性时，尚可引用另外规定的七种色样中的一种或数种，作为特殊显色指数评价指标。这七种检验色样分别是深红、深黄、深绿、深蓝、白种人肤色、叶绿色、中国女性肤色。

毋庸置疑，光源的显色指数越高，其显色性越好。与参照光源完全相同的显色性，其显色指数为 100。一般认为 $R_a = 100 \sim 80$，显色性优良；$R_a = 79 \sim 50$，显色性一般；$R_a < 50$，显色性较差。

表 2-4 列出了我国生产的部分电光源的颜色指标（CIE 色坐标、色温及显色指数）。

表 2-4　部分电光源的颜色指标

光源名称	CIE 色坐标		色温/K	显色指数
白炽灯（500W）	$x = 0.447$	$y = 0.408$	2900	95 ~ 100
荧光灯（日光色，40W）	$x = 0.313$	$y = 0.337$	6500	70 ~ 80
荧光高压汞灯（400W）	$x = 0.334$	$y = 0.412$	5500	30 ~ 40
镝灯（1000W）	$x = 0.369$	$y = 0.367$	4300	85 ~ 95
普通型高压钠灯（400W）	$x = 0.516$	$y = 0.389$	2000	20 ~ 25

二、物体的色彩

物体表面的颜色是它对照射光线中某一种波长的光反射（或透射），比对其他波长的光

要强得多，反射（或透射）得最强的波长的光，即为该物体的色彩。物体呈现的色彩取决于本身的光谱反射比（或透射比）和光源的光谱能量分布。例如，黑色物体对各种彩色的光都吸收，不能反射光，因而无论什么彩色光或日光照射都显黑色；白色物体能将所有的彩色光都反射出来，日光照射时显白色，红光照射时显红色，其他彩色光照射时就显现与光源相同的彩色。再如，荧光高压汞灯光谱中的青、蓝、绿光多，而红光很少，照射在白黄色的人脸上反射的青、蓝、绿光较多，脸显青灰色；若用它照射在蓝布上，蓝布的光谱反射蓝光强，蓝布吸收了其他颜色光而反射蓝光，蓝布就呈蓝色。当用发射光谱中无蓝色光的钠灯照射蓝布时，绝大部分光线被蓝布吸收，几乎无反射光，此时蓝布呈现黑色。

思　考　题

1. 什么是暗视觉、中介视觉和明视觉？
2. 视觉适应、可见度及亮度对比的含义是什么？
3. 什么是眩光？
4. 什么是黑白系列？
5. 说明彩色的三个特性。
6. 孟塞尔表色系统是如何表示颜色的？
7. CIE 表色系统是如何表示颜色的？
8. 光源显色性和显色指数的含义是什么？

第三章

电 光 源

将电能转换成光学辐射能的器件，称为电光源，而用作照明的称为照明电光源。目前，使用的电光源，按其工作原理可分为两大类（见图 3-1）。

一、固体发光光源

利用适当的固体与电场相互作用而发光的光源称为固体发光光源，包括热辐射光源、场致发光光源、半导体发光器件。

1）热辐射光源。利用电能使物体加热到白炽程度而发光的光源，如白炽灯、卤钨灯。

2）场致发光光源。利用砷化镓面结型二极管加正向偏压作为有效的辐射光源，简称发光二极管（LED）。

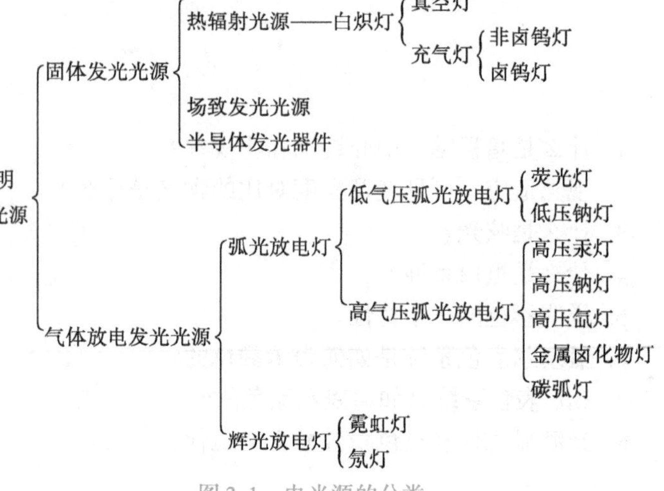

图 3-1　电光源的分类

二、气体放电发光光源

利用气体或蒸气的放电而发光的光源称为气体放电发光光源，分为弧光放电灯和辉光放电灯。

1）弧光放电灯。主要利用正柱区的光，根据正柱区的气体压力分为低气压弧光放电灯和高气压弧光放电灯，如荧光灯、低压钠灯、高压汞灯、高压钠灯、金属卤化物灯、高压氙灯等。

2）辉光放电灯。主要利用负辉区的光或正柱区的光，如霓虹灯、氖灯等。

第一节　白　炽　灯

所有的固体、液体以及气体如果达到足够高的温度，都会产生可见光。大约 3000K 时，由固体钨的炽热发光的白炽灯可能是现今最为人熟悉的人造光源。

白炽灯是根据热辐射原理制成的，灯丝在将电能转变成可见光的同时，还要产生大量的红外辐射和少量的紫外辐射。为了提高光效率，灯丝应在尽可能高的温度下工作。

一、概述

普通白炽灯的结构如图 3-2 所示，它由灯丝（钨丝）、支架、芯柱、引线、玻璃泡壳（简称泡壳）和灯头等部分组成。其中，常用的灯头如图 3-3 所示。

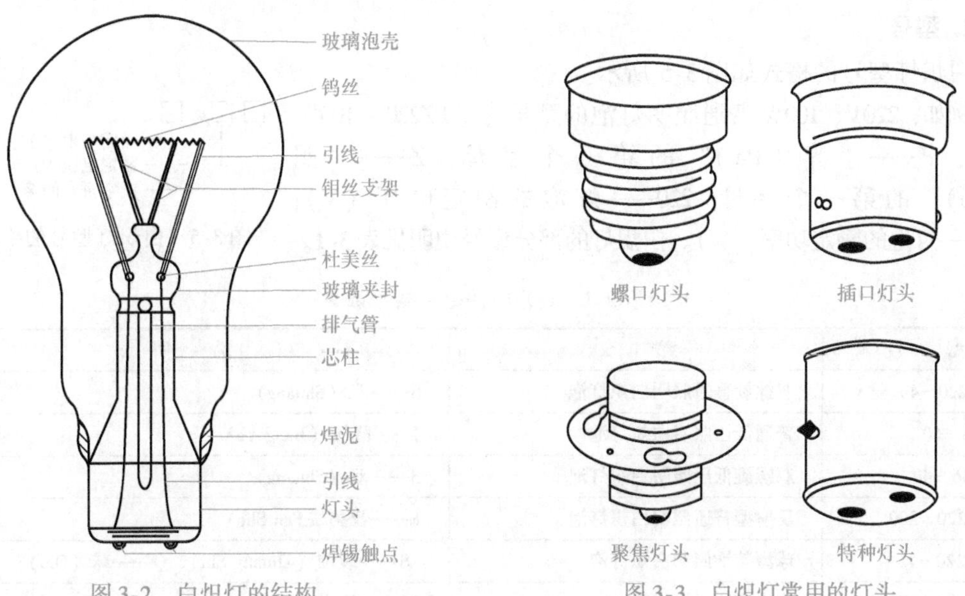

图 3-2　白炽灯的结构

图 3-3　白炽灯常用的灯头

1. 规格

白炽灯的规格有很多，分类方法不一，总地来说，可分为真空灯泡和充气灯泡。但一般的分类基本上是根据用途和特性而定的，从大的类别来说可分为普通照明灯泡、电影舞台用灯泡、照相用灯泡、铁路用灯泡、船用灯泡、汽车用灯泡、仪器灯泡、指示灯泡、红外线灯泡及标准灯泡等数种，其外形如图 3-4 所示。

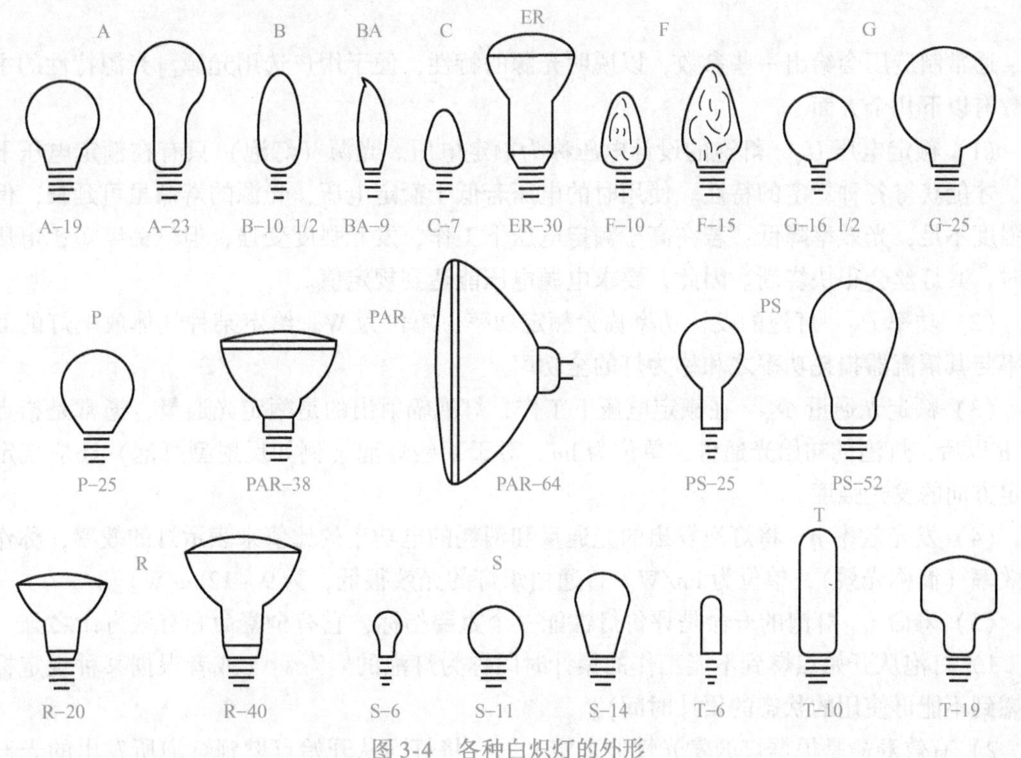

图 3-4　各种白炽灯的外形

2. 型号

白炽灯型号的格式如图3-5所示。

例如，220V、100W普通照明灯泡的型号为“PZ220－100”。其中，P——“普（Pu）”的第一个字母；Z——“照（Zhao）”的第一个字母；220——灯泡的额定电压（V）；100——灯泡的额定功率（W）。白炽灯的部分型号说明见表3-1。

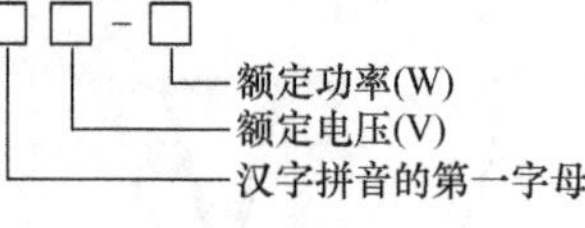

图3-5 白炽灯型号的格式

表3-1 白炽灯的部分型号说明

型 号	意 义	说 明
PZS220－40	双螺旋普通照明白炽灯泡	S——双（Shuang）
JZ36－60	普通低压照明白炽灯泡	J——降压（Jiang Ya）
JZS36－40	双螺旋低压照明白炽灯泡	S——双（Shuang）
PZF220－300	反射型普通照明白炽灯泡	F——反射（Fan She）
ZSQ220－15	球型装饰照明白炽灯泡	ZS——装饰（Zhuang Shi）、Q——球（Qiu）
JG220－1000	聚光照明白炽灯泡	JG——聚光（Ju Guang）
JGF220－1000	反射型聚光照明白炽灯泡	F——反射（Fan She）
HW220－250	红外线白炽灯泡	HW——红外（Hong Wai）
ZX220－200	照相白炽灯泡	ZX——照相（Zhao Xiang）
ZF220－200	照相放大白炽灯泡	F——放大（Fang Da）

二、光电参数

通常制造厂会给出一些参数，以说明光源的特性，便于用户选用光源。光源特性的主要参数有以下几个方面。

（1）额定电压U_N 灯泡的设计电压称为额定电压。光源（灯泡）只有在额定电压下工作，才能获得各种规定的特性。使用时的电压若低于额定电压，光源的寿命虽可延长，但发光强度不足，光效率降低；若在高于额定电压下工作，发光强度变强，但寿命缩短，电压过高时，其灯丝会很快烧断。因此，要求电源电压能达到规定值。

（2）功率P_N 灯泡的设计功率称为额定功率，单位为W。给定某种气体放电灯的额定功率与其镇流器损耗功率之和称为灯的全功率。

（3）额定光通量Φ_N 在额定电压下工作，灯泡辐射出的是额定光通量，通常是指点燃100h以后，灯泡的初始光通量，单位为lm。对于某些灯泡（例如反射型灯泡）还应规定在一定方向的发光强度。

（4）发光效率η 将灯泡发出的光通量和消耗的电功率的比值来表示灯的效率，称作发光效率（简称光效），单位为lm/W。普通白炽灯的光效很低，为9～12lm/W。

（5）寿命τ 灯泡的寿命是评价灯性能一个重要指标，它有全寿命和有效寿命之分。

1）灯泡从开始点燃到不能工作的累计时间称为灯泡的全寿命（或者根据某种规定标准点燃到不能再使用的状态的累计时间）。

2）有效寿命是根据灯的发光性能来定义的。将灯泡从开始点燃到灯泡所发出的光通量衰减至初始光通量的某一百分数（70% ~85%）时的累计时间，称为灯的有效寿命。白炽灯的有效寿命为1000h。

白炽灯光电参数与电源电压的关系，如图3-6所示。从图中可知，随着电源电压的升高，灯泡寿命将大大降低。随着灯丝温度的变化，灯泡的寿命和发光效率都将产生变化，同一个灯泡发光效率越高，寿命就越短。

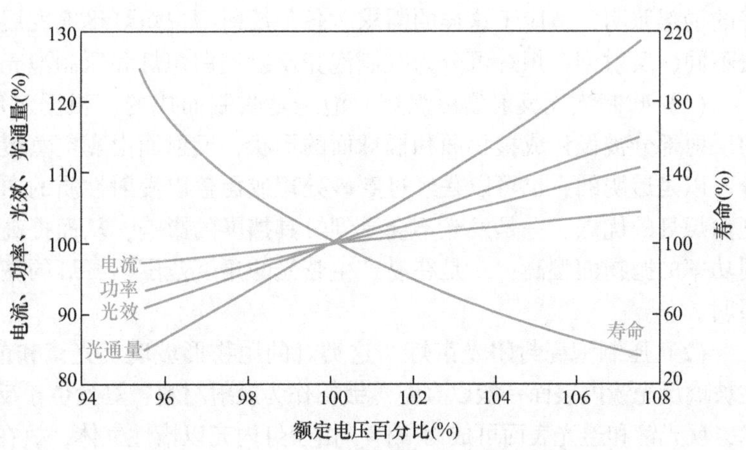

图3-6　白炽灯光电参数与电源电压的关系

(6) 光谱能量分布 E_λ　白炽灯是热辐射光源，具有连续的光谱能量（功率）分布。

(7) 色温 T_c、显色指数 R_a　白炽灯是低色温光源，一般为2400 ~2900K；显色指数一般为95 ~99。

当电源电压变化时，白炽灯除了寿命有很大变化外，光通量、光效、功率等也都有较大的变化，如图3-6所示。

三、特点

白炽灯具有高度的集光性、便于控光、适于频繁开关、点燃或熄灭对灯的性能和寿命影响较小、辐射光谱连续、显色性好、价格便宜、使用极其方便等优点；缺点是光效较低。高色温（约3200K）白炽灯主要用于摄影、舞台和电视照明以及电影放映光源等。一般照明用白炽灯色温较低，为2700 ~2900K。白炽灯适用于家庭、旅馆、饭店以及艺术照明，信号照明及投光照明等。色温在2500K以下的红外线灯，主要用于红外加热干燥、温室保温和医疗保健等。白炽灯还有良好的调光性能，常被用作剧场舞台布景照明。白炽灯发出的光与自然光比较呈红色。如果用于商店照明，红光多反而成了优点，因为它可以使色彩更鲜艳，但不适宜于布店照明，因为它的光色会使人发生错觉，感到红布更红、蓝布变紫。

四、发展动向

1. 白炽灯小型化

1）在通常的照明用白炽灯中，充入氩-氮混合气体使灯泡内的压强约为0.1MPa。为了更好地抑制钨丝蒸发，并减少气体的热能损失，采用氪气和氙气等效果更好。但这两种惰性气体比氩气贵很多。为此，人们努力开发用气量少的小型白炽灯泡。

2）采用硬质玻璃或石英玻璃制作泡壳，缩小泡壳尺寸，这样气压可以充得更高。由于气压高，抑制灯丝蒸发的效果会更好，因而灯丝工作温度可以提高，灯的光效也相应得以提高（上升30% ~40%），寿命可为原来的3 ~4倍。

2. 反射型白炽灯

在有些场合，如商店的橱窗和展览厅等处，并不需要将各处都照得很亮，而只希望有很好的局部照明，适应于这样的需求，各种反射型白炽灯迅速发展起来。根据灯泡壳的加工方法不同，反射型白炽灯可分为吹制泡壳反射型白炽灯和压制泡壳封闭光束灯两类。

（1）吹制泡壳反射型白炽灯　泡壳是吹制而成的。根据对反射光束形状的要求，泡壳的反射部分被设计成抛物面和椭球面的形状，反射面由真空蒸镀的铝层形成。泡壳的透光部分可以是透明的，也可以是经过磨砂处理或覆盖以漫射性质的白色涂层。其中，椭球面反射型白炽灯的优点：一是发光不会受到灯具挡屏的影响，从而提高了光效，使下照光的强度比同功率的抛物面型高；二是在易产生眩光的角度范围内，灯的亮度很低，因而能产生舒适的照明。

（2）压制泡壳封闭光束灯　这类灯的抛物形玻璃反光镜和前面的透镜面是压制成形的。在玻璃反光镜内表面一般以真空蒸镀铝作为反射材料，灯丝位于反射镜的焦点上。采用封接技术，反光镜和透光表面可成为一体。由于灯内充以惰性气体，故在灯的有效寿命期内，镀铝层始终能保持良好的反射性能。这类灯常被称为PAR灯，意为镀铝的抛物反射灯。

PAR灯可分聚光型和泛光型两大类。PAR灯的前头镜也可以是彩色的，常用的颜色有红、黄、蓝、绿和琥珀色。为了减少出射光的热量，在透镜上涂以红外反射膜，做成冷光型的PAR灯，其被广泛用于各种需要冷光照明的场合。另外，PAR灯的聚光性强，光的利用率高，比同功率的白炽灯（包括一般反射灯）产生的照度高，因此常用于室内外投光照明。

3. 带红外反射层的白炽灯

白炽灯由于其工作温度较低，绝大部分辐射集中在红外区，只有很少的能量被转换成可见光，因此光效较低。

能否在现有钨丝灯的基础上大幅度提高其发光效率呢？对此，人们进行了长期的研究。研究发现，只要泡壳和灯丝的结构、位置合理，在泡壳上涂上红外反射膜，就能将钨丝所产生的大量红外辐射反射回来，重新加热灯丝，从而减少了维持灯丝于某一温度所需的电功率，节约了电能，提高了灯的光效。

第二节　卤　钨　灯

填充气体内含有部分卤族元素或卤化物的充气白炽灯称为卤钨灯。卤钨灯也是一种热辐射光源，性能比普通钨丝白炽灯有了很大改进。

一、卤钨循环的原理

普通白炽充气灯泡，由于它的灯丝在高温工作时的蒸发，会导致灯丝的损耗，蒸发出来的钨沉积在泡壳上。当卤素加进填充气体后，如果灯内达到某种温度和设计条件，钨与卤素将发生可逆的化学反应。简单地讲，就是白炽灯灯丝蒸发出来的钨，其中部分朝着泡壳壁方向扩散，在灯丝与泡壳之间的一定范围内，其温度条件有利于钨和卤素结合，生成的卤化钨分子又会扩散到灯丝上重新分解，使钨又送回到灯丝。至于分解后的卤素则又可参加下一轮的循环反应，这一过程称为卤钨循环或再生循环。卤素与钨反应的基本形式为

$$\text{(靠近灯丝)}\, W + nX + A \rightleftharpoons WX_n + A\,\text{(靠近泡壳)}$$

式中，W 为钨；X 为卤素；n 为原子的数目；A 为惰性气体。

这一可逆的化学反应过程表明：当温度高时，反应朝着有利于卤钨化合物分解的方向进行；反之，当温度低时，反应朝着有利于卤钨化合物生成的方向进行。

为了理解这个循环过程，详细分析沿着充有惰性气体和卤素灯管的轴线安置的钨丝的工作情况，如图 3-7 所示。

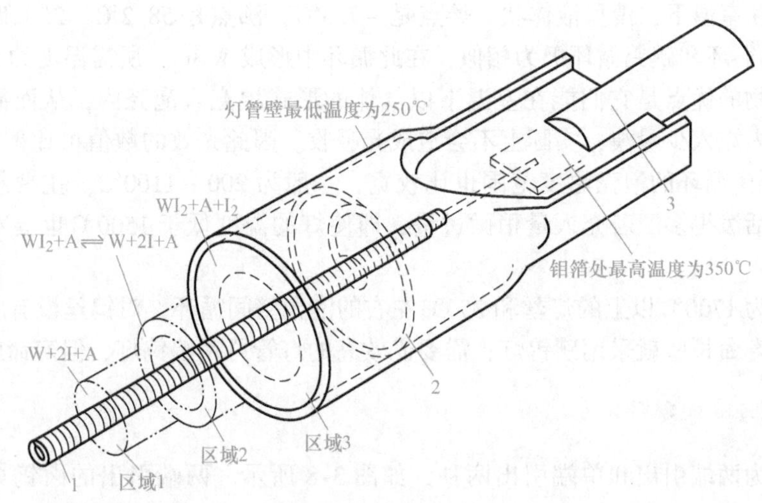

图 3-7　卤钨循环过程

1—钨丝　2—灯丝支架　3—焊泥

1）灯丝的工作温度一般为 2350 ~ 3150℃，温度的高低取决于所需的寿命和工作电压。

2）在灯丝和泡壳之间的惰性气体存在着温度梯度，这个梯度按划分的温度大小从灯丝径向地延伸到泡壳壁，其中，①围绕灯丝的区域（区域 1）无化学反应，该区域里的惰性气体、卤素原子、钨原子都以分离的成分存在；②下一个外区域（区域 2），这些成分会发生反应，亦即使钨和卤素产生反应生成气态的卤化钨，其中靠近高温灯丝一边的卤化钨会分解；③超过此区域的低温边缘再向外直到泡壳壁的区域（区域 3），这里没有热分解，只发生卤素原子的继续复合，并完成卤化钨的形成。

3）这些卤化钨扩散到灯丝上，在对流中再循环重新分解成卤素和钨。可惜在多数情况下，再生钨并不直接回到灯丝上，而是游离在灯丝附近的区域内。

理论上，氟、氯、溴、碘四种卤素都能在灯泡内产生再生循环，区别就在于循环时，产生各种反应所需的温度不同。目前，广泛采用的是溴、碘两种卤素，制成的灯分别称为溴钨灯和碘钨灯，并统称为卤钨灯。

二、卤素的选择

1. 碘钨灯

碘钨灯是所有卤钨灯中最先取得商业价值的，其主要原因是维持碘再生循环的温度很适合许多实用灯泡的设计，特别适用于寿命超过 1000h 和钨蒸发速率不大的灯。

碘在室温下是固体，熔点是 113℃，沸点是 183℃，25℃时的蒸气压是 49. 3Pa。主要的化学反应是 $W+2I \rightleftharpoons WI_2$，反应温度约为 1000℃。若要成功地维持再生循环，则灯丝的最低温度应是1700℃，泡壳壁温度至少达到250℃。所需碘量要以钨的再生需求量而定，灯内呈紫红色的碘蒸气成分越多，那么被这种蒸气吸收而损失的光就越多，在实际设计中，光的损失可高达5%。

2. 溴钨灯

溴钨灯的寿命一般限制在1000h以内，钨丝的蒸发速率比碘钨灯高，一般灯丝温度在2800℃以上。在室温下，溴呈液体状，熔点是-7.3℃，沸点是58.2℃，25℃时的蒸气压是30800Pa。溴钨循环和碘钨循环极为相似，在此循环中形成WBr_2，所需温度约为1500℃。

采用溴化物的优点是它们能在室温下以气体的形式填充入泡壳内，从而简化了生产过程。此外，灯内充入少量溴，实际上不会造成光吸收。因此光效的数值可比碘钨灯高4%~5%，它形成再生循环的泡壳温度范围也比较宽，一般为200~1100℃。主要缺点是溴比碘的化学性能要活泼得多，若充入量稍微过量，即使灯的温度低于1500℃也会对灯丝的冷端产生腐蚀。

碘在温度为1700℃以上的灯丝和250℃左右的泡壳壁间循环，对钨丝没有腐蚀作用，因此，需要灯管寿命长些就采用碘钨灯；需要光效高的灯管可用溴钨灯，但寿命就短些。

三、结构与技术参数

卤钨灯分为两端引出和单端引出两种，如图3-8所示。两端引出的卤钨灯用于普通照明；单端引出的卤钨灯用于投光照明、电视、电影及摄影等场所。

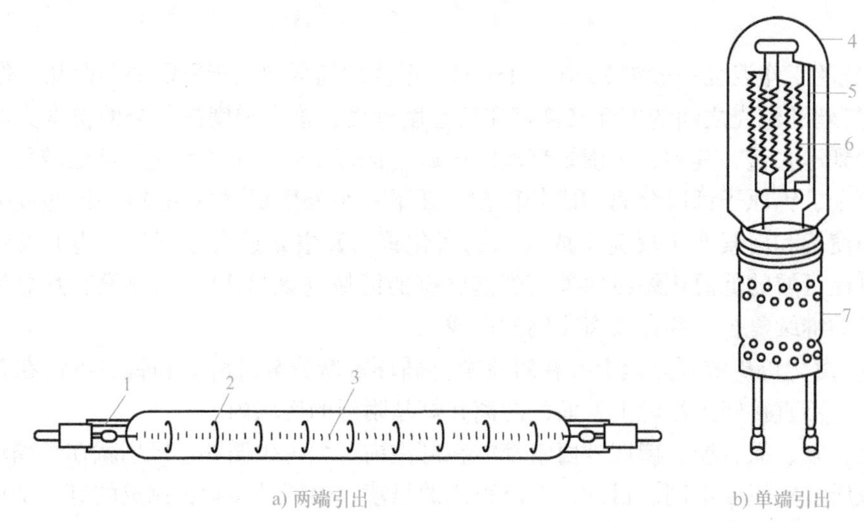

图3-8　卤钨灯的结构

1—钼箔　2—支架　3—灯丝　4—石英玻璃罩　5—金属支架　6—排丝状灯丝　7—散热罩

卤钨灯的技术参数见表3-2~表3-6（OSRAM系列产品）。

表3-2　照明直管形卤钨灯

型　号	电压/V	功率/W	光通量/lm	显色指数	色温/K	寿命/h	尺寸（直径×长度）/(mm×mm)	灯头型号
LZG220-300	220	300	5000	95~99	2800±50	1000	ϕ12×(140±2)	Fa4

表 3-3 单端卤钨灯

型号	电压/V	功率/W	光通量/lm	色温/K	寿命/h	最大直径/mm	灯头高度/mm
64478BT	220	150	2550	2900	2000	ϕ48	117

表 3-4 卤钨反射灯

型号	功率/W	发光强度/cd	光束角/(°)	色温/K	寿命/h	开口直径/mm	整灯长度/mm
64836FL	50	1100	30	3000	2000	ϕ64.5	91

表 3-5 低压卤钨反光杯灯

型号	电压/V	功率/W	光束角/(°)	发光强度/cd	寿命/h	开口直径/mm	整灯长度/mm
44865WFL	12	35	38	1000	2000	ϕ51	45

表 3-6 冷光束卤钨灯

型号	电压/V	功率/W	发光强度/cd	光束角/(°)	色温/K	寿命/h	尺寸（直径×长度）/(mm×mm)	灯头型号
LDJ12－50N	12	50	9050	12	3000	3000	ϕ50×45	G×5.3
LDJ12－50M			3000	24				
LDJ12－50W			1500	38				

注：N 表示窄光束；M 表示中光束；W 表示宽光束。

四、特点

由于卤钨循环使蒸发的钨又不断地回到钨丝上，抑制了钨的蒸发，并且因灯管内被充入较高压力的惰性气体而进一步抑制了钨的蒸发，使灯的寿命有所提高，最高可达 2000h，平均寿命为 1500h，为白炽灯的 1.5 倍；因灯管工作温度提高，辐射的可见光量增加，使得发光效率提高，光效可达 10～30lm/W；工作温度高，光色得到改善，显色性也好，卤钨灯与一般白炽灯相比，它的优点是体积小、效率较高、功率集中，因而可使照明灯具尺寸缩小，便于光的控制。因此灯具制作简单、价格便宜、运输方便。卤钨灯的显色性好，其色温特别适用于电视播放照明，也适用于绘画、摄影和建筑物的投光照明等场合。

卤钨灯比一般白炽灯的紫外辐射多，造成这一现象的原因是卤钨灯的灯丝温度较高以及石英泡壳能透过紫外辐射。采用硬质玻璃的泡壳能有效抑制卤钨灯的紫外辐射，而玻璃罩和玻璃外壳，可以使紫外辐射减少到无害的程度。

五、应用

较之常用的白炽灯，卤钨灯具有许多显著的特性和设计上的优点。因此，它在各个照明领域中得到了广泛的应用。

1. 一般照明用卤钨灯

主要是在市电下工作的两端引出的管状卤钨灯，其寿命大于 2000h，灯功率为 100W～2kW，相应的灯管直径为 8～10mm，灯管长为 80～330mm，两端采用 RTS 的标准磁接头，需要时还可在磁管内装有熔丝。一般照明用卤钨灯也有单端引出的，还可将小型卤钨灯泡装在灯头为E26/E27的外泡壳内，做成二重管形的卤钨灯泡，在原有灯具中可直接代替普通白炽灯。

2. 投光照明用卤钨灯

主要有带介质冷反光镜的定向照明卤钨灯（MR型）、卤钨PAR灯以及放映卤钨灯。MR型是将反光镜和灯泡一体化的卤钨灯，反射镜内表面涂镀多层介质膜，以反射可见光透过红外（滤掉），俗称冷光束卤钨灯，反射镜可以是抛物面也可以是多棱面，光束可做成宽、中、窄三种，电压有6V/12V/24V，功率为10～75W，色温为3000K，寿命为2000～3000h，灯泡可通过电子变压器接220V市电（也有可直接安装220V的灯泡），广泛用于橱窗、展厅、宾馆以及家庭，既节电又突出照明效果，还能美化环境。卤钨PAR灯比普通白炽灯效率高，可节电40%左右，广泛用于舞台、影视、橱窗、展厅及室外照明。

3. 其他

舞台、影视照明用卤钨灯，体积小，不会发黑，发光体集中，便于在各种灯具中应用，功率为500W～20kW。汽车前照灯中也大量采用卤钨灯。

六、注意事项

在使用卤钨灯时，要注意以下几点：

1）为维持正常的卤钨循环，使用时要避免出现冷端，例如，管形卤钨灯工作时，必须水平安装，倾角不得超过±4°，以免缩短灯的寿命。

2）管形卤钨灯正常工作时管壁温度约为600℃，不能与易燃物接近，而且灯管脚的引线应该采用耐高温导线，灯管脚与灯座之间的连接应良好。

3）卤钨灯灯丝细长又脆，要避免振动和撞击，也不宜用作移动式局部照明。

第三节 荧 光 灯

为了把放电过程中产生的紫外线辐射转化为可见光，在低压汞蒸气弧光放电灯的玻璃管内壁上涂有荧光材料，俗称它为荧光灯。

荧光灯具有高效能、良好的光输出、光输出的持久性、颜色的多样性以及较长的使用寿命等优点，使之成为很多照明领域中的理想选择。据估计，全世界人造光源所发出光的总量中，其中约80%是荧光灯所发出的。

自1980年紧凑型荧光灯（CFLs）在欧洲照明市场上出现以来，人们已逐渐熟悉了这类产品，并把它们通俗地称为节能灯。与白炽灯相比，它们在大幅度降低能耗的情况下，可以达到同样的光输出。

一、结构与材料

荧光灯的结构如图3-9所示。它由内壁涂有荧光粉的钠钙玻璃管组成，其两端封接上涂覆三元氧化物电子粉的双螺旋形的钨电极，电极常常套上电极屏蔽罩。尤其在较高负载的荧光灯中，电极屏蔽罩一方面可以减轻由于电子粉蒸发而引起的荧光灯两端发黑，使蒸发物沉积在屏蔽罩上；另一方面可以减少灯的闪烁现象。灯管内充有少量的汞，所产生的汞蒸气放电可使荧光灯发光。

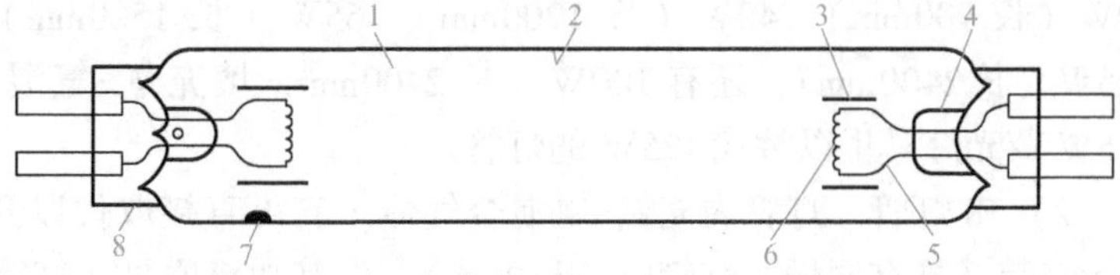

图 3-9 荧光灯的结构

1—氩和汞蒸气 2—荧光粉涂层 3—电极屏蔽罩 4—芯柱 5—引线 6—阴极 7—汞 8—两引线的灯帽

在荧光灯工作时，汞的蒸气压仅为 1.3Pa，在这种工作气压下，汞电弧辐射出的绝大部分辐射能量是波长为 253.7nm 的紫外特征谱线，再加上少量的其他紫外线，也仅有 10% 在可见光区域。若灯管内没有荧光粉涂层，则荧光灯的光效仅为 6lm/W，这只是白炽灯的一半。为了提高光效，必须将 253.7nm 的紫外辐射转换成可见光，这就是玻璃管内要涂荧光粉的原因，荧光粉可使灯的发光效率提高到 80lm/W，差不多是白炽灯光效的 6 倍之多。

另外，荧光灯内还充有氩、氪、氖等惰性气体，或这些气体的混合气体，其气压为 200～660Pa。由于室温下汞蒸气压较低，惰性气体有助于荧光灯的启动。

由于气体放电灯的负伏安特性，故荧光灯必须与镇流器配合才能稳定工作。此外，镇流器或诸如启动开关等附加设备也会起到加热电极、提供热电子发射使灯管开始放电的作用，故荧光灯的工作电路比热辐射光源复杂。

二、荧光灯的种类

荧光灯通常可以按下列情况进行分类。

1. 按功率（灯的负荷或管壁单位面积所耗散的功率）**分类**

（1）标准型 在标准点灯条件（环境温度为 20～25℃、湿度低于 65%）下，为获得应有的发光效率，将管壁温度设计在最佳温度值（约 40℃），管壁负荷约为 300W/m^2。

（2）高功率型 为了提高单位长度的光通量输出，增加了灯的电流，管壁负荷设计约为 500W/m^2。

（3）超高功率型 为进一步提高光输出，管壁负荷设计约为 900W/m^2。

2. 按灯管工作电源的频率分类

荧光灯是非纯电阻性元件，工作在不同频率的电源电压下，管压降不同。

（1）工频灯管 工作在电源频率为 50Hz 或 60Hz 状态下的灯管，一般与电感镇流器配套使用。

（2）高频灯管 工作在 20～100kHz 高频状态下的灯管，高频电流是与其配套的电子镇流器产生的。

（3）直流灯管 工作在直流状态下的灯管，直流电压是由其配套的 AC－DC 整流器供给的。

3. 按灯管形状和结构分类

（1）直管型荧光灯 其灯管长度为 150～2400mm，直径为 15～38mm，功率为 4～125W。普通照明中使用广泛的灯管长度为 600mm、1200mm、1500mm、1800mm 及 2400mm，灯管直径有 38mm（T12）、25mm（T8）、15mm（T5）（“T”后面的数为 1/8in 的倍数）。

1）T12 灯管。灯管多数涂卤磷酸盐荧光粉，填充氩气。其规格有 20W（长 600mm）、

30W（长 900mm）、40W（长 1200mm）、65W（长 1500mm）、75W/85W（长 1800mm）、125W（长 2400mm），还有 100W（长 2400mm，填充氪-氩混合气）灯管，它可以安装在 125W 荧光灯具里以替代 125W 的灯管。

2）T8 灯管。灯管内充氪-氩混合气体。它可直接取代以开关启动电路工作的充氩气的 T12 灯管（具有同样的灯管电压与电流），但其功率比 T12 灯管小（氪气使电极损耗减小）。

3）T5 灯管。T5 灯管比 T8 灯管节电 20%，使用三基色稀土荧光粉，$R_a>85$，寿命为 7500h。

（2）高光通量单端荧光灯　这种灯管在一端有 4 个插脚。主要灯管有 18W（255mm）、24W（320m）、36W（415mm）、40W（535mm）、55W（535mm）。它与直管型荧光灯相比具有结构紧凑、光通量输出高、光通量维持好、在灯具中的布线简单、灯具尺寸与室内吊顶可以很好地配合等特点。

（3）紧凑型荧光灯（Compact Fluorescent Lights，CFLs）　这种灯使用 10～16mm 的细管弯曲或拼接成一定形状（有 U 形、H 形、螺旋形等），以缩短放电管线形长度。

目前，紧凑型荧光灯可以分为两大类：一类灯和镇流器是一体化的；另一类灯和镇流器是分离的。在达到同样光输出的前提下，这种灯耗电仅为白炽灯的 1/6，故又称它为节能灯。另外，这种灯的寿命也较长，可达 8000～10000h。

一体化的紧凑型荧光灯装有螺旋灯头或插式灯头，可以直接替代白炽灯。

4. 特种荧光灯

（1）高频无极感应灯（又称无极荧光灯）　这种灯可利用气体放电管内建立的高频（频率可达几兆赫）电磁场，使灯管内气体发生电离而产生紫外辐射，以激发泡壳内荧光粉层发光。因为它没有电极，故寿命可以很长，市场上已有的灯已达 60000h。

目前 Philips（飞利浦）、GE（通用）、OSRAM（欧司朗）等公司都推出了 55W、85W、100W 的无极感应灯产品，发光效率为 60～80lm/W。大功率分为两种：一种是球形 165W、12000lm、放电频率 2.65MHz；另一种是环状方形 150W、12000lm、放电频率 250kHz。后一种放电频率较低，抑制电磁干扰比较容易。

（2）平板（平面）荧光灯　两个互相平行的玻璃平板构成密闭容器，里面充入惰性气体和它的混合气体（如氙、氖-氙），内壁涂上荧光粉，容器外装上一对电极，就构成了平板荧光灯。这种灯光线柔和、悦目，可与室内的墙面、顶棚融为一体，同时它无需充汞，因而无污染。

三、工作特性

1. 电源电压变化的影响

电源电压变化会影响荧光灯的光电参数：供电电压高时灯管电流变大、电极过热促使灯管两端早期发黑，寿命缩短；电源电压低时，启动后由于电压偏低故工作电流小，不足以维持电极的正常工作温度，因此加剧了阴极发射物质的溅射，使灯管寿命缩短。因此要求供电电压偏移范围为 ±10%。荧光灯光电参数随电压的变化，如图 3-10 所示。

2. 光色

对于荧光灯，可通过改变荧光粉的成分来得到不同的光色、色温和显色指数。

1）常用的是价格较低的卤磷酸盐荧光粉，它的转换效率较低，一般显色指数 R_a 为51～76，有较多的连续光谱。

2）另一种是窄带光谱的三基色稀土荧光粉，它的转换效率高、耐紫外辐射能力强，常用于细管径的灯管，可得到较高的发光效率（紧凑型荧光灯内壁涂的是三基色稀土荧光粉），三基色荧光灯比普通荧光灯的光效高20%左右。不同配方的三基色稀土荧光粉可以得到不同的光色，灯管一般显色指数 R_a 为80～85，线光谱较多。

3）多光谱带荧光粉，$R_a>90$，但与卤磷酸盐荧光粉、三基色稀土荧光粉相比，效率较低。

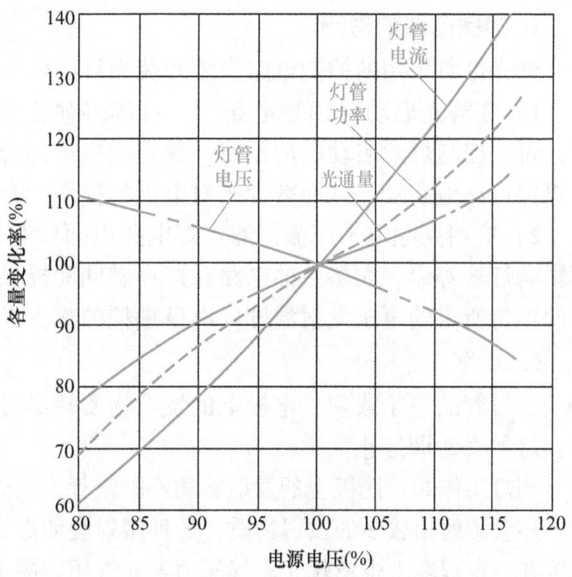

图3-10 荧光灯光电参数随电压的变化

无论灯管的内壁涂何种荧光粉，都可以调配出3种标准的白色，它们是暖白色（2900K）、冷白色（4300K）和日光色（6500K）。

3. 环境温度、湿度的影响

（1）环境温度对荧光灯的发光效率有很大影响 荧光灯发出的光通量与汞蒸气放电激发出的254nm紫外辐射强度有关，紫外辐射强度又与汞蒸气气压有关，汞蒸气气压与灯管直径、冷端（管壁最冷部分）温度等因素有关（冷端温度与环境温度有关）。

1）对于常用的水平点燃的直管型荧光灯来说，环境温度为20～30℃、冷端温度为38～40℃时的发光效率最高（相对光通量输出最高）。

2）对于细管荧光灯，最佳工作温度偏高一点。

3）对于紧凑型细管荧光灯，工作的环境温度就更高了。

一般来说，环境温度低于10℃时还会使灯管启动困难，灯管工作的最佳环境温度为20～35℃。荧光灯的输出光通量随环境温度的变化如图3-11所示。

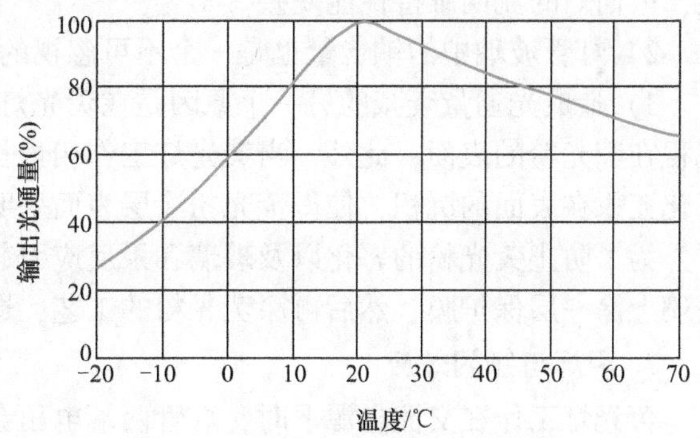

图3-11 荧光灯的输出光通量随环境温度的变化

（2）环境湿度过高（75%～80%）对荧光灯的启动和正常工作不利 湿度高时，空气中的水分在灯管表面形成一层潮湿的薄膜，相当于一个电阻跨接在灯管两极之间，提高了荧光灯的启动电压，使灯启动困难。由于启动电压升高，使灯丝预热启动电流增大，阴极物理损耗加大，从而使灯管寿命缩短。

一般，相对湿度在60%以下对荧光灯工作是有利的，75%～80%时是最不利的。

4. 控制电路的影响

荧光灯所采用的控制电路类型对荧光灯的效率和寿命等都有影响。

1）在辉光启动器预热电路中，灯的寿命主要取决于开关次数。优质设计的电子启动器，可以控制灯丝启动前的预热，并当阴极达到合适的发射温度时，发出触发脉冲电压，使灯更加可靠地启动，从而减少了对电极的损伤，有效地延长了荧光灯的寿命。

2）应用高频电子镇流器的点灯电路也同样对灯丝电极的损伤极小，不会因为频繁开关而影响灯管寿命。大多数的电路在灯点燃期间提供了一定的电压持续辅助加热，它帮助阴极灯丝维持所需的电子发射温度。电极损耗的减少必然能提高荧光灯的总效率。

5. 寿命

当灯管的一个或两个电极上的发射物质耗尽时，电极再也不能产生足够的电子使灯管放电，灯的寿命即终止。

当灯工作时，阴极上的发射物质不断消耗，当灯启动时，尤其在开关启动电路工作时，阴极上还会溅射出较多的发射物质，这种溅射会使灯管的寿命缩短。我们知道，发射物质蒸发的速度在一定程度上也依赖于充气压力，充气压力减少会使蒸发速度增大，从而降低灯的寿命。

影响荧光灯寿命的另一个因素是开关灯管的次数。目前，灯管寿命的认定是根据国际电工委员会的规定（IEC81. 1984）进行测试——将灯管用一个特制的镇流器点燃，基于每天开关 8 次或每 3h 开关 1 次的工作条件下来获得。这个寿命认定提供了灯管的中期期望寿命，它是大量的荧光灯同时点燃，其中 50% 报废的时间。总之，灯管开关次数越多，寿命则越短。

6. 流明维持

流明维持特性是指灯管在寿命期间光输出随点燃时间变化的情况，简称流明维持（或光通量衰减）。影响荧光灯流明维持的因素有很多，包括玻璃的成分、灯的表面负载、充入惰性气体的种类和压力、涂层悬浮液的化学添加剂、荧光粉的粒度和表面处理以及灯的加工过程等。

1）光通量衰减的主要原因是荧光粉材料的损伤。例如，对于高负载的灯和充气压力较低的灯，由于气体放电产生的短波长紫外辐射（185nm）增加，灯内荧光粉受到的损伤较大，因而灯的流明维持性能变差。

2）灯管玻璃中的钠含量也是一个不可忽视的因素。

3）造成光通量衰减的另一个原因是在荧光灯启动和点燃时，灯丝上所散落的污染物质沉积在荧光粉的表面；此外，当荧光灯工作相当长一段时间后，金属汞微粒在表面的吸附和氧化亚汞在表面的沉积，使得荧光粉涂层表面呈明显的灰色。

为了防止荧光粉的恶化以及玻璃和汞反应引起的黑化，在现代制灯的技术中，采用先在玻璃上涂一层保护膜、然后再涂荧光粉的工艺，这极大地改善了荧光灯的流明维持特性。

7. 闪烁与频闪效应

荧光灯工作在交流电源下时，灯管两端电压会不断改变极性。当电流过零时，光通量即为零，由此会产生闪烁感。这种闪烁感，由于荧光粉的余辉作用人们在灯光下并没有明显的感觉，只有在灯管老化和近寿终前的情况下才能明显地感觉出来。当荧光灯这种变化的光线用来照明周期性运动的物体时，将会降低视觉分辨能力，这种现象称为频闪效应。

为了消除这种频闪效应，对于双管或三管灯具可采用分相供电，而在单相电路中则采用电容移相的方法；此外，采用电子镇流器的荧光灯可工作在高频状态下，能明显地消除频闪效应；当然，采用直流供电的荧光灯管可以做到几乎无频闪效应。

8. 高频工作特性

当气体放电灯在交流供电情况下工作时，气体或金属蒸气放电的特性取决于交流电的频率和镇流器的类型。灯的等效阻抗近似为一个非线性电阻和一个电感的串联。在交流50/60Hz时，灯的阻抗在整个交流周期里一直不停变化，从而导致了非正弦的电压和电流波形，并产生了谐波成分。荧光灯大约在工作频率超出1kHz时，灯内的电离状态不再随电流迅速地变化，从而在整个周期中形成几乎恒定的等离子体密度和有效阻抗。因此，灯的伏安特性曲线趋于线性，波形失真也因之降低，如图3-12所示。荧光灯的高频工作特性曲线如图3-13所示，从曲线变化趋势可看出，当其工作频率超过20kHz时，发光效率可提高10%～20%，同时荧光灯工作在高频状态下，可以克服闪烁与频闪给人带来的视觉不舒适。基于此原理，电子镇流器应运而生。

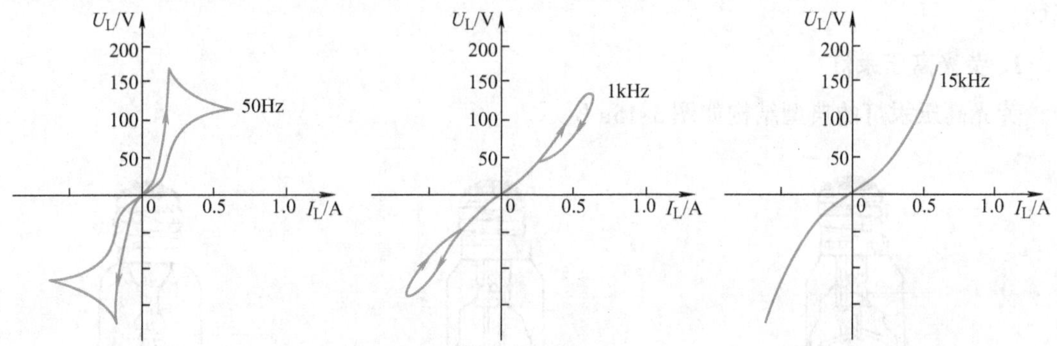

图3-12 带镇流器的荧光灯工作在不同频率下的动态伏安特性曲线

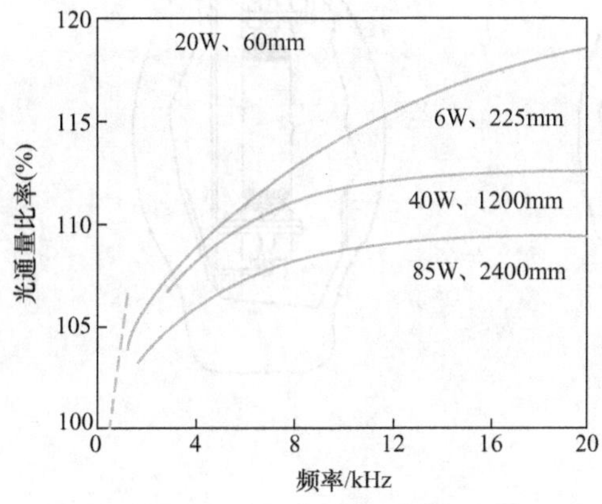

图3-13 荧光灯的高频工作特性曲线

四、电子镇流器

采用新型的半导体器件，可以构成采用主电源供电的许多荧光灯和放电灯的电子镇流器，通常，这些电子镇流器工作频率的范围为20～100kHz。从本质上来说，电子镇流器是一个电源变换器，它将输入的电源进行频率和幅度的改变，给灯管提供符合要求的能源，同时还具有灯的启动和输入功率的控制等作用。照明所采用的电子镇流器是以开关电源技术为基础进行制造的，其组成框图如图3-14所示。

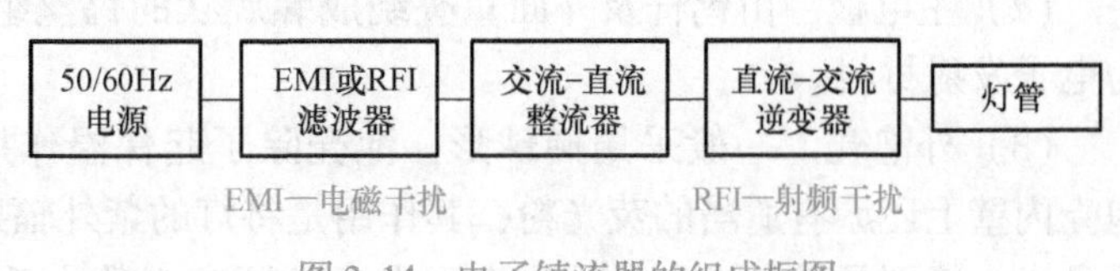

图3-14 电子镇流器的组成框图

第四节 高强度气体放电灯

高强度气体放电（High Intensity Discharge，HID）灯是荧光高压汞灯、金属卤化物灯和高压钠灯的统称，又称高压弧光放电灯。其放电管的管壁负载大于 $3W/cm^2$（即 $3\times10^4W/m^2$），工作期间蒸气气压为 10132.5～101325Pa（0.1～1atm）。

一、HID 灯的结构

虽然 HID 灯都是由放电管、外泡壳和电极等组成，但所用材料及内部充入的气体有所不同。

1. 荧光高压汞灯

荧光高压汞灯的典型结构如图 3-15a 所示。

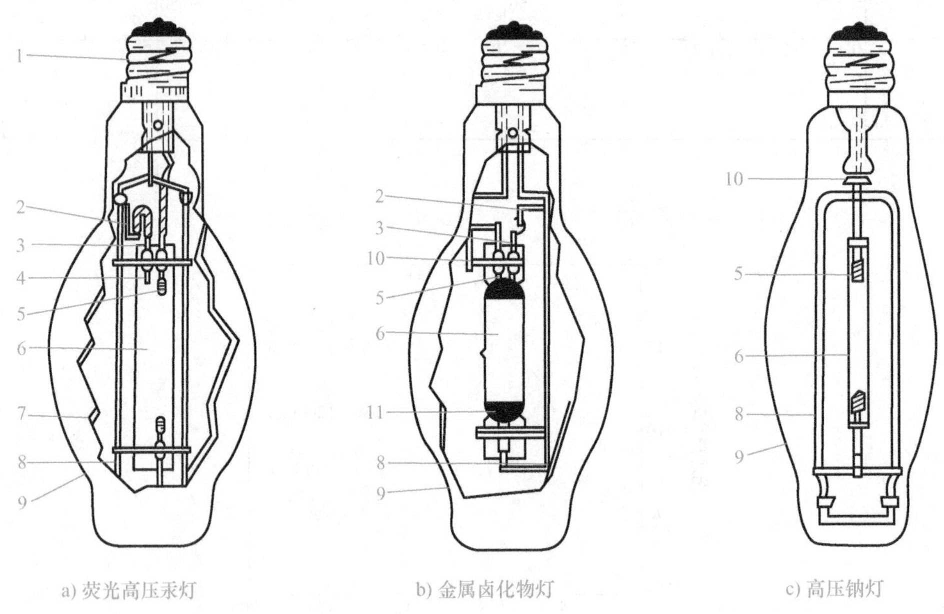

图 3-15 HID 灯的结构

1—灯头 2 启动电阻 3—启动电极 4—辅助电极 5—主电极 6—放电管 7—外玻壳（内涂荧光粉）8—金属支架 9—外泡壳 10—消气剂 11—保温膜

（1）放电管 采用耐高温、高压的透明石英管，管内除充有一定量的汞外，同时还充有少量氩气以降低启动电压并保护电极。

（2）主电极 由钨杆及外面重叠绕成螺旋状的钨丝组成，并在其中填充碱土氧化物作为电子发射材料。

（3）外泡壳 一般采用椭球形，泡壳除了起保温作用外，还可防止环境对灯的影响。泡壳内壁上还涂有适当的荧光粉，其作用是将灯的紫外辐射或短波长的蓝紫光转变为长波的可见光，特别是红色光。此外，泡壳内通常还充入数十千帕（kPa）的氖气或氖-氩混合气体作绝热用。

(4) 辅助电极（或启动电极） 其通过一个启动电阻和另一主电极相连，这有助于荧光高压汞灯在干线电压作用下顺利启动。

荧光高压汞灯的主要辐射来源于汞原子激发，以及通过泡壳内壁上的荧光粉将激发后产生的紫外线转换为可见光。荧光高压汞灯光电参数见表 3-7。

表 3-7 部分 HID 灯的光电参数

类别		型号	功率/W	管压/V	电流/A	光通量/lm	稳定时间/min	再启动时间/min	色温/K	显色指数	寿命/h
荧光高压汞灯		GGY-400	400	135	3.25	21000	4~8	5~10	5500	30~40	6000
金属卤化物灯	钠铊铟	NTY-400	400	120	3.7	26000	10	10~15	5500	60~70	1500
	镝	DDG-400/V	400	125	3.65	28000	5~10	10~15	6000	≥75	2000
		DDG-400/H	400	125	3.65	24000	5~10	10~15	6000	≥75	2000
	钪钠	KNG-400/V	400	130	3.3	28000	5~10	10~15	5000	55	1500
高压钠灯	普通型	NG-400	400	100	3.0	28000	5	10~20	2000	15~30	2400
	改显型	NGX-400	400	100	4.6	36000	5~6	1	2250	60	12000
	高显型	NGG-400	400	100	4.6	35000	5	1	3000	>70	12000

2. 金属卤化物灯

金属卤化物灯的典型结构如图 3-15b 所示。

(1) 放电管 采用透明石英管、半透明陶瓷管。管内除充汞和较易电离的氖-氩混合气体（改善灯的启动）外，还充有金属（如铊、铟、镝、钪、钠等）的卤化物（以碘化物为主）作为发光物质。原因之一，金属卤化物的蒸气气压一般比纯金属的蒸气气压高得多，这可满足金属发光所要求的压力；其二，金属卤化物（氟化物除外）都不和石英玻璃发生明显的化学反应，故可抑制高温下纯金属与石英玻璃的反应。

值得指出的是，在金属卤化物灯中，汞的辐射所占的比例很小，其作用与荧光高压汞灯有所不同，即充入汞不仅提高了灯的发光效率、改善了电特性，而且还有利于灯的启动。

(2) 主电极 常采用“钍-钨”或“氧化钍-钨”作为电极，并采用稀土金属的氧化物作为电子发射材料。

(3) 外泡壳 通常采用椭球形（灯功率为 175W、250W、400W、1kW），2kW 和 3kW 等大功率灯则采用管状形。有时椭球形的泡壳内壁上也涂有荧光粉，其作用主要是增加漫射，减少眩光。

(4) 辅助电极（放电管内）或双金属启动片（泡壳内）。

(5) 消气剂 灯在长期工作中，支架等材料的放气会使泡壳内真空度降低，在引线或支架之间可能会产生放电。为了防止放电，需采用氧化锆等作为消气剂以保护灯的性能。

(6) 保温膜 为了提高管壁温度，防止冷端（影响蒸气压力）的产生，需在灯管两端加保温涂层，常用的涂料是二氧化锆和氧化铝。

金属卤化物灯的主要辐射来自于各种金属（如铟、镝、铊、钠等）的卤化物在高温下分解后产生的金属蒸气（和汞蒸气）混合物的激发。金属卤化物灯的光电参数见表 3-7。

3. 高压钠灯

高压钠灯的典型结构如图 3-15c 所示。

（1）放电管 其是一种特殊制造的透明多晶氧化铝陶瓷管，多晶氧化铝陶瓷管能耐高温、高压，对于高压下的钠蒸气具有稳定的化学性能（抗钠腐蚀能力强）。放电管内填充的钠和汞是以“钠汞齐”（一种钠与汞的固态物质）形式放入，充入氩气可使“钠汞齐”一直处于干燥的惰性气体环境之中，另外填充氙气作为启动气体以改善启动性能。采用小内径的放电管可获得最高的光效。

（2）主电极 由钨棒和以此为轴重叠绕成螺旋状钨丝组成，在钨螺旋内灌注氧化钡和氧化钙的化合物作为电子发射材料。

（3）外泡壳 常采用椭球形、直管状和反射型。

（4）消气剂 在整个高压钠灯的寿命期间，泡壳内都需要维持高真空，以保护灯的性能以及保护灯的金属组件不受放出的杂质气体的腐蚀，常采用钡或锆-铝合金的消气剂来达到高真空的目的。

高压钠灯的主要辐射来源于分子压力为10000Pa的金属钠蒸气的激发。高压钠灯的光电参数见表3-9。

从HID灯的发展情况来看，荧光高压汞灯的显色指数 R_a 低（30～40），但由于其寿命长，目前仍为人们广泛采用。金属卤化物灯的显色指数 R_a 较高（60～85），目前国外生产的50W、70W等小容量灯泡已进入家庭住宅，随着制灯的技术发展，寿命也逐渐提高，最终将取代荧光高压汞灯。高压钠灯光效之高，居光源之首（达150lm/W），但普通型高压钠灯显色指数 R_a 很低（15～30），使它的使用范围受到了限制。目前，采用适当降低光效的办法来提高显色指数，即生产所谓“改进显色性型高压钠灯”和“高显色性型高压钠灯”，以扩大其使用范围，故高压钠灯也是很有发展前途的光源。

二、HID灯的工作特性

高强度气体放电灯（HID灯）的工作电路必须符合以下两点要求：

1）需要采用镇流器。

2）需要比电源电压更高的启动电压。

1. 灯的启动与再启动

电源接通后，电源电压就全部施加在灯的两端，此时，主电极和辅助电极间（高压钠灯不用辅助电极）立即产生辉光放电，瞬间转至主电极间，形成弧光放电。数分钟后，放电产生的热量致使灯管内金属（汞、钠）或金属卤化物全部蒸发并达到稳定状态，达到稳定状态所需的时间称为“启动时间”或“稳定时间”。一般启动时间为4～10min。HID灯启动后各参数的变化如图3-16所示。

一般而言，HID灯熄灭以后，不能立即启动，必须等到灯管冷却。因为灯熄灭后，灯管内部温度和蒸气压力仍然很高，在原来的电压下，电子不能积累足够的能量使原子电离，所以不能形成放电。如果此时再启动HID灯，就需几千伏的电压。然而，当放电管冷却至一定温度时，所需的启动电压就会降低很多，在电源电压下便可进行再启动。从HID灯熄灭到再点燃所需的时间称为“再启动时间”。一般再启动时间为5～10min。

2. 电源电压变化的影响

HID灯的光电参数与电源电压的关系，如图3-17所示。灯在点燃过程中，电源电压允许有一定的变化范围。必须注意，电压过低可能会造成HID灯的自然熄灭或不能启动，光色也有所变化；电压过高也会使灯因功率过高而熄灭。

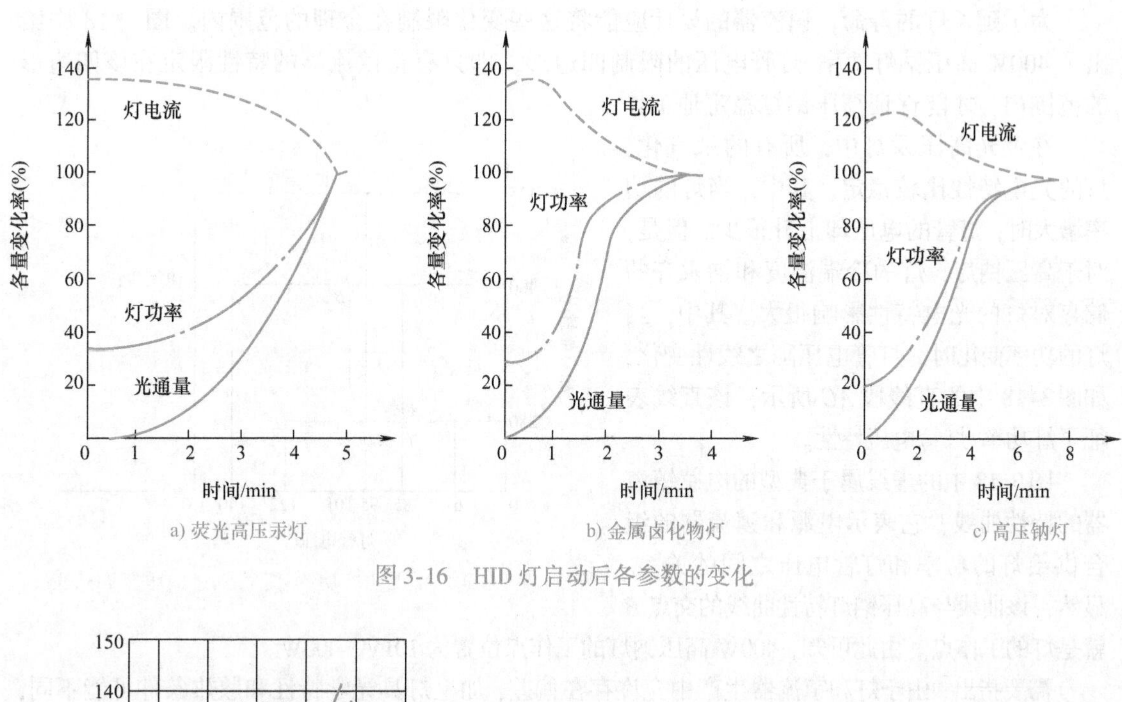

图 3-16　HID 灯启动后各参数的变化

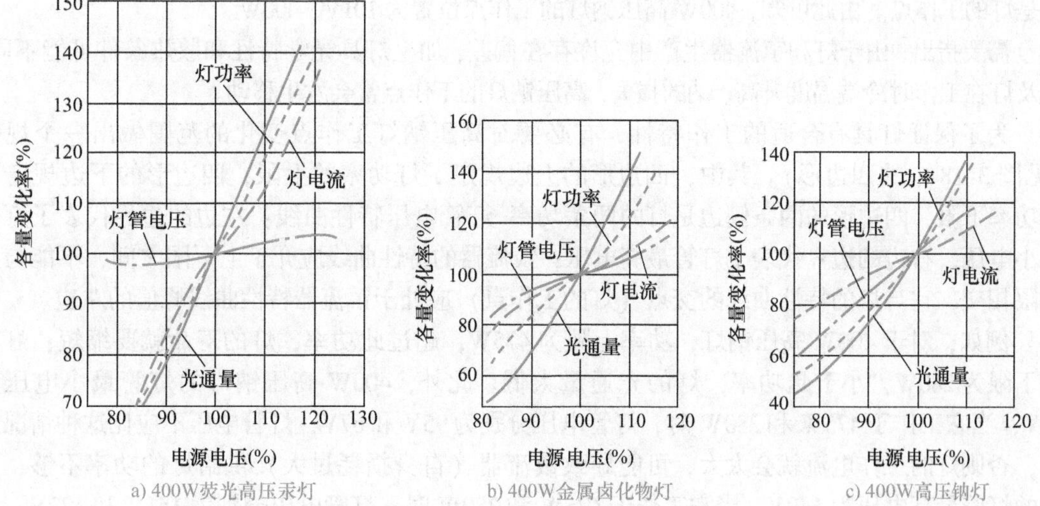

图 3-17　HID 灯的光电参数与电源电压的关系

从图 3-17a 可知，荧光高压汞灯在工作时，灯管内所有的汞都会蒸发，因此，灯管内汞蒸气压力随温度的变化不大，灯管电压也不会随电源电压的变化有大的变化。电感镇流器虽然有控制电流的作用，但电源电压变化时，灯的电流还是有较大的变化，相应地，灯的功率和光通量的变化也较大。

从图 3-17b 可知，在金属卤化物灯中，金属卤化物的蒸气气压很低，当充入汞以后，灯内的气压大为升高，电场强度和灯管电压也相应升高。由于金属卤化物的蒸气气压与汞蒸气气压相比很小，故一般来说它对灯管电压的影响不是很大，灯管电压主要由汞蒸气气压决定。当电源电压变化时，灯电流、灯功率和光通量的变化没有图 3-17a 那么大。

从图 3-17c 可知，由于高压钠灯内有钠汞齐的储存，灯在工作时，电源电压的变化不仅会引起灯电流的变化，而且会引起灯管电压的变化，因而，灯功率和光通量就会有明显变化。

为了延长灯的寿命，镇流器的设计应能将这些变化限制在合理的范围内。图 3-18 中给出了 400W 高压钠灯功率–灯管电压的限制四边形，即只有将镇流器的特性限定在该四边形的范围内，才能保证高压钠灯稳定地工作。

在荧光高压汞灯中，所有的汞汽化，灯的光电特性比较稳定，其中，当灯的功率增大时，灯管的电压却上升很少。但是，对于高压钠灯，灯的冷端温度和钠汞齐的储存对灯的光电特性影响很大。其中，当灯的功率变化时，灯管电压随之线性变化，如图 3-18 中的直线段 AC 所示，该直线表征了灯功率–灯管电压特性。

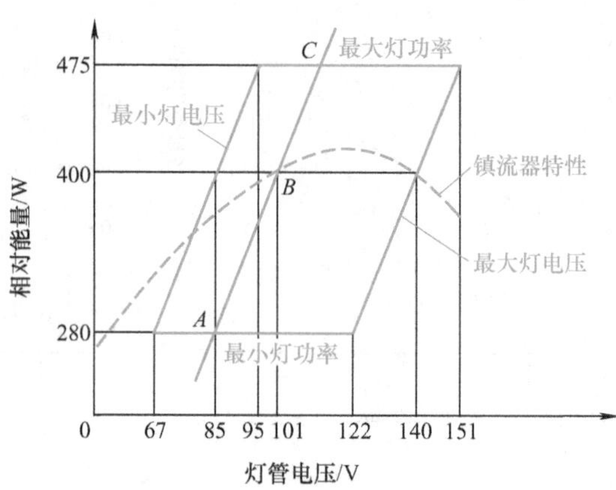

图 3-18　400W 高压钠灯功率–灯管电压的限制四边形

图 3-18 中的虚线属于典型的电感镇流器的特性曲线，它表示电源和镇流器的组合供给灯的功率和灯管电压之间的关系。显然，该曲线与高压钠灯特性曲线的交点 B 就是灯的工作点。由此可知，400W 高压钠灯的工作点位置为 101V、400W。

需要指出，由于灯和镇流器生产中允许存在偏差，加上灯具光学特性和散热条件可能不同，以及灯在工作时冷端温度升高、钠的损失，高压钠灯的工作点常会发生移动。

为了保证灯具有合适的工作特性，有必要对高压钠灯工作点变化的范围做出一个规定（见图 3-18 中的四边形）。其中，四边形的上边规定了灯功率的上限，四边形的下边规定了灯功率下限，四边形的两条侧边是灯的两条功率–灯管电压特性曲线：左边的边界代表了灯管最小电压，右边的边界代表了灯管最高电压；镇流器的特性曲线应介于上下限之间，不能与上下限相交，它与灯的特性曲线的交点（灯的工作点）应处于镇流器特性曲线峰值的左边。

例如，对于 400W 高压钠灯，功率上限为 475W，超过此功率，灯的寿命就要缩短；灯功率下限为 280W，小于此功率，灯的光通量太低。此外，400W 高压钠灯的灯管最小电压为 84V，当它工作于 475W 和 280W 时，灯管电压分别为 95V 和 67V，灯管电压不应比这种情况还低，否则灯的工作电流就会太大，可能导致镇流器（自身损耗过大）供给灯的功率不够，该灯的灯管最高电压为 140V，当它工作于 475W 和 280W 时，灯管电压分别为 151V 和 122V，当灯管电压超出这一边界时，灯的工作就不稳定、易自熄，缩短了灯的实际使用寿命。

3. 寿命与光通量维持

HID 灯的寿命是很长的，甚至可达上万小时，详见表 3-7。

影响荧光高压汞灯寿命的最主要因素是电极上电子发射物质的损耗，致使启动电压升高而不能启动。另外，还取决于钨丝的寿命以及管壁的黑化而引起光通量的衰减。

金属卤化物灯的管壁温度高于荧光高压汞灯。工作时，石英玻璃中含有的水分等不纯气体很容易释放出来、金属卤化物分解出来的金属和石英玻璃缓慢的化学反应，以及游离的卤素分子等都能使启动电压升高。

高压钠灯由于氧化铝陶瓷管在灯的工作过程中具有很好的化学稳定性，因而寿命很长，国际上已做到 20000h 左右。高压钠灯寿命告终可能是因为放电管漏气、电极上电子发射物质的耗竭和钠的耗竭。

4. 灯的点燃位置

金属卤化物灯和荧光高压汞灯、高压钠灯不同，当灯的点燃位置变化时，灯的光电特性会发生很大变化。因为点燃位置的变化，使放电管最冷点的温度跟着变化（残存的液态金属卤化物在此部位），金属卤化物的蒸气压力相应地发生变化，进而引起灯电压、光效和光色跟着变化。

灯在工作的过程中，即使金属卤化物完全蒸发，但由于点燃位置的不同，它们在管内的密度分布也不同，仍会引起特性的变化，所以在使用时要按产品指定的位置进行安装，以期获得最佳的特性。

三、HID 灯的常用产品及其应用

1. 荧光高压汞灯

除了具有较高的发光效率外，荧光高压汞灯还能发出很强的紫外线，因而它不仅可用作照明，还可用于晒图、保健日光浴治疗、化学合成、塑料及橡胶的老化试验、荧光分析和紫外线探伤等方面。

2. 金属卤化物灯

金属卤化物灯从 20 世纪 60 年代推出以来，现已进入一个成熟的阶段，其发光效率可达 130lm/W、显色指数 R_a 可达 90 以上、色温可由低色温（3000K）到高色温（6000K）、寿命可达 10000 ~ 20000h、功率由几十瓦到上万瓦。目前，金属卤化物灯虽然品种繁多，但按其光谱特性大致可分为以下 5 类：

（1）钠-铊-铟金属卤化物灯　钠-铊-铟金属卤化物灯是利用钠、铊和铟 3 种卤化物的 3 根“强线（即黄、绿、蓝线）”光谱辐射加以合理组合而产生高效白光。3 种成分的填充量将影响 3 条线的强度，进而影响灯的光效和颜色。铊的 535nm 绿线（503nm）对灯的可见辐射有很大贡献，535nm 谱线强，则灯光效高；铟的 451. 5nm 蓝线（478nm）对提高发光效率的贡献极小，但可以改进灯的显色性；钠的 589 ~ 589. 6nm 黄线（572nm）对提高灯的发光效率有作用（它位于光谱光视效率 V 比较大的区域），同时，该线对灯显色性的改善也起着关键的作用。3 种碘化物的最佳填充量的范围是就通常用于街道或广场照明的灯而言的，这时 $R_a \approx 60$。

（2）稀土金属卤化物灯　稀土类金属（如镝、钬、铥、铈、钕等）以及钪、钍等的光谱在整个可见光区域内具有十分密集的谱线。其谱线的间隙非常小，如果分光仪器的分辨率不高，则光谱看起来似乎是连续的。因此，灯内如果充有这些金属的卤化物，就能产生显色性很好的光。

1）高显色性金属卤化物灯。镝、钬-钠、铊系列灯有着很好的显色性与较高的色温。其中，小功率的灯可用作商业照明；中功率（250 ~ 1000W）的灯可用于室内空间高的建筑物、室外道路、广场、港口、码头、机场、车站等公共场所；高功率（2kW、3. 5kW）的灯主要用于大面积泛光照明（如体育场馆）。

2）高光效金属卤化物灯。钪-钠灯光效很高，寿命很长，显色性也不差，是很好的照明光源，可用来代替大功率白炽灯、荧光高压汞灯等光源，主要用于工矿企业、交通事业。

（3）短弧金属卤化物灯　利用高气压的金属蒸气放电产生连续辐射，可获得日光色的光，超高压铟灯属于这一类。这种灯尺寸小、光效高、光色好，适合作为电影放映用光源和显微投影仪光源。但是，这种灯的泡壳表面负载极高（300 ~ 400W/cm²），因而寿命较短。

(4) 单色性金属卤化物灯 利用具有很强的共振辐射的金属产生色纯度很高的光，目前用得较多的是碘化铟-汞灯、碘化铊-汞灯。这些灯分别发出铟的451.1nm蓝光、铊的535nm绿光，蓝灯和绿灯的颜色饱和度很高。适合用于城市夜景照明。

(5) 陶瓷金属卤化物灯 陶瓷金属卤化物灯是一种比较先进的新型节能光源，具有寿命长、光效高、显色性好等特点。其光效（110～120lm/W）和寿命（12000h）堪与高压钠灯相匹，而其显色指数则达90或95以上，接近卤素灯和白炽灯的水平。由于不存在钠渗漏问题，其色温可以降低到3000K或以下，与白炽灯、卤素灯相近。其色温及光色的一致性好、漂移小、远非石英金属卤化物灯能比。陶瓷金属卤化物灯的一系列优异性能使之广泛应用于几乎一切照明领域。

3. 高压钠灯

高光效、长寿命和较好的显色性使高压钠灯在室内照明、室外街道照明、郊区公路照明、区域照明和泛光照明中都有着广泛的用途。因为高压钠灯功率消耗低和寿命长（可达24000h），故在许多场合可以代替荧光高压汞灯、卤钨灯和白炽灯。

(1) 普通型高压钠灯 光效高、寿命长，但光色较差，显色指数 R_a 一般只有15～30，相关色温约为2000K。因此，只能用于道路、厂区等处的照明。

(2) 直接替代荧光高压汞灯的高压钠灯 为便于高压钠灯的推广而生产，它可直接使用在相近规格的荧光高压汞灯镇流器及灯具装置上。

(3) 舒适型高压钠灯（SON Comfort 型） 为扩大高压钠灯在室内、外照明中的应用，对其色温与显色性进行了改进，使高压钠灯适用于居民区、工业区、零售商业区及公众场合的照明要求。

(4) 高光效型的高压钠灯（SON－plus 型） 在灯管内充入较高气压的氙气，使灯得到了极高的发光效率（140lm/W），而且还提高了显色指数（$R_a=50\sim60$），可作为室内照明的节能光源，特别适合于工厂照明和运动场所的照明。

(5) 高显色性高压钠灯（White SON 型） 为了满足对显色性要求较高的需要，人们成功开发了高显色性高压钠灯（又称白光高压钠灯）。改进后的这种灯，一般显色指数$R_a>80$。另一个重要特点是色温提高到2500K以上，十分接近于白炽灯。因而，它具有暖白色的色调，显色性高，对美化城市、美化环境有着很大的作用。这种灯可用于商业照明以及高档商品（如黄金首饰、珠宝、珍贵皮货等）的照明，而且节能效果十分显著。

第五节 LED 光源

场致发光（又称“电致发光”），是指由于某种适当物质与电场相互作用而发光的现象。目前在照明上主要是发光二极管（Light Emitting Diode，LED）。

LED是一种将电能直接转换为光能的固体器件，可用作有效的辐射光源。LED具有体积小、寿命长及可靠性高等优点，能在低电压下工作，还能与集成电路等外部电路配合使用，便于实现控制。随着新型半导体材料的不断涌现，以及加工工艺和封装技术水平的进一步提高，人们不仅可以得到高亮度的红、黄、绿LED，而且能制造出极为重要的高亮度蓝光LED，以及白光LED。由于LED激发源LED蓝光芯片的发射光半峰宽特别窄，其配合荧光粉制备出白光 LED 的光谱与自然光（太阳光）的光谱存在很大差异，近年来为制备出与太阳光谱分布相近的 LED，便提出了全光谱 LED。

一、LED 的原理及其结构

1. 单色 LED

由于 LED 的大部分能量均辐射在可见光谱内，故 LED 具有很高的发光效率。图 3-19 所示为 LED（型号为 T-13/4）的组成结构，其采用塑料封装，外壳占据了大部分空间。LED 是由发光片来产生光的，其材料的分子结构决定了发光的波长（光的颜色）。

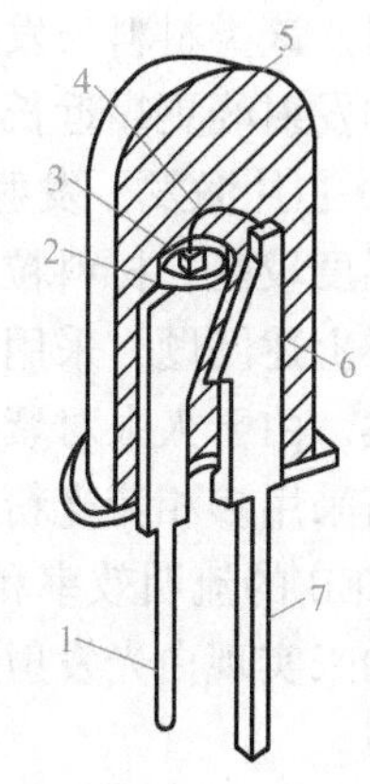

图 3-19　LED 的组成结构
1—阴极引线（短于阳极引线）
2—半导体触点　3—带反射杯的阴极
4—阳极导线　5—环氧封装、圆顶透镜
6—阳极　7—阳极引线

LED 的颜色和发光效率等光学特性与半导体材料及其加工工艺有着密切的关系。在 P 型和 N 型材料中掺入不同的杂质，就可以得到不同发光颜色的 LED。同时，不同外延材料也决定了 LED 的功耗、响应速度和工作寿命等光学特性和电气特性。

2. 白光 LED

半导体 PN 结的电致发光机理决定了单只 LED 既不可能产生两种或两种以上的高亮度单色光，也不可能产生具有连续光谱的白光。

LED 主要使用荧光粉与 LED 芯片中的单芯片相互配合的方式实现照明，主要是因为多芯片型白光 LED 当中各芯片的衰减速度以及寿命存在差异，且需多套控制电路，在成本上偏高。在使用上荧光粉的基础上，只要一种芯片便能产生白光，这一种芯片可以是紫外光 LED 芯片，也可以是蓝光 LED 芯片。

目前，产生蓝光的半导体材料多数采用氮铟镓（InGa N）材料，因此，超精细、亚微米的晶体结构对于提高光效至关重要。高强度的蓝光在周围高效荧光物质内散射时，被强烈吸收，并转化为光能较低的宽带黄色荧光；其中少部分蓝光则能透过荧光物质层，并和宽带黄光一起形成色温可达 6500K 的白光。此时，蓝光 LED 通过荧光粉就变成了单片白光微型荧光灯。如图 3-20 所示，白光 LED 的光谱能量几乎不含红外与紫外成分，显色指数达 85。另外，其光输出随输入电压的变化基本上呈线性，故调光简单、可靠。

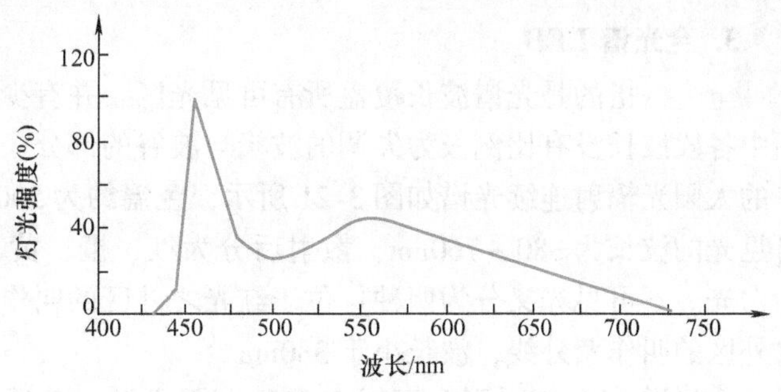

图 3-20　白色 LED 光谱功率分布

若将多个单片白光 LED 组合在一起或采用光波导板，可制成超薄白光面光源，进而形成能用于普通照明的半导体光源。

光转换型白光 LED 主要通过“蓝光 InGaN 芯片激发 YAG:Ce 黄色荧光粉”来实现白光

发射，尽管 YAG:Ce 黄色荧光粉的发光效率较高，但红色发光成分不足，使得白光 LED 的显色指数较低。同时，该类器件的发光颜色随驱动电压和荧光粉涂层厚度等变化，故工业生产中要制造出性能稳定的白光 LED 较困难。基于此，研究人员试图寻找适于蓝光 LED 芯片激发的新型黄色荧光粉，如 $Sr_3SiO_5:Eu^{2+}$、Ba^{2+}、$Sr_3SiO_5:Eu^{2+}$、$Sr_3SiO_5:Ce^{3+}$ 和 Li^+ 等硅酸盐材料。该类材料与发射 460nm 蓝光的 InGaN 芯片组合产生白光，与 YAG:Ce 相比，该类材料的发射峰更靠近长波方向，因此，合成的白光 LED 具有较好的显色性。然而，适于蓝光 LED 芯片激发、发射黄光的荧光材料较少，而且，发光性能较好的硅酸盐和氮化物等的合成温度较高，材料粒度较大，物相结构不易控制。

基于上述问题，采用紫外-近紫外芯片激发三基色荧光粉实现白光发射成为一种很好的替代方案。由于人眼对紫外-近紫外光不敏感，故该类白光 LED 的颜色只由荧光粉来决定。然而，若采用多相荧光粉来实现白光，则荧光粉混合物之间存在的颜色再吸收和配比调控问题会使 LED 的流明效率和色彩还原性受到较大影响，而采用紫外-近紫外芯片激发单基质白光荧光粉来实现白光发射则可避免这些问题，因此，单基质白光荧光粉成为当前发光领域的研究热点。

白光 LED 自 1996 年诞生以来，其光效不断提高，1999 年达到 15lm/W，2001 年达到 40~50lm/W，2006 到达 150lm/W 以上，截至 2011 年，发光效率已达到 231lm/W 以上。白光 LED 性能见表 3-8。

表 3-8 白光 LED 性能

性　能	白光 LED
色温/K	3000~10000
光效/(lm/W)	>231
冲击电流	无
寿命/h	>20000
耐冲击性	很强
可靠性	非常高

3. 全光谱 LED

全光谱指的是光谱波长覆盖所有可见光区、并有少量紫外线和红外线，光谱连续，光谱图中各段波长没有比例极为失调的波峰与波谷的部分。太阳光是众所周知的全光谱，晴天中午的太阳光辐射连续光谱如图 3-21 所示，色温约为 5000K，分为可见光与不可见光两部分。可见光的波长为 380~760nm，散射后分为红、橙、黄、绿、青、蓝、紫七色，集中起来则为白光。不可见光又分为两种：位于红光之外区的叫作红外线，波长大于 760nm；位于紫光之外区的叫作紫外线，波长小于 380nm。

全光谱 LED 应尽可能模拟 5000K 太阳光谱。普通 LED 光谱中因为蓝光芯片发光强度大，蓝光光谱特别高，缺少紫光、青光、短波绿光和长波红光部分，通过加入 400nm 的紫光芯片，或添加蓝峰和荧光粉峰之间的凹陷部分波长的荧光粉来弥补缺失的光谱部分，其与普通 LED 的光谱对比如图 3-22 所示。

单个 LED 只有比较窄的谱宽，不是全光谱，因此目前全光谱 LED 都是通过紫光芯片+荧光粉实现的。表 3-9 为 5000K 普通 LED 与全光谱 LED 光源的显示指数对比。

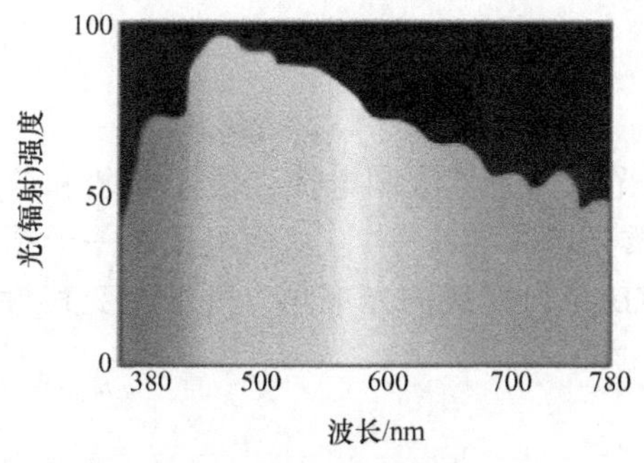

图 3-21 太阳光辐射连续光谱

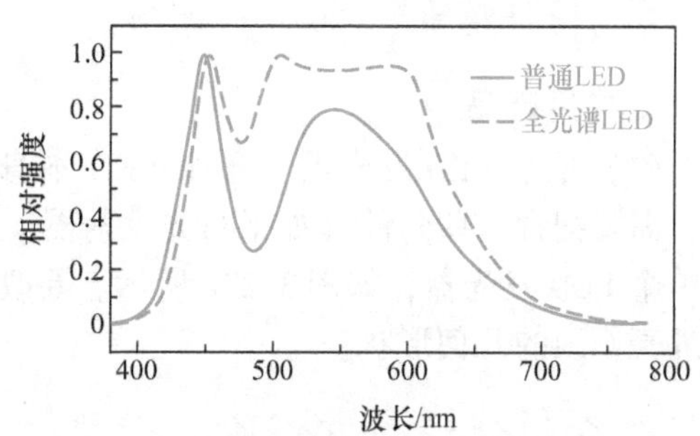

图 3-22 普通 LED 的光谱与全光谱 LED 的光谱对比

表 3-9 5000K 普通 LED 与全光谱 LED 光源的显色指数对比

	R_a	R_1	R_2	R_3	R_4	R_5	R_6	R_7	R_8	R_9	R_{10}	R_{11}	R_{12}	R_{13}	R_{14}	R_{15}
普通 LED 光源	76.8	74	84	90	74	72	76	86	58	0	59	69	43	76	94	67
高显色全光谱 LED 光源	95.9	96	96	98	97	96	94	95	96	98	92	96	79	96	99	96

（1）全光谱 LED 的优点　通过用紫光芯片及加入能发射波长为 450～490nm、600～660nm 的光等的荧光粉来补全缺少的短波紫光、青光、短波绿光、长波红光部分光谱，大大增强了光谱的连续性及完整性，使得该光源的色域广泛，与太阳光全光谱更加接近。

短波“紫光”有助于人体合成维生素 D，促进人体对钙的吸收，波长为 400～420nm 的紫光还有助于植物形成花青素和抵制枝叶的伸长，能有效预防病虫害。长波“红光”能促进植物整体的生长，特别是在开花期及结果期，可增加其生长的速度。

普通 LED 光谱中蓝光波段范围能量较大，长时间处于 LED 照明光源的照射中会对人体产生不利影响。蓝光危害是指由波长介于 400～500nm 的辐射光源照射后引起的光化学作用，可能会导致视网膜损伤。蓝光 LED 对褪黑色素有抑制作用，会导致睡眠紊乱以及一系列功能失调。国内外最新的研究均表明其“富蓝化”的光谱容易影响人的昼夜节律，从而降低免疫力。全光谱 LED 正是为提升照明 LED 光源光品质应运而生的，全光谱 LED 不但能有效降低照明 LED 光源的蓝光危害，还可大大提高光谱连续性、色域饱和度及显色指数。

（2）全光谱 LED 的缺点　不同材质 LED 荧光粉存在发光温度特性和老化特性不一致的问题（如铝酸盐 LED 荧光粉耐热性差，硅酸盐 LED 荧光粉耐腐蚀性和耐水性差等），会导致全光谱 LED 的色温随温度和使用时间出现漂移，因此，高品质全光谱 LED 要尽可能保证所用到的多种 LED 荧光粉衰减速度相近。LED 荧光粉的衰减速度可以通过一些技术手段改善，诸如荧光粉晶格完整性、表面的包覆处理等。

二、LED 的性能

LED 的电性能与一般检波二极管十分相似，通以 10mA 工作电流时，典型的正向偏压为 2V。LED 在工作时，为了防止元器件的温升过高，应对正向电流加以限制，通常串联限流电阻或采用电流源供电。

LED 是一种高密度辐射的电光源，其亮度取决于电流密度。市场上供应的红光 LED 的亮度可达 3500cd/m^2，而荧光灯的标准亮度为 5000cd/m^2。LED 的寿命很长，其额定寿命一般都超过 100000h。

三、LED的常用产品及其应用

1. 常用产品

(1) 单个LED发光器 单个LED本身就是一个光源。为了限制电流、便于安装和应用，需要配置一些附件（如平行光发射器、偏振片、透光罩和导线等），从而组成了一个新的单个LED发光器，如图3-23a所示。要改变单个LED出射光线的光束角，可以改变其封装外壳圆顶的几何形状。

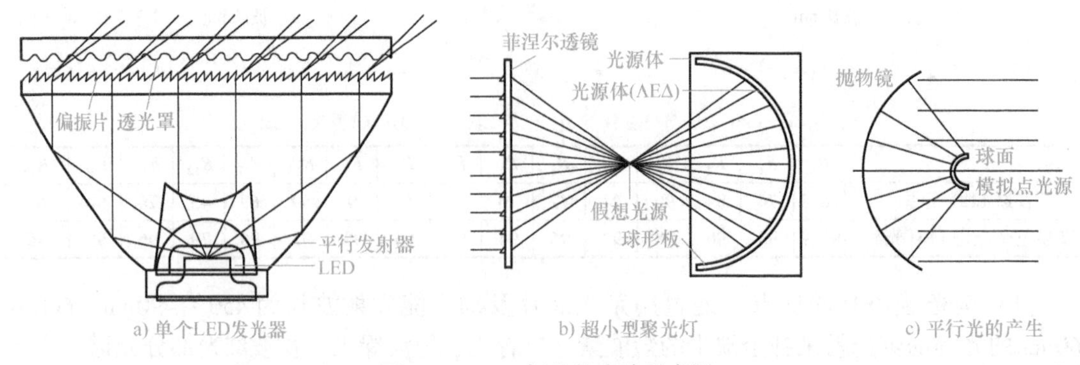

图3-23 LED灯具的光路示意图

(2) LED组合模块 按照明的使用要求，可将单个LED发光器进行组合，以形成具有不同光学性能、电气特性的LED组合模块，如线性模块、背景照明模块、带有光学透镜模块以及带有光导板模块等。

(3) LED灯具 近年来，Philips、NHK、松下、OSRAM等公司，一方面不断研究LED的不同组合方式，另一方面相应地开发LED的配套附件，并向市场推出各种类型的LED灯具，如平面发光灯、交通信号灯、舞台型聚光灯、台灯及镜前灯等。图3-23b、c分别为超小型聚光灯、平行光的产生示意图。

2. 应用

传统的LED主要应用于信号显示领域、建筑物航空障碍灯、航标灯、汽车信号灯、仪表背光照明，如今在建筑物外观照明、景观照明、植物栽培照明、室内照明、舞台照明等领域中的应用也越来越广泛。

(1) 非视觉方面 非视觉方面的应用主要是植物培育照明。

LED植物生长灯的光谱固定，可根据花卉栽培所需的特定波长，按不同比例方案设计生产产品，生产者可以根据不同花卉类别选择不同的灯珠配比，自主采用最适合的波长和颜色比例，最大限度地促进植物的生长发育。依照不同花卉种类光合作用的需要，市场上的LED植物生长灯基本都做成红蓝组合、全红、全蓝三种形式，这样可以覆盖花卉光合作用所需的波长范围。LED植物生长灯的功率大小可根据需求选择，市场上有几瓦的小灯珠，也有50W、90W大功率的补光灯。

全光谱LED植物生长灯能模拟太阳光谱配比，促进植物生长发育。不同波长的光辐射对植物生长的作用如下：400~420nm光辐射帮助形成花青素和抵制枝叶的伸长；450~460nm光辐射能促进茎叶增粗，加速植株发育，调节气孔开放；550nm光辐射促进氧气的增长，帮助组织物更好地积蓄养分；580nm光辐射能促进根部及发芽初期的生长；650~

660nm 光辐射促进植物整体的生长，特别在开花期及结果期，增加其生长的速度（提早 20 天开花，提早 30 天收获），也增加 25% ~35% 的结果数量，并减少畸形果的发生率；720 ~ 1000nm 光辐射吸收率低，可刺激细胞延长，影响开花与种子发芽。另外，全光谱 LED 中含有少量的紫外线能有效预防病虫害的发生。

全光谱 LED 植物生长灯具有光谱连续、色域饱和、显色指数高、光效高、寿命长、节能及环保等优点，光效是其他同功率钠灯的 2 倍，是白炽灯的 7 倍，其代替农业长期使用的白炽灯是必然趋势。

（2）视觉方面　视觉方面的应用主要体现在以下四个方面：

1）景观照明。景观照明对光源光通量的要求不是很高，但对色彩及其变化却比较苛求，目前 LED 已经能满足景观照明的需求，与其他电光源比较，LED 因其光色特性及其体积小、隐蔽性好、组合变化多、安全、环保、寿命长、易维护、设计灵活性强等特点，在景观照明应用中具有很多优势。

2）室内照明。LED 光源中不含红外线和紫外线。特别适用于博物馆、美术馆、图书馆、化妆品商店、珠宝店等专业场所，可满足特定物品对展示照明的特殊要求。室内 LED 照明系统设计的一大阻碍就是如何才能以廉价、节能和有效的方法将 LED 芯片发出的热量散出去。这是与室外 LED 照明的一个重要区别。

3）显示屏幕。①LED 发光灯（或称单灯）：一般由单个 LED 晶片、反光杯、金属阳极、金属阴极构成，外包具有透光聚光能力的环氧树脂外壳。可用一个或多个（不同颜色的）单灯构成一个基本像素，由于亮度高，多用于户外显示屏。②LED 点阵模块：由若干晶片构成发光矩阵，用环氧树脂封装于塑料壳内。适合行列扫描驱动，容易构成高密度的显示屏，多用于户内显示屏。③贴片式 LED 发光灯（或称 SMD LED）：即 LED 发光灯的贴焊形式的封装。可用于室内全彩色显示屏，可实现单点维护，也可有效克服马赛克现象。

4）标识与指示类照明。需要进行空间限定和引导的场所，如道路路面的分隔显示、楼梯踏步的局部照明、紧急出口的指示照明，可以使用表面亮度适当的 LED 自发光原理地灯或嵌在垂直墙面的灯具，如影剧院观众厅内的地面引导灯或座椅侧面的指示灯，以及购物中心内楼层的引导灯等。

四、其他新型固态光源

1. 有机发光二极管

有机发光二极管（Organic Light Emitting Diode，OLED）是一种聚合物薄膜发光器件，同样是利用载流子复合发光的。与 LED 不同的是，其基底材料的生产十分简便、廉价，而对 LED 十分复杂的工艺流程则可通过喷涂或印刷工艺解决。此外还可以通过工艺改变 OLED 的阻挡层参数，从而改变载流子的能量和辐射波长。OLED 可以同时发射三基色或多色光辐射，完全不需要荧光粉即可直接获得白光。而其光效、色温和显色性均可通过工艺流程加以控制和调整。由于完全取消了荧光粉，其光效可以大幅提高。目前 OLED 的光效已超过 50lm/W，70lm/W 的产品已在设计中，不久即可问市。

OLED 发射的光流密度为 $1lm/cm^2$，尺寸为 20cm ×100cm 的 OLED 平面光源的输入功率为 30W，发射光通量约为 2000lm，功率密度约为 $15mW/cm^2$，相应的工作电流密度仅为 $5mA/cm^2$。由于 OLED 光源面积大、厚度薄、功率密度低、散热问题比 LED 容易解决得多，故提高其输入功率密度和输出光流密度的难度较小。可以预期，OLED 平面光源的功率和光效的提高会比预期更快。

2. 半导体激光二极管

半导体激光二极管（Laser Diode，LD）也是一种发光器件，俗称激光照明。

激光照明分红外激光照明和可见光激光照明。

红外激光照明是利用半导体材料，在空穴和电子复合的过程中因电子能级的降低而释放出光子来产生光能的，然后光子在谐振腔间产生谐振规范光子的传播方向而形成激光。多应用于夜视、夜间摄像头监控照明。

可见光激光照明按原理分为蓝光激发荧光粉实现白光照明和红绿蓝激光合成白色激光或真彩色光照明。

LD 可应用于投影，光通量超过 1000lm 的专业级投影仪是其主要的应用领域。半导体激光二极管波长为 450nm，输出功率达 1W 级以上，能精确产生投影应用所需的蓝光和高光输出。它的长寿命有助于实现低能耗投影仪的免维护运行。另外，它的封装较小，有利于打造外形小巧的投影仪。

3. LED 与 LD 的比较

LED 与 LD 都是半导体放光，在结构上的根本区别就是 LED 没有光学谐振腔、不能形成激光、发光限于自身辐射、发出的是荧光而不是激光。

LD 的光谱较窄；LED 中没有选择波长的谐振腔，所以它的光谱是自发辐射的光谱，其光谱宽度一般为 0.03～0.04μm。从视觉效果上看，LD 单色性很好，而 LED 的光谱则要广一些，适合显示屏、照明等。

LED 的发光颜色非常丰富，可以通过 RGB 组合实现全色化，而 LD 用作 RGB 视觉效果还不成熟，目前还只是停留在实验室阶段。

第六节　常用电光源的比较与选用

一、电光源的比较

各种常用照明电光源的主要性能见表 3-10。从表中可以看出，光效较高的有高压钠灯、金属卤化物灯和荧光灯等；显色性较好的有白炽灯、卤钨灯、荧光灯、金属卤化物灯等；寿命较长的光源有荧光高压汞灯和高压钠灯；能瞬时启动与再启动的光源是白炽灯、卤钨灯等。输出光通量随电压波动变化最大的是高压钠灯，最小是荧光灯。维持气体放电灯正常工作不至于自熄尤为重要，从实验得知，荧光灯当电压降至 160V、HID 灯电压降至 190V 将会自熄。

采用电感镇流器且无补偿电容时，气体放电灯的功率因数及镇流器功率损耗占灯管功率的百分数（%）见表 3-11。当采用节能型电感镇流器时，其损耗约减半。

二、电光源的选用

电光源的选用首先要满足照明设施的使用要求（照度、显色性、色温、启动、再启动时间等），其次要按环境条件选用，最后综合考虑初期投资与年运行费用。

1. 根据照明设施的目的与用途来选择光源

不同的场所，对照明设施的使用要求也不同：

表 3-10　各种常用照明电光源的主要性能

光源种类	白炽灯	卤钨灯		荧光灯		高压汞灯	高压钠灯	金属卤化物灯	LED
		管形、单端	低压	直管形	紧凑型				
额定功率范围/W	10～1500	60～5000	20～75	4～200	5～55	50～1000	35～1000	35～3500	1～300
光效/(lm/W)①	7.5～25	14～30		60～100	44～87	32～55	64～140	52～130	160～180
平均寿命/h	1000～2000	1500～2000		8000～10000	10000～20000	10000～20000	12000～24000	3000～10000	30000～100000
亮度/(cd/m^2)②	$10^7 \sim 10^8$			$\sim 10^4$	$(5 \sim 10) \times 10^4$	$\sim 10^5$	$(6 \sim 8) \times 10^6$	$(5 \sim 7) \times 10^6$	
显色指数 R_a	95～99			70～95	>80	30～60	23～85	60～90	70～90
相关色温/K	2400～2900	2800～3300		2500～6500		5500	1900～2800	3000～6500	3000～10000
启动稳定时间	瞬时			1～4s	10s③快速④	4～8s		4～10min	瞬时
再启动时间	瞬时			1～4s	10s③快速④	5～10min	10～15min	10～15min	瞬时
闪烁	不明显			普通管明显，高频管不明显		明显			不明显
电压变化对光通量输出的影响	大			较大		较大	大	较大	较大
环境温度变化对光通量输出的影响	小			较大		较小			较大
耐震性能	较差			较好		好	较好	好	好

① 光效为不含镇流器损耗时的数据。

② 指发光体的平均亮度。

③ 电感式镇流器。

④ 电子式镇流器。

表 3-11　气体放电灯的功率因数及镇流器功率损耗占灯管功率的百分数

光源种类（采用电感镇流器）	额定功率/W	功率因数	镇流器损耗占灯管功率的百分数
荧光灯	36～40	0.50	19
荧光高压汞灯	≤125	0.45	25
	250	0.56	11
	400～1000	0.60	5
金属卤化物灯	1000	0.45	14
高压钠灯	70～100	0.65～0.70	16～14
	150～250	0.55	12
	400	0.50	10

1）显色性要求较高的场所应选用平均显色指数 $R_a \geqslant 80$ 的光源，如美术馆、商店、化学分析实验室和印染车间等。

2）色温的选用主要根据使用场所的需要：

① 办公室、阅览室宜选用高色温光源，可使办公、阅读更有效率感。

② 休息场所宜选用低色温光源，可给人以温馨、放松的感觉。

③ 转播彩色电视的体育运动场所除满足照度要求外，对光源的色温也有所要求。

3）频繁开关的场所宜采用白炽灯。

4）需要调光的场所宜采用白炽灯、卤钨灯；当配有调光镇流器时，也可以选用荧光灯。

5）要求瞬时点亮的照明装置（如各种场所的事故照明），不能采用启动时间和再启动时间都较长的 HID 灯。

6）美术馆展品照明不宜采用紫外线辐射量多的光源。

7）要求防射频干扰的场所对气体放电灯的使用要特别谨慎。

2. 按照环境的要求选择光源

环境条件常常限制了某些光源的使用：

1）低温场所不宜选择配用电感镇流器的预热式荧光灯管，以免启动困难。

2）有空调的房间内不宜选用发热量大的白炽灯和卤钨灯等。

3）电源电压波动急剧的场所不宜采用容易自熄的 HID 灯。

4）机床设备旁的局部照明不宜选用气体放电灯，以免产生频闪效应。

5）有振动的场所不宜采用卤钨灯（灯丝细长而脆）等。

3. 按投资与年运行费用选择光源

（1）光源对初期投资的影响　光源的发光效率对于照明设施的灯具数量、电气设备、材料及安装等费用均有直接影响。

（2）光源对运行费用的影响　年运行费用包括年电费、年耗用灯泡费、照明装置的维护费（如清扫及更换灯泡费用等）以及折旧费，其中电费和维护费占较大比重。照明装置的运行费用往往超过初期投资。

综上所述，选用高光效的光源，可以减少初期投资和年运行费用；选用长寿命光源，可减少维护工作，使运行费用降低，特别对高大厂房、装有复杂的生产设备的厂房、照明维护工作困难的场所来说，这一点显得更加重要。

各种场所对灯性能的要求及推荐的灯见表 3-12，仅供参考。

表 3-12　各种场所对灯性能的要求及推荐的灯

使用场所		要求的灯性能①		推荐的灯④：优先选用☆　可用○												
		显色性②	色温③	白炽灯		荧光灯				汞灯	金属卤化物灯		高压钠灯			LED
				I	H	S	H. C	3	C	F	S	H. C	S	I. C	H. C	
工业建筑	高顶棚	Ⅳ/Ⅲ	1/2		○	○				○	○		☆	○		○
	低顶棚	Ⅲ/Ⅱ	1/2			☆				○	○		☆	☆		○
办公室、教室		Ⅲ/Ⅱ/I_B	1/2			☆		☆	○		○	○	○	○		☆
商店	一般照明	Ⅱ/I_B	1/2	○	○	○	☆	☆	○			☆			☆	☆
	陈列照明	I_B/I_A	1/2	☆	☆		☆	☆							☆	☆
饭店与旅馆		I_B/I_A	1/2	☆	☆	○	○	☆	☆			○			☆	☆
博物馆		I_B/I_A	1/2	○	☆		☆	○								○
医院	诊断	I_B/I_A	1/2	☆	○		☆									○
	一般	Ⅱ/I_B	1/2	○	○	○		☆								○
住宅		Ⅱ/I_B/I_A	1/2	☆		○		☆	☆							☆
体育馆⑤		Ⅲ/Ⅱ	1/2		○	○					☆	☆	○	☆		○

① 各种使用场合都需要高光效的灯，灯的光效要高，而且照明总效率也要高；同时应满足显色性的要求，并适合特定应用场所的其他要求。

② 显色指数的分级：I_A—$R_a \geqslant 90$，I_B—$90 > R_a \geqslant 80$，Ⅱ—$80 > R_a \geqslant 60$，Ⅲ—$60 > R_a \geqslant 40$，Ⅳ—$R_a < 40$。

③ 色温分类：1—<3300K，2—3300～5300K，3—>5300K。

④ 各种灯的符号：白炽灯（I—钨丝白炽灯、H—卤钨灯），荧光灯（S—标准型、H. C—高显色型、3—三基色窄带光谱、C—紧凑型），汞灯（F—荧光高压汞灯），金卤灯（S—标准型、H. C—高显色型），高压钠灯（S—标准型、I. C—改显色型、H. C—高显色型）。

⑤ 需要电视转播的体育照明，应满足电视演播照明的要求。

思　考　题

1. 常用的照明电光源分几类？试举例说明。
2. 照明光源的主要光电参数包括哪些？
3. 为什么卤钨灯比普通白炽灯光效高？
4. LED 在照明工程中有哪些用途？
5. 为什么人们把紧凑型荧光灯称为节能灯？
6. 金属卤化物灯主要有什么优点？
7. 如何选择照明电光源？试举例说明。

第四章

照　明　器

第一节　概　　述

一、定义

照明器一般是由光源、灯具、组件和线路附件共同组成的。

照明器的作用：固定和保护光源；再分配光源产生的光通量；定向控制，防止光源产生眩光；美化环境。照明器又称灯具，一般不包含光源。

二、照明器的特性

照明器的特性一般有三项指标：发光强度分布（配光曲线）、遮光角（保护角）和照明器效率。

1. 照明器的配光曲线

当电光源配以不同的照明器时，光源在空间各个方向产生的发光强度是不同的。描述照明器在空间各个方向发光强度的分布曲线称为配光曲线。

配光曲线是衡量照明器光学特性的重要指标，是进行照度计算和决定照明器布置方案的重要依据。

配光曲线可用极坐标法、直角坐标法和等发光强度曲线法来表示。

（1）极坐标配光曲线　在通过光源中心的测光平面上，测出灯具在不同角度的发光强度值。从某一给定的方向起，以角度为函数，将各个角度的发光强度用矢量标注出来，连接矢量顶端的连线就是灯具的极坐标配光曲线。

1）对称配光曲线。就一般照明器而言，照明器的形状基本上都是轴对称的旋转体，其发光强度在空间的分布也是关于轴对称的（如白炽灯）。通过照明器的轴线，任取一测光平面，则该平面内的配光曲线就可以表明照明器的发光强度在空间的对称分布状况。对称配光曲线（白炽灯配光曲线）如图4-1所示。

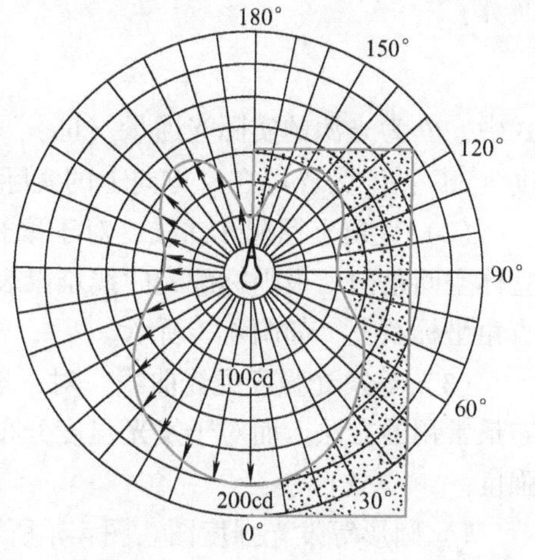

图4-1　白炽灯配光曲线

2）非对称配光曲线。对于某些照明器，光源和照明器的形状是非对称的（如普通的长管荧光灯及其照明器）。此类照明器需要通过照明器或光源轴线的几个不同角度测光平面上的配光曲线，进而来表示该照明器在空间的发光强度分布状况，如图4-2所示。

如图4-2a、b所示，对于非对称配光的照明器，通常确定与照明器长轴相垂直的C_0平面为参考平面，与C_0平面成45°、90°、270°…平面角的面相应的称为C_{45}、C_{90}、C_{270}…平面。δ角是照明器的安装倾斜角，水平安装时δ=0°。在C系列平面内，以C平面交线作为参考轴，其角度为$\gamma=0°$，称夹角γ为投光角。

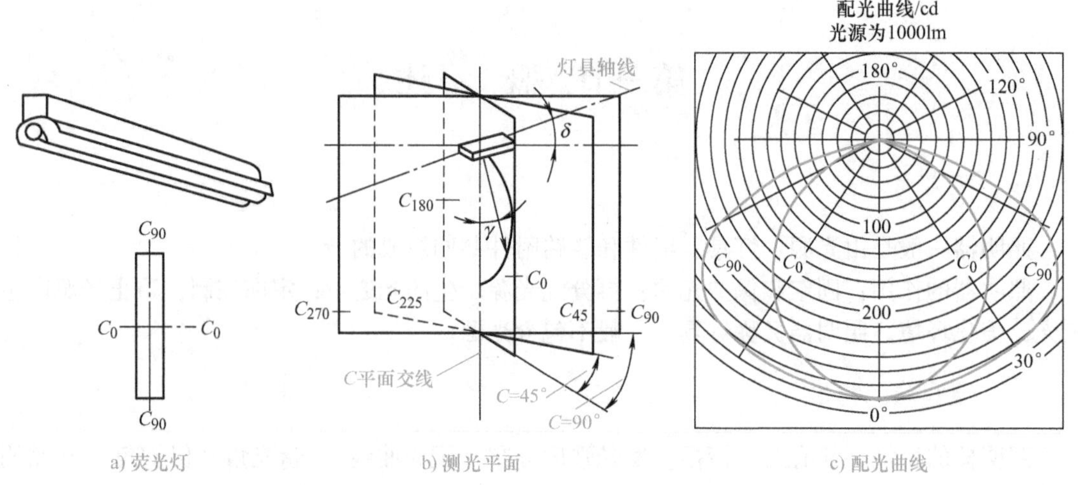

图4-2　不对称灯具的配光曲线

为了表明非对称照明器发光强度在空间的分布特性，一般选用C_0、C_{45}、C_{90}三个测光平面，至少用C_0、C_{90}两个平面的发光强度说明非对称照明器的空间配光情况，其对应C_0、C_{90}平面的配光曲线，如图4-2c所示。

配光曲线上的每一点表示照明器在该方向上的发光强度。如果已知照明器计算点的投光角γ，便可在配光曲线上查到照明器在该点上对应的发光强度I_γ。

一般在设计手册和产品样本中给出照明器的配光曲线，统一规定以光通量为1000lm的假想光源来提供发光强度的分布特性。若实际光源的光通量不是1000lm，可根据下式换算：

$$I_\gamma = \Phi I'_\gamma / 1000$$

式中，Φ为光源的实际光通量（lm）；I'_γ为光源的光通量为1000lm时，在γ方向上的发光强度（cd）；I_γ为光源在γ方向上的实际发光强度（cd）。

（2）直角坐标配光曲线　对于聚光很强的投光灯，其发光强度集中分布在一个很小的立体空间角内，极坐标配光曲线难以表达其发光强度的分布特性，因而配光曲线一般绘制在直角坐标系上，如图4-3所示。

（3）等发光强度配光曲线　对一般照明灯具来说，极坐标配光曲线是表示发光强度分布最常用的方法。而对于发光强度分布不对称的灯具，常采用等发光强度配光曲线表示发光强度。

1）圆形等发光强度图。图4-4所示为等面积天顶投影等发光强度配光曲线，该曲线给出了灯具在半球上的全部发光强度分布。

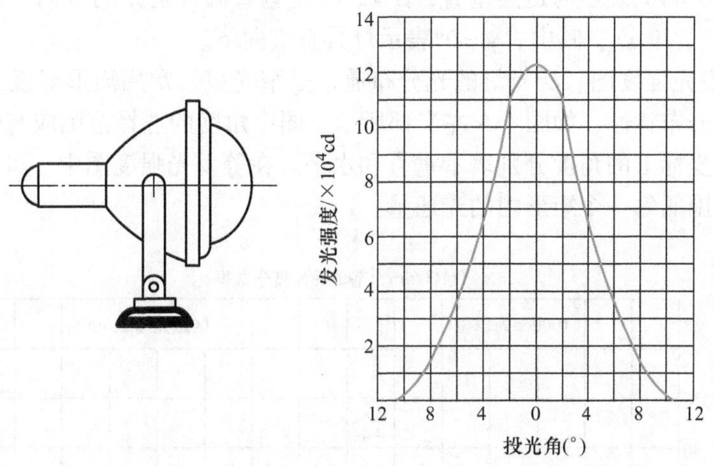

图 4-3 直角坐标配光曲线

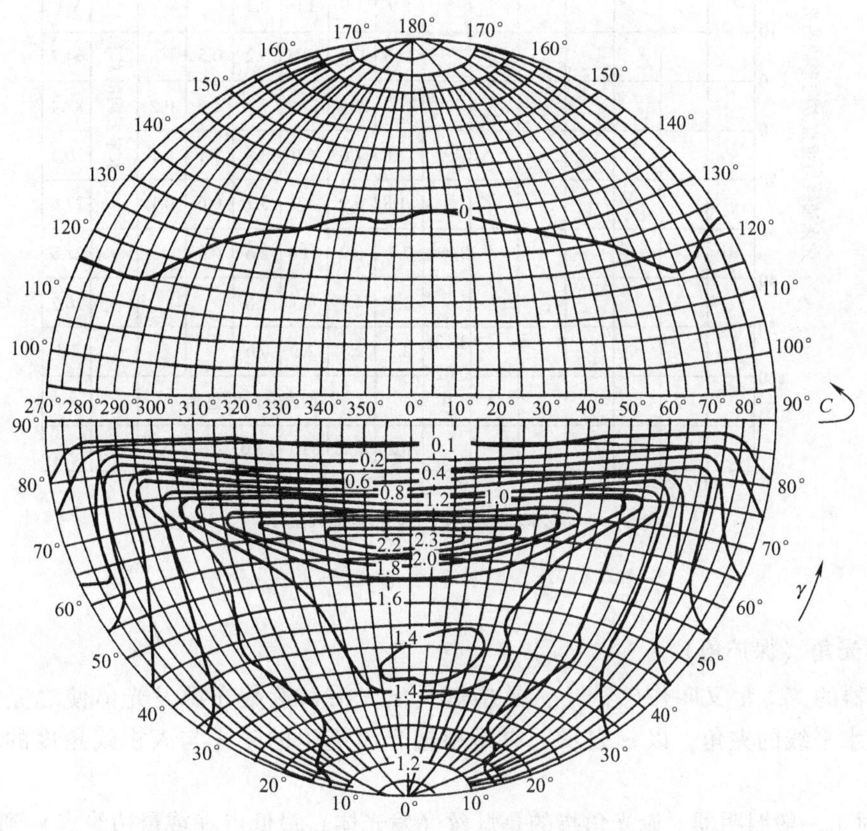

图 4-4 等面积天顶投影等发光强度配光曲线

围绕灯具球表面上的一个平面内，将等发光强度的点连接，可构成圆形等发光强度配光曲线，并以相等的投影面积来表示相等的包围灯具的球面面积。这种等发光强度图在街道照明中应用较多，沿着水平中心线（赤道）上的角度 C 定义为路轴方向的方位角，其中 $C=0°$表示与道路同方向；$C=90°$表示与道路垂直；$C=270°$是垂直离开道路的方向。沿着周围的角度 γ 表示偏离下垂线的角度，其中，$\gamma=0°$表示灯具垂直向下。

2）矩形等发光强度图。泛光灯的光分布通常是窄光束，常用矩形等发光强度图表示泛光灯的发光强度分布特性，如图4-5左半部所示。图中角度的选择范围应与光分布的范围相符，纵坐标和横坐标上的角度分别表示垂直和水平。在等发光强度图中，可以计算出垂直和水平网格线所包围的每一个矩形内的光通量。

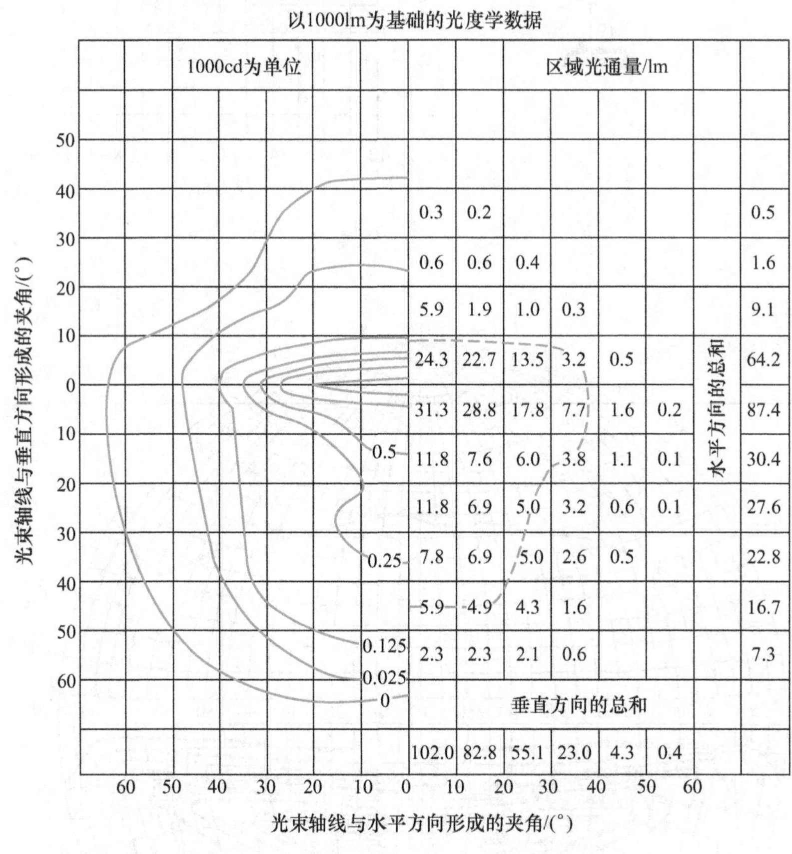

图4-5 泛光照明等发光强度与区域光通

2. 遮光角（保护角）

照明器的遮光角又叫作保护角，是指灯具出光沿口遮蔽光源发光体使之完全看不见的方位与水平线的夹角，以 α 表示。它是根据光源产生的眩光与人视线角度的关系而设计的。

1）对于一般照明器 遮光角指的是灯丝（发光体）最低点（或最边缘点）到灯具沿口的连线，与出光沿口水平线的夹角，如图4-6a所示。

直接型白炽灯照明器遮光角的定义为

$$\alpha=\arctan\frac{h}{r}$$

式中，h 为光源发光体中心至照明器出光沿口平面的垂直距离（mm）；r 为照明器的出光沿

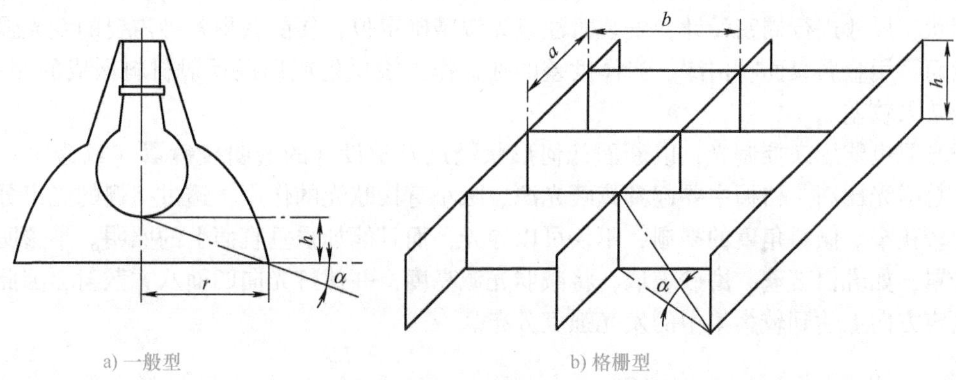

a) 一般型　　b) 格栅型

图 4-6　照明器的遮光角

口平面的半径或宽度的一半（mm）；α 为照明器的遮光角（°）。

2）对于荧光灯　由于它本身的表面亮度低，一般不宜采用半透明的扩散材料做成灯罩来限制眩光，而采用铝合金（或不锈钢）格栅来有效地限制眩光。

格栅的遮光角定义为一个格片底边看到下一格片顶部的连线与水平线之间的夹角，如图 4-6b 所示。不同形式格栅的遮光角是不同的；即使同一格栅，因观察方位不同，其值也会不同。在图 4-6b 中，沿长方形格栅的长度、宽度、对角线三个方向上的遮光角分别为

$$\alpha = \arctan\frac{h}{a}\ \text{（沿长度方向）}$$

$$\alpha = \arctan\frac{h}{b}\ \text{（沿宽度方向）}$$

$$\alpha = \arctan\frac{h}{\sqrt{(a^2+b^2)}}\ \text{（沿对角线方向）}$$

式中，a 为格栅开口的长度（mm）；b 为格栅开口的宽度（mm）；h 为格栅的高度（mm）。

格栅的遮光角越大，发光强度分布就越窄，效率也就越低；反之，遮光角越小，发光强度分布就越宽，效率也就越高，但防止眩光的作用也随之变弱。一般的办公室照明，格栅遮光角的横轴方向（垂直灯管）为 45°，纵轴方向（沿灯管长方向）为 30°；而商店照明的格栅遮光角横轴方向为 25°，纵轴方向为 15°。

3. 照明器效率

照明器所辐射出的光通量 Φ' 与光源发出的总光通量 Φ_s 之比，称为照明器效率，用 η 表示，即

$$\eta = \Phi'/\Phi_s$$

经过照明器的反射和透射后，光源的光通量必然会有所损失，因此，照明器的发光效率小于 1。

照明器的发光强度分布是利用照明器的反射罩、透光罩、格栅或散光罩的控光来实现的。光源的发光面越小，越容易控制光，白炽灯、高压钠灯比荧光灯的效果好。

反射罩是灯具用来控光的主要部件，因此，其反射率越大，形成的规则反射就越强，控

光能力也越好。采用抛光氧化铝板作反光材料的照明器，按照规则反射定律，对铝反射罩的几何形状、尺寸进行周密设计，安装时注意光源精确定位，便能获得各种需要的发光强度分布。然而，用金属表面喷白漆、光泽度差的搪瓷作为漫反射或用漫反射材料做成的照明器，其控光效果较差。

透光罩也能用来控制光，以断面几何形状经过光学设计的透明棱镜罩（或透镜）效果最好，总透光比高。格栅主要起到遮蔽光源、减小直接眩光的作用，透过格栅的光束分布一般都比较狭窄。倾斜角度的格栅，不仅可以导光，而且能加强垂直面上的照明。半透明材料的散光罩，如乳白玻璃、磨砂玻璃，将减弱光源亮度，并使灯光向四面八方散射，因此，不能在给定方向上达到较为集中的发光强度分布。

第二节　照明器的分类

一、按用途分类

照明器根据用途可分为功能性照明器与装饰性照明器两种。

1. 功能性照明器

首先应该考虑保护光源、提高光效、降低眩光的影响，其次再考虑装饰效果。如民用照明器、工矿照明器、舞台照明器、车船照明器、防爆照明器、标志照明器、水下照明器和路灯照明器等。

2. 装饰性照明器

一般由装饰部件围绕光源组合而成，其作用主要是美化环境、烘托气氛。因此，首先应该考虑照明器的造型和光线的色泽，其次再考虑照明器的效率和限制眩光。

二、按防触电保护方式分类

为了电气安全，照明器的所有带电部分必须采用绝缘材料等加以隔离。照明器的这种保护人身安全的措施称为防触电保护。

根据防触电保护方式不同，照明器可分为0、Ⅰ、Ⅱ和Ⅲ四类（0类禁用），每一类照明器的主要性能及其应用情况，见表4-1。

表4-1　照明器的防触电保护分类

照明器等级	照明器主要性能	应用说明
Ⅰ类	除基本绝缘外，易触及的部分及外壳有接地装置，一旦基本绝缘失效，不致有危险	用于金属外壳的照明器，如投光灯、路灯、庭院灯等
Ⅱ类	采用双重绝缘或加强绝缘作为安全防护，无保护导线（地线）	绝缘性好，安全程度高，适用于环境差、人经常触摸的照明器，如台灯、手提灯等
Ⅲ类	采用特低安全电压（交流有效值不超过50V），灯内不会产生高于此值的电压	安全程度最高，可用于恶劣环境，如机床工作灯、儿童用灯等

从电气安全角度看，0类照明器的安全程度最低，Ⅰ、Ⅱ类照明器较高，Ⅲ类照明器最高，有些国家现已不允许生产0类照明器。在照明设计时，应综合考虑使用场所的环境、操

作对象、安装和使用位置等因素，选用合适类别的照明器。在使用条件或使用方法恶劣的场所应使用Ⅲ类照明器，一般情况下可采用Ⅰ类或Ⅱ类照明器。

三、按防尘、防水能力分类

为了防止人、工具或尘埃等固体异物触及或沉积在照明器带电部件上引起触电、短路等危险，也为了防止雨水等进入照明器内造成危险，有多种外壳防护方式起到保护电气绝缘和光源的作用。相对于不同的防尘、防水等级，目前采用特征字母“IP”后面跟两个数字来表示照明器的防尘、防水等级。第一个数字表示对人、固体异物或尘埃的防护能力，第二个数字表示对水的防护能力，详细说明见表4-2、表4-3。

显然，防尘能力和防水能力之间存在一定的依赖关系，也就是说第一个数字和第二个数字间有一定的依存关系，其可能的配合见表4-4。

表4-2 防护等级特征字母IP后面第一位数字的意义

第一位特征数字	说 明	含 义
0	无防护	没有特别的防护
1	防护直径大于50mm的固体异物	防止人体某一大面积部分（如手，但不防护有意识地接近），直径大于50mm的固体异物进入
2	防护直径大于12.5mm的固体异物	防止手指或类似物，长度不超过80mm、直径大于12.5mm的固体异物进入
3	防护直径大于2.5mm的固体异物	防止直径或厚度大于2.5mm的工具、电线等，直径大于2.5mm的固体异物进入
4	防护直径大于1.0mm的固体异物	防止厚度大于1.0mm的线材或条片，直径大于1.0mm的固体异物进入
5	防 尘	不能完全防止灰尘进入，但进入量不能达到妨碍设备正常工作的程度
6	尘 密	无尘埃进入

表4-3 防护等级特征字母IP后面第二位数字的意义

第二位特征数字	说 明	含 义
0	无防护	没有特殊的防护
1	防垂直滴水	滴水（垂直滴水）无有害影响
2	防15°滴水	当外壳从正常位置倾斜不大于15°时，垂直滴水无有害影响
3	防淋水	与垂直线成60°范围内的淋水无有害影响
4	防溅水	任何方向上的溅水无有害影响
5	防喷水	任何方向上的喷水无有害影响
6	防猛烈喷水	猛烈海浪或猛烈喷水后，进入外壳的水量不致达到有害程度
7	防短时间浸水	浸入规定水压的水中，经过规定时间后，进入外壳的水量不会达到有害程度
8	防连续浸水	能按制造厂规定的要求长期浸水

表4-4 “IP”后两数字可能的配合

可能配合的组合		第二位特征数字								
		0	1	2	3	4	5	6	7	8
第一位特征数字	0	IP00	IP01	IP02						
	1	IP10	IP11	IP12						
	2	IP20	IP21	IP22	IP23					
	3	IP30	IP31	IP32	IP33	IP34				
	4	IP40	IP41	IP42	IP43	IP44				
	5	IP50				IP54	IP55			
	6	IP60					IP65	IP66	IP67	IP68

四、按光通量在空间的分布分类

当采用不同的照明器时，其光通量在空间的分布状况是不同的。CIE 根据一般室内照明器的光通量在上、下半球空间分配比例，将照明器分为直接型、半直接型、漫射型、半间接型和间接型。不同类型照明器光通量的分布及特点见表 4-5。

表4-5 不同类型照明器光通量的分布及特点

类 别	光通量分布特性（%）		特 点
	上半球	下半球	
直接型	0～10	100～90	光线集中，工作面上可获得充分照度
半直接型	10～40	90～60	光线集中在工作面上，空间环境有适当照度，比直接型眩光小
漫射型	40～60	60～40	空间各方向光通量基本一致，无眩光
半间接型	60～90	40～10	增加反射光的作用，使光线比较均匀柔和
间接型	90～100	10～0	扩散性好，光线柔和均匀，避免眩光，但光的利用率低

五、按配光曲线分类

照明器根据配光曲线分类，即按照明器发光强度分布特性进行分类，其各自的特点见表 4-6。

表4-6 按配光曲线分类的照明器的特点

类 别	特 点
正弦分布型	发光强度是角度的函数，在 $\theta=90°$ 时，发光强度最大
广照型	最大的发光强度分布在较大的角度处，可在较为广阔的面积上形成均匀的照度
均匀配照型	各个角度的发光强度基本一致
配照型	发光强度是角度的余弦函数，在 $\theta=0°$ 时，发光强度最大
深照型	光通量和最大发光强度值集中在 $\theta=0°\sim30°$ 所对应的立体角内
特深照型	光通量和最大发光强度值集中在 $\theta=0°\sim15°$ 所对应的立体角内

六、按结构特点分类

按结构特点分类的照明器的特点见表4-7。

表4-7 按结构特点分类的照明器的特点

结 构	特 点
开启型	光源与外界空间直接接触（无罩）
闭合型	透明罩将光源包合起来，但内外空气仍能自由流通
密闭型	透明罩固定处加严密封闭，与外界隔绝相当可靠，内外空气不能流通
防爆型	符合《防爆电气设备制造检验规程》要求，安全地在有爆炸危险性介质的场所使用。分安全型和隔爆型；安全型在正常运行时不产生火花电弧，或把正常运行时产生的火花电弧的部件放在独立的隔爆室内；隔爆型在照明器的内部产生爆炸时，火焰通过一定间隙的防爆面后，不会引起照明器外部的爆炸
防振型	照明器采取防振措施，安装在有振动的设施上

七、按安装方式分类

按安装方式分类的照明器的特点见表4-8。

表4-8 按安装方式分类的照明器的特点

安装方式	特 点
壁灯	安装在墙壁上、庭柱上，用于局部照明、装饰照明或没有顶棚的场所
吸顶灯	将照明器吸附在顶棚面上，主要用于没有吊顶的房间。吸顶式的光带适用于计算机房、变电站等
嵌入式	适用于有吊顶的房间，照明器是嵌入在吊顶内安装的，可以有效消除眩光。与吊顶结合能形成美观的装饰艺术效果
半嵌入式	将照明器的一半或一部分嵌入顶棚，其余部分露在顶棚外，介于吸顶式和嵌入式之间。适用于顶棚吊顶深度不够的场所，在走廊处应用较多
吊灯	最普通的一种照明器的安装形式，主要利用吊杆、吊链、吊管、吊灯线来吊装照明器
地脚灯	主要用于走廊照明，便于人员行走。应用在医院病房、公共走廊、宾馆客房、卧室等
台灯	主要放在写字台上、工作台上、阅览桌上，作为书写阅读使用
落地灯	主要用于高级客房、宾馆、带茶几沙发的房间以及家庭的床头或书架旁
庭院灯	灯头或灯罩多数向上安装，灯管和灯架多数安装在庭、院地坪上，特别适用于公园、街心花园、宾馆以及机关学校的庭院内
广场灯	主要用于夜间的通行照明。广场灯用于车站前广场、机场前广场、港口、码头、公共汽车站广场、立交桥、停车场、集合广场及室外体育场等
移动式灯	用于室内、外移动性的工作场所以及室外电视、电影的摄影等场所
自动应急照明灯	适用于宾馆、饭店、医院、影剧院、商场、银行、地下室、会议室、动力站房、人防工程及隧道等公共场所。可以用作应急照明、紧急疏散照明、安全防灾照明等

第三节 照明器的选用

一、按配光曲线选择

在选择照明器时，应根据环境条件和使用特点，合理地选定照明器的发光强度分布、效率、遮光角、类型及造型尺寸等，同时还应考虑照明器的装饰效果和经济性。

1）在各种办公室和公共建筑物中，房间的顶棚和墙壁均要求有一定的亮度，要求房间各面有较高的反射比，并需有一部分光直接射到顶棚和墙上，此时可采用半直接型、漫射型照明器，从而获得舒适的视觉条件与良好的艺术效果。为了节能，在有空调的房间内还可选用空调灯具。

2）在高大的建筑物内，照明器安装高度为0～6m时，宜采用深照型或配照型照明器；安装高度为6～15m时，宜采用特深照型照明器；安装高度为15～30m时，宜采用高纯铝深照型或其他高发光强度的照明器。

3）在要求垂直照度（教室黑板）时，可采用倾斜安装的照明器，或选用不对称配光的照明器。

4）室外照明宜采用广照型照明器。大面积的室外场所宜采用投光灯或其他高发光强度照明器。

二、按使用环境条件选择

1）正常环境中，宜选用开启型照明器。

2）潮湿或特别潮湿的场所，宜选用密闭型防水防尘灯或带防水灯头的开启型照明器。

3）有腐蚀性气体和蒸汽的场所，应当选用耐腐蚀性材料制成的密闭型照明器。

4）有爆炸和火灾危险的场所，应按危险的等级选择相应的照明器；含有大量粉尘但非爆炸和火灾危险的场所，应采用防尘照明器。

5）有较大振动的场所，宜选用有防振措施的照明器。

6）安装易受机械损伤位置的照明器时，应加装保护网或采取其他保护措施。

7）对有装饰要求（大厅、门厅处）的照明，除满足照度要求外，还应选择有艺术装饰效果的照明器。

8）特殊场所（舞厅、手术室、水下）的照明，可选用专用照明器。

三、按经济效果选择

与其他装置一样，照明器的经济性由初期投资和年运行费用（包括电费、更换光源费、维护管理费和折旧费等）两个因素决定。一般情况下，宜选用光效高、寿命长的照明器。

由于现代建筑的多样性、功能的复杂性和环境的差异性，很难确定出选择照明器的统一标准。总地来说，要选择恰当的照明器，首先要掌握各类照明器的各项光学特性和电气性能；熟悉各类建筑物的使用功能及其对照明的要求；密切与建筑专业设计人员配合，在此基础上，再综合考虑上述两项因素，才能获得良好的效果。

思 考 题

1. 照明器的作用有哪些？
2. 照明器的光学特性包括哪些内容？
3. 照明器配光曲线的用途是什么？
4. 什么是灯具的遮光角？如何确定带格栅的荧光灯的遮光角？
5. 什么是灯具效率？
6. 照明器按防触电保护分为哪几类？如何选用？
7. 照明器按防尘、防水能力如何分类？
8. 怎样合理选择灯具？

第五章

照明计算

照明计算是照明设计的主要内容之一，它包括照度计算、亮度计算及眩光计算等。照明计算是正确进行照明设计的重要环节，是对照明质量做定量评价的技术指标。亮度计算和眩光计算比较复杂，在实际照明工程设计中，照明计算常常只进行照度计算，但当对照明质量要求较高时，都应该进行计算。

照明计算的目的是根据照明需要及其他已知条件（照明器型式及布置、房间各个面的反射条件及污染情况等），来决定照明器的数量以及其中电光源的容量，并据此确定照明器的布置方案；或者在照明器型式、布置及光源的容量都已确定的情况下，通过进行照明计算来定量评价实际使用场合的照明质量。

本章主要介绍照度计算，而对亮度计算和眩光计算则做一般性描述。照度计算的基本方法有平均照度计算法（利用系数法）、逐点计算法（包括二次方反比法、等照度曲线法）。其中，平均照度计算法用于计算平均照度以及所需灯的数量，它适用于一般照明的照度计算；逐点计算法用于计算某点的直射照度，其特点是准确度高，可以用来计算任何指定点的照度，一般适用于局部照明、采用直射光照明器的照明、特殊倾斜面的照明和其他需要准确计算照度的场合。无论水平面、垂直面还是倾斜面上的某一点的照度，都是由直射光和反射光两部分组成的。

在计算水平照度时，如无特殊要求，通常采用距地面 0.75m 的工作面或地平面作为计算面。

第一节　平均照度计算

平均照度计算法是按照光通量进行照度计算的，故又称流明计算法（或流明法）。它是根据房间的几何形状、照明器的数量和类型来确定工作面平均照度的计算法。流明计算法既要考虑直射光通量，也要考虑反射光通量。

一、基本计算公式

落到工作面上的光通量可分为两个部分：一是从灯具发出的光通量中直接落到工作面上的部分（称为直接部分）；另一部分是从灯具发出的光通量经室内表面反射后最后落到工作面上的部分（称为间接部分）。两者之和为灯具发出的光通量中最后落到工作面上的部分，该值与工作面的面积之比，称为工作面上的平均照度。若每次都要计算落到工作面上的直接光通量与间接光通量，则计算变得相当复杂。为此，人们引入了利用系数的概念，即事先计算出各种条件下的利用系数，提供设计人员使用。

（1）利用系数　对于每个灯具来说，由光源发出的额定光通量与最后落到工作面上的光通量之比称为光源光通量利用系数（简称利用系数），即

$$U=\frac{\Phi_f}{\Phi_s} \tag{5-1}$$

式中，U为利用系数；Φ_f为由灯具发出的最后落到工作面上的光通量（lm）；Φ_s为每个灯具中光源额定总光通量（lm）。

（2）室内平均照度　有了利用系数的概念，室内平均照度的计算公式为

$$E_{av}=\frac{\Phi_s NUK}{A} \tag{5-2}$$

式中，E_{av}为工作面平均照度（lx）；N为灯具数；A为工作面面积（m^2）；K为维护系数，见表5-1。

表5-1　维护系数K

环境污染特征	工作房间或场所	维护系数	灯具擦洗次数/(次/年)
清洁	办公室，阅览室，仪器、仪表装配车间	0.8	2
一般	商店营业厅，影剧院观众厅，机加工车间	0.7	2
污染严重	铸工、锻工车间，厨房	0.6	2
室外	道路和广场	0.7	2

（3）维护系数　考虑到灯具在使用过程中，因光源光通量的衰减、灯具和房间的污染而引起照度下降，故提出维护系数这一概念。

二、利用系数法

室形指数、室空间比是计算利用系数的主要参数。

1. 室形指数

室形指数（Room Index）是用来表示照明房间的几何特征，是计算利用系数时的重要参数。

室形指数（RI）的计算公式为

对于矩形房间
$$RI=\frac{lw}{h(l+w)} \tag{5-3}$$

对于正方形房间
$$RI=\frac{a}{2h}$$

对于圆形房间
$$RI=\frac{r}{h} \tag{5-4}$$

式中，l为矩形房间的长度（m）；w为矩形房间的宽度（m）；a为正方形房间的长（宽）（m）；r为圆形房间的半径（m）；h为灯具开口平面距工作面的高度（m）。

为便于计算，一般将室形指数划分为0.6、0.8、1.0、1.25、1.5、2.0、2.5、3.0、4.0、5.0共10个级数。采用室形指数进行平均照度计算是国际上较为通用的方法。

2. 室空间比

如图5-1所示，为了表示房间的空间特征，可以将房间分成三个部分：

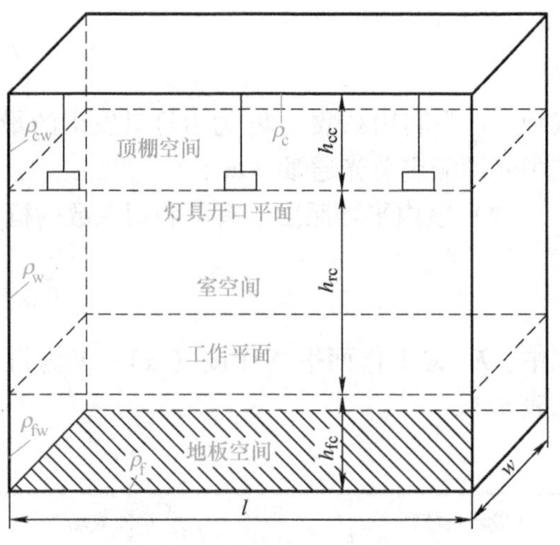

图 5-1　房间的空间特性

1）顶棚空间。灯具开口平面到顶棚之间的空间。

2）地板空间。工作面到地面之间的空间。

3）室空间。灯具开口平面到工作面之间的空间。

（1）室空间比的计算　室空间比同样适用于利用系数的计算，它用来表示室内空间的比例关系。其计算方法如下：

室空间比为

$$RCR = 5h_{rc}\frac{l+w}{lw} \tag{5-5}$$

顶棚空间比为

$$CCR = 5h_{cc}\frac{l+w}{lw} = \frac{h_{cc}}{h_{rc}}RCR \tag{5-6}$$

地板空间比为

$$FCR = 5h_{fc}\frac{l+w}{lw} = \frac{h_{fc}}{h_{rc}}RCR \tag{5-7}$$

式中，h_{rc}为室空间的高度（m）；h_{cc}为顶棚空间的高度（m）；h_{fc}为地板空间的高度（m）。

由式(5-3)、式(5-5) 可知，　$RI \times RCR = 5$。　(5-8)

室空间比 RCR 亦分为 1、2、3、4、5、6、7、8、9、10 共 10 个级数。

（2）有效空间反射比　在灯具开口平面上方空间中，一部分光被吸收，还有一部分光线经多次反射从灯具开口平面射出。

为了简化计算，把灯具开口平面看成一个具有有效反射比为 ρ_{cc} 的假想平面，光在这个假想平面上的反射效果同在实际顶棚空间的效果等价。同理，地板空间的有效反射比可定义为 ρ_{fc}。

1）假如空间由若干表面组成，以 A_i、ρ_i 分别表示为第 i 表面的面积及其反射比，则平均反射比 ρ 的计算公式为

$$\rho = \frac{\Sigma\rho_i A_i}{\Sigma A_i} = \frac{\Sigma\rho_i A_i}{A_s} \tag{5-9}$$

式中，A_s 为顶棚（或地板）空间内所有表面的总面积（m^2）。

2）有效空间反射比 ρ_e

$$\rho_e = \frac{\rho A_0}{(1-\rho)A_s + \rho A_0} = \frac{\rho}{\rho + (1-\rho)\dfrac{A_s}{A_0}} \tag{5-10}$$

式中，A_0 为顶棚（或地板）平面面积（m^2）；ρ 为顶棚（或地板）空间各表面的平均反射比。

3. 室内平均照度的确定

（1）确定房间的各特征量　计算室形指数 RI 或室空间比 RCR、顶棚空间比 CCR、地板空间比 FCR。

(2) 确定顶棚空间有效反射比　当顶棚空间各面反射比不等时，用式(5-9) 求出各面的平均反射比ρ，然后代入式(5-10)，求出顶棚空间有效反射比ρ_{cc}，即

$$\rho = \frac{\Sigma\rho_i A_i}{\Sigma A_i} = \frac{\rho_c lw + \rho_{cw}[2(lh_{cc} + wh_{cc})]}{lw + 2(lh_{cc} + wh_{cc})} = \frac{\rho_c + 0.4\rho_{cw}CCR}{1 + 0.4CCR}$$

$$\frac{A_s}{A_0} = \frac{lw + 2h_{cc}(l + w)}{lw} = 1 + 0.4CCR$$

$$\rho_{cc} = \frac{\rho}{\rho + (1-\rho)\dfrac{A_s}{A_0}} = \frac{\rho}{\rho + (1-\rho)(1 + 0.4CCR)}$$

(3) 确定墙面平均反射比　由于房间开窗或装饰物遮挡等会引起的墙面反射比的变化，故在求利用系数时，墙面反射比ρ_w应该采用其加权平均值，即利用式(5-9) 求得

$$\rho = \frac{\Sigma\rho_i A_i}{\Sigma A_i}$$

(4) 确定利用系数　在求出室空间比RCR、顶棚有效反射比ρ_{cc}、墙面平均反射比ρ_w以后，按所选用的灯具从计算图表中，即可查得其利用系数U。当RCR、ρ_{cc}、ρ_w不是图表中分级的整数时，可从利用系数（U）表（见表5-2）中，查接近ρ_{cc}（70%、50%、30%、10%）列表中接近RCR的两个数组（RCR_1，U_1）、（RCR_2，U_2），然后采用内插法求出对应室空间比RCR的利用系数U，即

$$U = U_1 + \frac{U_2 - U_1}{RCR_2 - RCR_1}(RCR - RCR_1)$$

表5-2　利用系数（U）表

有效顶棚反射系数ρ_{cc}	0.70				0.50				0.30				0.10			
墙反射系数ρ_w	0.70	0.50	0.30	0.10	0.70	0.50	0.30	0.10	0.70	0.50	0.30	0.10	0.70	0.50	0.30	0.10
空间比RCR																
1	0.75	0.71	0.67	0.63	0.67	0.63	0.60	0.57	0.59	0.56	0.54	0.52	0.52	0.50	0.48	0.46
2	0.68	0.61	0.55	0.50	0.60	0.54	0.50	0.46	0.53	0.48	0.45	0.41	0.46	0.43	0.40	0.37
3	0.61	0.53	0.46	0.41	0.54	0.47	0.42	0.38	0.47	0.42	0.38	0.34	0.41	0.37	0.34	0.31
4	0.56	0.46	0.39	0.34	0.49	0.41	0.36	0.31	0.43	0.37	0.32	0.28	0.37	0.33	0.29	0.26
5	0.51	0.41	0.34	0.29	0.45	0.37	0.31	0.26	0.39	0.33	0.28	0.24	0.34	0.29	0.25	0.22
6	0.47	0.37	0.30	0.25	0.41	0.33	0.27	0.23	0.36	0.29	0.25	0.21	0.32	0.26	0.22	0.19
7	0.43	0.33	0.26	0.21	0.38	0.30	0.24	0.20	0.33	0.26	0.22	0.18	0.29	0.24	0.20	0.16
8	0.40	0.29	0.23	0.18	0.35	0.27	0.21	0.17	0.31	0.24	0.19	0.16	0.27	0.21	0.17	0.14
9	0.37	0.27	0.20	0.16	0.33	0.24	0.19	0.15	0.29	0.22	0.17	0.14	0.25	0.19	0.15	0.12
10	0.34	0.24	0.17	0.13	0.30	0.21	0.16	0.12	0.26	0.19	0.15	0.11	0.23	0.17	0.13	0.10

注：表中为YG1－1型40W荧光灯，$s/h = 1.0$。

(5) 确定地板空间有效反射比 地板空间与顶棚空间一样，可利用同样的方法求出有效反射比ρ_{fc}

$$\rho=\frac{\sum\rho_i A_i}{\sum A_i}=\frac{\rho_f lw+\rho_{fw}[2(lh_{fc}+wh_{fc})]}{lw+2(lh_{fc}+wh_{fc})}=\frac{\rho_f+0.4\rho_{fw}FCR}{1+0.4FCR}$$

$$\frac{A_s}{A_0}=\frac{lw+2h_{fc}(l+w)}{lw}=1+0.4FCR$$

$$\rho_{fc}=\frac{\rho A_0}{(1-\rho)A_s+\rho A_0}=\frac{\rho}{\rho+(1-\rho)(1+0.4FCR)}$$

(6) 确定利用系数的修正值 利用系数表（见表5-2）中的数值是按$\rho_{fc}=20\%$情况下计算的。当ρ_{fc}不是该值时，若要获得较为精确的结果，利用系数需加以修正（见表5-3）。当RCR、ρ_{fc}、ρ_w不是图表中分级的整数时，可从其修正系数表中，查接近ρ_{fc}（30%、10%、0%）列表中接近RCR的两个数组（RCR_1，γ_1）、（RCR_2，γ_2），然后采用内插法，求出对应室空间比RCR的利用系数的修正值γ，即

$$\gamma=\gamma_1+\frac{\gamma_2-\gamma_1}{RCR_2-RCR_1}(RCR-RCR_1)$$

表5-3 地板空间有效反射系数不等于20%时对利用系数的修正表

有效顶棚反射系数ρ_{cc}	0.80				0.70				0.50			0.30		
墙反射系数ρ_w	0.70	0.50	0.30		0.70	0.50	0.30		0.50	0.30		0.50	0.30	
地板空间有效反射系数30%（ρ_{fc}0.2 = 1.00）														
室空间比RCR														
1	1.092	1.082	1.075	1.068	1.077	1.070	1.054	1.059	1.049	1.044	1.040	1.028	1.026	1.023
2	1.079	1.066	1.055	1.047	1.068	1.057	1.048	1.029	1.041	1.033	1.027	1.026	1.021	1.017
3	1.070	1.054	1.042	1.033	1.061	1.048	1.037	1.028	1.034	1.027	1.020	1.024	1.017	1.012
4	1.062	1.045	1.033	1.024	1.055	1.040	1.029	1.021	1.030	1.022	1.015	1.022	1.015	1.010
5	1.056	1.038	1.026	1.018	1.050	1.034	1.024	1.015	1.027	1.018	1.012	1.020	1.013	1.008
6	1.052	1.033	1.021	1.014	1.047	1.030	1.020	1.012	1.024	1.015	1.009	1.019	1.012	1.006
7	1.047	1.029	1.018	1.011	1.043	1.026	1.017	1.009	1.022	1.013	1.007	1.018	1.019	1.005
8	1.044	1.026	1.015	1.009	1.040	1.024	1.015	1.007	1.020	1.012	1.006	1.017	1.009	1.004
9	1.040	1.024	1.014	1.007	1.037	1.022	1.014	1.006	1.019	1.011	1.005	1.016	1.009	1.004
10	1.037	1.022	1.012	1.006	1.034	1.020	1.012	1.005	1.017	1.010	1.004	1.015	1.009	1.003

（续）

有效顶棚反射系数ρ_{cc}	0.80				0.70				0.50			0.30		
墙反射系数ρ_{w}	0.70	0.50	0.30		0.70	0.50	0.30		0.50	0.30		0.50	0.30	
地板空间有效反射系数30%（ρ_{fc}0.2＝1.00）														
室空间比 *RCR*														
1	0.923	0.929	0.935	0.940	0.933	0.939	0.943	0.948	0.956	0.960	0.963	0.973	0.976	0.979
2	0.931	0.942	0.950	0.958	0.940	0.949	0.957	0.963	0.962	0.968	0.974	0.976	0.980	0.985
3	0.939	0.951	0.961	0.969	0.94	0.957	0.966	0.973	0.967	0.975	0.981	0.978	0.983	0.988
4	0.944	0.958	0.969	0.978	0.95	0.963	0.973	0.980	0.972	0.980	0.986	0.980	0.986	0.991
5	0.949	0.954	0.976	0.983	0.954	0.968	0.978	0.985	0.975	0.983	0.989	0.981	0.988	0.993
6	0.953	0.969	0.980	0.986	0.958	0.972	0.982	0.989	0.979	0.985	0.992	0.982	0.989	0.995
7	0.957	0.973	0.983	0.991	0.961	0.975	0.985	0.991	0.979	0.987	0.994	0.983	0.990	0.996
8	0.960	0.976	0.986	0.993	0.963	0.977	0.987	0.993	0.981	0.988	0.995	0.984	0.991	0.997
9	0.963	0.978	0.987	0.994	0.965	0.979	0.989	0.994	0.983	0.990	0.996	0.985	0.992	0.998
10	0.965	0.980	0.989	0.995	0.967	0.981	0.990	0.995	0.984	0.991	0.997	0.986	0.993	0.998
地板空间有效反射系数0%（ρ_{fc}0.2＝1.00）														
室空间比 *RCR*														
1	0.859	0.870	0.879	0.886	0.873	0.884	0.893	0.901	0.916	0.923	0.929	0.948	0.954	0.960
2	0.871	0.887	0.903	0.919	0.886	0.902	0.916	0.928	0.926	0.938	0.949	0.954	0.963	0.971
3	0.882	0.904	0.915	0.942	0.898	0.918	0.934	0.947	0.945	0.961	0.964	0.958	0.969	0.979
4	0.893	0.919	0.941	0.958	0.908	0.930	0.948	0.961	0.945	0.961	0.974	0.961	0.974	0.984
5	0.903	0.931	0.953	0.969	0.914	0.939	0.958	0.970	0.951	0.967	0.980	0.964	0.977	0.988
6	0.911	0.940	0.961	0.976	0.920	0.945	0.965	0.977	0.955	0.972	0.985	0.966	0.979	0.991
7	0.917	0.947	0.967	0.981	0.924	0.950	0.970	0.982	0.959	0.975	0.988	0.968	0.981	0.993
8	0.922	0.953	0.971	0.985	0.929	0.955	0.975	0.986	0.963	0.978	0.991	0.970	0.983	0.995
9	0.928	0.958	0.975	0.998	0.933	0.959	0.980	0.989	0.966	0.980	0.993	0.971	0.985	0.996
10	0.933	0.962	0.979	0.991	0.937	0.963	0.983	0.992	0.969	0.982	0.995	0.973	0.987	0.997

注：地板空间有效反射系数20%的修正系数。

（7）确定室内平均照度E_{av}　　$E_{av}=\dfrac{\Phi_{s}NK\gamma U}{lw}$

4. 举例

例5-1　有一教室长6.6m、宽6.6m、高3.6m，在离顶棚0.5m的高度内安装8只YG1－1型40W荧光灯，课桌高度为0.75m。教室内各表面的反射比如图5-2所示，试计算课桌面上的平均照度（荧光灯光通量取2400lm，维护系数$K=0.8$）。YG1－1型荧光灯利用系数（U）表、利用系数的修正表依次参见表5-2、表5-3。

解 已知：$l=6.6\text{m}$、$w=6.6\text{m}$、$\Phi_s=2400\text{lm}$，$K=0.8$，$N=8$；$h_{cc}=0.5\text{m}$、$\rho_c=0.8$、$\rho_{cw}=0.5$；$h_{rc}=2.35\text{m}$、$\rho_w=0.5$；$h_{fc}=0.75\text{m}$、$\rho_f=0.1$、$\rho_{fw}=0.3$。

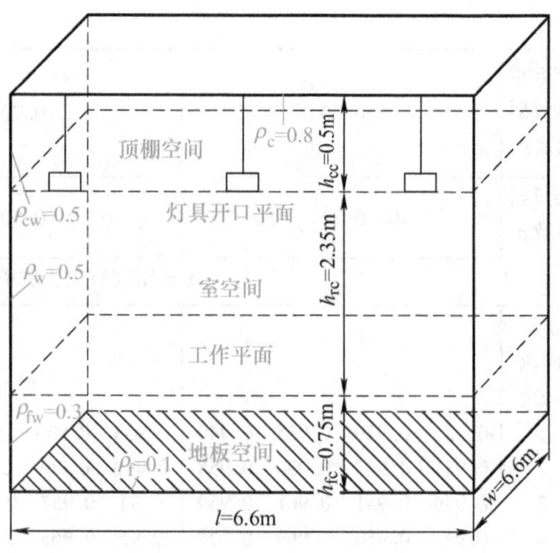

图5-2 房间的空间特征示例

（1）确定室空间比 RCR、顶棚空间比 CCR、地板空间比 FCR

$$RCR=5h_{rc}\frac{l+w}{l\times w}$$

$$=5\times2.35\times\frac{6.6+6.6}{6.6\times6.6}\approx3.561$$

$$CCR=\frac{h_{cc}}{h_{rc}}RCR$$

$$=\frac{0.5}{2.35}\times3.561\approx0.758$$

$$FCR=\frac{h_{fc}}{h_{rc}}RCR=\frac{0.8}{2.35}\times3.561\approx1.212$$

（2）确定 ρ_{cc}、利用系数 U，以及 ρ_{fc}、U 的修正值 γ

1）求解 ρ_{cc}、U，即

$$\rho=\frac{\rho_c+0.4\rho_{cw}CCR}{1+0.4CCR}=\frac{0.8+0.4\times0.5\times0.758}{1+0.4\times0.758}\approx0.73$$

$$\rho_{cc}=\frac{\rho}{\rho+(1-\rho)(1+0.4CCR)}=\frac{0.73}{0.73+(1-0.73)(1+0.4\times0.758)}\approx67.5\%$$

取 $\rho_{cc}=70\%$，$\rho_w=50\%$，$RCR=3.561$

查表5-2，得

$$(RCR_1,U_1)=(3,0.53)\quad(RCR_2,U_2)=(4,0.46)$$

利用系数为

$$U=U_1+\frac{U_2-U_1}{RCR_2-RCR_1}(RCR-RCR_1)=0.491$$

2）求解 ρ_{fc}、γ，即

$$\rho=\frac{\rho_f+0.4\rho_{fw}FCR}{1+0.4FCR}=\frac{0.1+0.4\times0.3\times1.212}{1+0.4\times1.212}=0.1653$$

$$\rho_{fc}=\frac{\rho}{\rho+(1-\rho)(1+0.4FCR)}=\frac{0.1653}{0.1653+(1-0.1653)(1+0.4\times1.212)}=11.8\%$$

因为 $\rho_{fc}\neq20\%$，则取 $\rho_{fc}=10\%$、$\rho_{cc}=70\%$，$\rho_w=50\%$，$RCR=3.561$

查表5-3，得

$$(RCR_1,\gamma_1)=(3,0.957)\quad (RCR_2,\gamma_2)=(4,0.963)$$

利用系数的修正值为

$$\gamma=\gamma_1+\frac{\gamma_2-\gamma_1}{RCR_2-RCR_1}(RCR-RCR_1)\approx 0.96$$

（3）确定 E_{av}

$$E_{av}=\frac{\Phi_s NK\gamma U}{lw}=\frac{2400\times 8\times 0.8\times 0.96\times 0.491}{6.6\times 6.6}\text{lx}\approx 166.2\text{lx}$$

三、概率曲线与单位容量法

1. 概算曲线

为了简化计算，把利用系数法计算的结果制成曲线，并假设受照面上的平均照度为100lx，求出房间面积与所用灯具数量的关系曲线，该曲线称为概算曲线。它适用于一般均匀照明的照度计算。

应用概算曲线进行平均照度计算时，应已知以下条件：

1）灯具类型及光源的种类和容量（不同的灯具有不同的概算曲线）。

2）计算高度（即灯具开口平面离工作面的高度）。

3）房间的面积。

4）房间的顶棚、墙壁和地面的反射比。

（1）换算公式　根据以上条件（墙壁反射比应取墙和窗户的加权平均反射比），就可从概算曲线上查得所需灯具的数量 N。

概算曲线是在假设受照面上的平均照度为100lx、维护系数为 K' 的条件下绘制的。因此，如果实际需要的平均照度为 E、实际采用的维护系数为 K，那么实际采用的灯具数量 n 可按式(5-11）进行换算：

$$n=\frac{EK'N}{100K}\quad \text{或}\quad E=\frac{100Kn}{K'N}\tag{5-11}$$

式中，n 为实际采用的灯具数量；N 为根据概算曲线查得的灯具数量；K 为实际采用的维护系数；K' 为概算曲线上假设的维护系数（常取0.7）；E 为设计所要求的平均照度（lx）。

（2）确定平均照度的步骤　各种灯具的概算曲线是由灯具生产厂商提供的，图5-3所示为YG1－1型1×40W荧光灯具的概算曲线。根据概算曲线对室内灯具数量进行计算，就显得十分简便。其计算步骤如下：

1）确定灯具的计算高度 h。

2）确定室内面积 A。

3）根据室内面积 A、灯具计算高度 h，在灯具概算曲线上查出灯具的数量。如果计算高度 h 处于图中 h_1 与 h_2 之间，则采用内插法进行计算。

4）通过式(5-11）即可计算出所需灯具的数量 n（或所要求的平均照度 E）。

2. 单位容量法

实际照明设计中，常采用单位容量法对照明用电量进行估算，即根据不同类型灯具、不

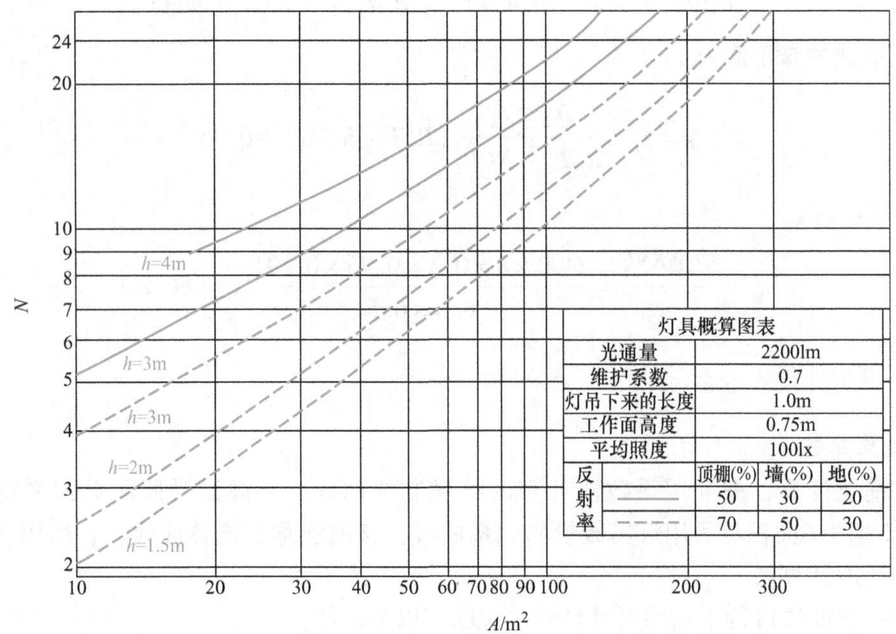

图 5-3 YG1－1 型 1×40W 荧光灯具的概算曲线

同室内空间条件，列出“单位面积光通量（lm/m²）”或“单位面积安装电功率（W/m²）”的表格，以便查用。单位容量法是一种简单的计算方法，只适用于方案设计时的近似估算。

（1）光源比功率法　通常所说的光源比功率法，是指单位面积上照明光源的安装电功率，即

$$w=\frac{nP}{A} \tag{5-12}$$

式中，w 为光源的比功率（W/m²）；n 为灯具数量；P 为每个灯具的额定功率（W）；A 为房间面积（m²）。

（2）估算光源的安装功率　表 5-4 给出了 YG1－1 型荧光灯的比功率，其他光源的比功率可参阅有关照明设计手册。由已知条件（计算高度、房间面积、所需平均照度、光源类型）可从表 5-4 中查出相应光源的比功率 w。因此，受照房间的光源总功率为

$$\Sigma P = nP = wA$$

表 5-4 YG1－1 型荧光灯的比功率

计算高度/m	房间面积/m²	平均照度/lx					
		30	50	75	100	150	200
2~3	10~15	3.2	5.2	7.8	10.4	15.6	21
	15~25	2.7	4.5	6.7	8.9	13.4	18
	25~50	2.4	3.9	5.8	7.7	11.6	15.4
	50~150	2.1	3.4	5.1	6.8	10.2	13.6
	150~300	1.9	3.2	4.7	6.3	9.4	12.5
	>300	1.8	3.0	4.5	5.9	8.9	11.8

（续）

计算高度/m	房间面积/m^2	平均照度/lx					
		30	50	75	100	150	200
3～4	10～15	4.5	7.5	11.3	15	23	30
	15～20	3.8	6.2	9.3	12.4	19	25
	20～30	3.2	5.3	8.0	10.8	15.9	21.2
	30～50	2.7	4.5	6.8	9.0	13.6	18.1
	50～120	2.4	3.9	5.8	7.7	11.6	15.4
	120～300	2.1	3.4	5.1	6.8	10.2	13.5
	>300	1.9	3.2	4.9	6.3	9.5	12.6

其中，每盏灯的功率 $P=\dfrac{\Sigma P}{n}=\dfrac{wA}{n}$，或者灯具数量 $n=\dfrac{wA}{P}$。

照度计算是电气照明设计的重要环节，正确进行照度计算，对于光源和灯具的选择、功率的确定以及灯具的布置都十分重要。

第二节　点光源直射照度计算

当圆形发光体的直径小于其至受照面垂直距离的1/5，或线形发光体的长度小于照射距离（斜距）的1/4时，可将其视为点光源。由于光源的尺寸与它至受照面的距离相比非常小，在计算和测量时，其大小可以忽略不计。

点光源直射照度计算的是受照面上任一点的照度值，计算点的照度应为照明场所内各灯对该点所产生的照度之和。点光源直射照度的计算方法有逐点计算法、等照度曲线计算法等。

一、逐点计算法（二次方反比法）

点光源逐点计算法又称二次方反比法，可用于水平面、垂直面和倾斜面上的照度计算。这种方法适用于一些重要场所的一般照明、局部照明和外部照明的照度计算，但不适用于周围反射性很高的场所的照度计算。

1. 水平面照度计算

点光源在水平面上产生的照度符合二次方反比定律。如图5-4所示，光源S垂直投射到包括P点的指向平面N（与入射光方向垂直的平面）上，则该面单元面积$\mathrm{d}A_\mathrm{n}$上的光通量为

$$\mathrm{d}\Phi=I_\theta\mathrm{d}\omega \tag{5-13}$$

式中，$\mathrm{d}\omega$为光源S投向面积元$\mathrm{d}A_\mathrm{n}$的立体角。

按立体角的定义可知

$$\mathrm{d}\omega=\frac{\mathrm{d}A_\mathrm{n}}{l^2} \tag{5-14}$$

1）光源在指向平面N上P点法线方向所产生的照度E_n（简称法线照度）为

$$E_{\mathrm{n}} = \frac{\mathrm{d}\Phi}{\mathrm{d}A_{\mathrm{n}}} = \frac{I_\theta}{l^2} \tag{5-15}$$

2）光源在水平面 H 上 P 点法线方向所产生的照度 E_{h} 为

$$E_{\mathrm{h}} = E_{\mathrm{n}}\cos\theta = \frac{I_\theta}{l^2}\cos\theta \tag{5-16}$$

或

$$E_{\mathrm{h}} = \frac{I_\theta}{h^2}\cos^3\theta \tag{5-17}$$

式中，E_{h} 为水平面照度（lx）；I_θ 为光源（灯具）照射方向的发光强度（cd）；l 为光源（灯具）与计算点之间的距离（m）；h 为光源（灯具）离工作面的高度（m）；$\cos\theta$ 为光线入射角 θ 的余弦，其值为 h/l。

由于灯具的配光曲线是按光源光通量为 1000lm 给出的，同时考虑维护系数 K，水平面照度的计算公式为

$$E_{\mathrm{h}} = \frac{\Phi I_\theta K}{1000h^2}\cos^3\theta \tag{5-18}$$

式中，Φ 为实际所采用灯具的光源光通量（lm）。

2. 垂直面照度计算

如图 5-5 所示，光源在垂直面 V 上 P 点所产生垂直面照度 E_{v} 的计算，与水平面照度计算方法相类似。结合式(5-15)、式(5-18)，可得

$$E_{\mathrm{v}} = E_{\mathrm{n}}\sin\theta = \frac{\Phi I_\theta K}{1000l^2}\sin\theta = = \frac{\Phi I_\theta K}{1000h^2}\cos^2\theta\sin\theta \tag{5-19}$$

式中，E_{v} 为垂直面照度（lx）。

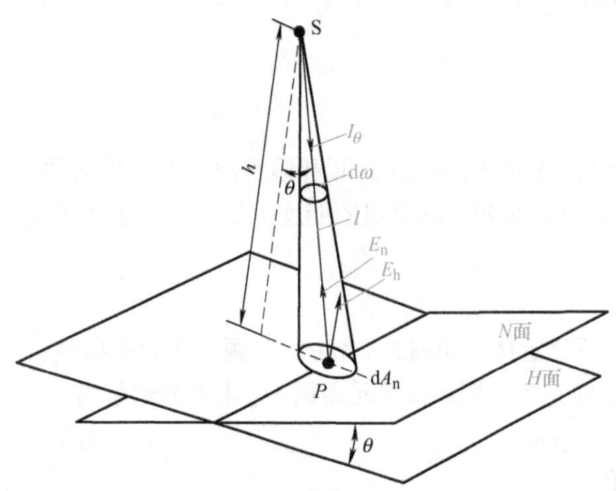

图 5-4 点光源在水平面上的照度

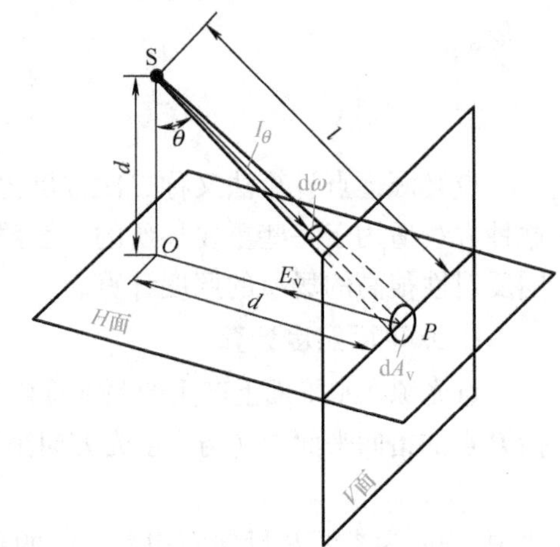

图 5-5 点光源在垂直面上的照度

或者，在求出水平面照度后，再乘以系数 d/h，即

$$E_{\mathrm{v}} = E_{\mathrm{h}}\tan\theta = \frac{d}{h}E_{\mathrm{h}} \tag{5-20}$$

式中，d 为计算点至光源之间的水平距离（m）。

在实际工程中，有时需要计算倾斜面上的照度。倾斜面的照度可以转换成水平面或垂直面的照度，在此就不做介绍了。

二、等照度曲线计算法

1. 空间等照度曲线

在采用旋转对称配光灯具的场所，若已知计算高度 h 和计算点到灯具间的水平距离 d，就可直接从空间等照度曲线图上查得该点的水平面照度值。但由于曲线是按光源光通量为1000lm 绘制的，因此所查得的照度值是“假设水平照度 e”还必须按实际光通量进行换算。当灯具中光源总光通量为 Φ 且计算点是由多个灯具共同照射时，计算点处的水平照度为

$$E_h = \frac{\Phi \Sigma e K}{1000}$$

式中，E_h 为水平面照度（lm）；Φ 为实际所采用灯具的光源的总光通量（lm）；K 为维护系数，见表 5-1；Σe 为各灯具产生假设水平照度的总和(lx)，可从对应灯具的空间等照度曲线图中查得。

图 5-6 所示为 JXD5－2 型平圆式吸顶灯具 1×100W 的空间等照度曲线。

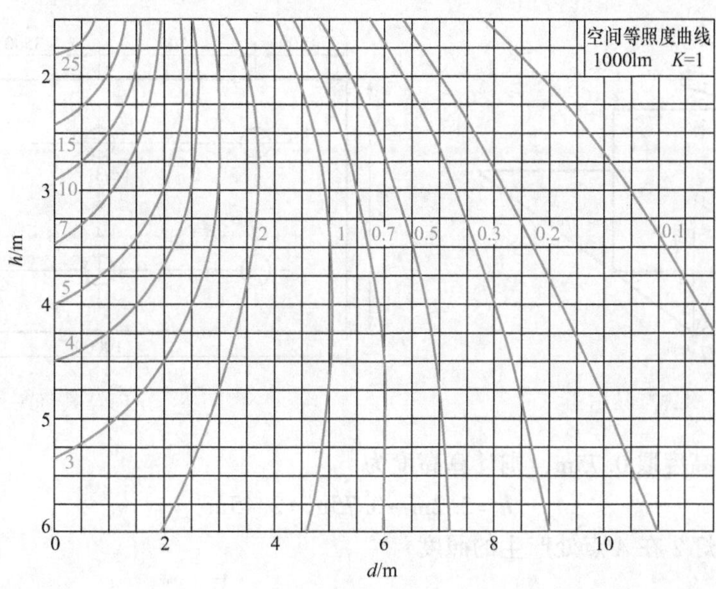

图 5-6　JXD5－2 型平圆式吸顶灯具 1×100W 的空间等照度曲线

一般灯具的空间等照度曲线可查阅有关手册，再经过换算，即可求得所需工作面上的照度。其计算公式如下：

水平面照度为

$$E_h = \frac{\Phi \Sigma e K}{1000} \tag{5-21}$$

垂直面照度为

$$E_v = \frac{d}{h} E_h \tag{5-22}$$

倾斜面照度为 $$E_i = \psi E_h \tag{5-23}$$

式中，ψ 为倾斜照度系数，具体计算方式可参考相关书籍。

2. 平面相对等照度曲线

对于非对称配光的灯具，可利用平面相对等照度曲线进行计算。

如图5-7所示，根据计算点的 d/h 值及各灯具对计算点的平面位置角 β（作一个灯具的对称平面，或作任意一个平面，将它定为起始平面，该平面与受照面的交线与光线投影线 d 之间的夹角即为 β），就可从平面相对等照度曲线上查得相对照度 ε。由于平面相对等照度曲线是假设计算高度为1m而绘制的，因此求计算面上的实际照度时，应按下式计算：

$$E_h = \frac{\Phi \Sigma \varepsilon K}{1000h^2}$$

式中，E_h 为水平面照度（lx）；Φ 为每个灯具内光源的光通量（lm）；h 为计算高度（m）；$\Sigma\varepsilon$ 为各灯具产生相对照度的总和(lx)，可从平面相对等照度曲线查得。

3. 举例

例5-2　如图5-8所示，某活动室长10m、宽6m、净高3.2m，采用JXD5－2型平圆式吸顶灯（光通量为1250lm）6只，房间顶棚、墙面的反射比分别为0.7、0.5。求房间桌面上 A 点处的照度。

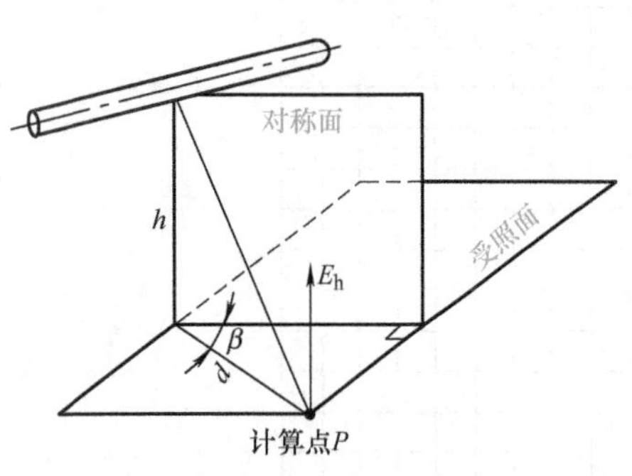

图5-7　不对称灯具示例

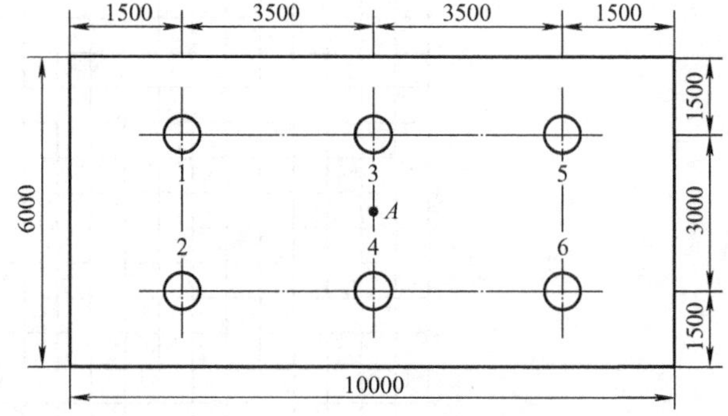

图5-8　室内灯具布置示例

解　工作面高度取0.75m，则计算高度为

$$h = 3.2\text{m} - 0.75\text{m} = 2.45\text{m}$$

(1) 灯1、灯2在 A 点处产生的照度

$$d = \sqrt{3.5^2 + 1.5^2}\text{m} = 3.81\text{m}$$

根据图5-6，可得

$$e_1 = e_2 = 1.81\text{lx}$$

(2) 灯3、灯4在 A 点处产生的照度

因为 $d = 1.5\text{m}$，由图5-6可得

$$e_3 = e_4 = 7.0\text{lx}$$

(3) 灯5、灯6在 A 点处产生的照度同灯1、灯2，即

$$e_5 = e_6 = 1.81\text{lx}$$

（4）A 点处的实际照度

$$E_A = \frac{\Phi \Sigma eK}{1000} = 1250 \times 2 \times 0.8 \times \frac{1.81 + 7.0 + 1.81}{1000}\text{lx} = 21.24\text{lx}$$

对于具有对称配光特性的照明器，也可以采用平面等照度曲线法进行直射照度的计算。

第三节　不舒适眩光计算

眩光是评价照明质量的重要指标，眩光可分为失能眩光和不舒适眩光两种。失能眩光是由于眼内光的散射，引起视网膜像的对比下降，边缘出现模糊，从而妨碍了对附近物体的观察，不一定产生不舒适感觉；不舒适眩光则会产生不舒适感觉，短时间内对可见度并无影响，但会造成分散注意力的效果。不舒适眩光是评价照明质量的主要指标，但是不舒适眩光不能直接测量。各国对眩光的评价方法不尽相同，目前对眩光进行评价的方法常采用统一眩光评价系统（UGR）、亮度限制曲线法（LC 法）、眩光指数法（GI 法）等，并建立一套完整的眩光评价体系，以此解决室内照明的眩光问题。LC 法是经 CIE 推荐的评价不舒适眩光的主要方法之一，我国的《建筑照明设计标准》（GB 50034—2013）采用了这种方法。

一、统一眩光评价系统（UGR）

统一眩光评价系统（UGR）于 1987 年最先由英国学者提出，它是对室内照明质量进行综合的评价指标。通过计算 UGR 并与各种工作场合的 UGR 标准相比较，从而可对眩光进行定量评价。各种工作场合的 UGR 标准见表 5-5。

表 5-5　各种工作场合的 UGR 标准

工作场合		UGR	工作场合			UGR
医院	手术室	10	办公	一般办公室		19
医院	病房	13	工厂	装配车间	细装	19
学校	教室	16	工厂	装配车间	粗装	28
办公	绘图室	16	工厂	仓库		29

UGR 的基本公式为

$$\text{UGR} = 8\lg\left(\frac{0.25}{L_{\text{b}}}\sum\frac{L_{\text{s}}^2\omega}{P^2}\right) \tag{5-24}$$

式中，L_s 为眩光源亮度（cd/m^2）；L_b 为背景亮度（cd/m^2）；ω 为眩光源的立体角（sr）；P 为位置系数（人眼视线与眩光源的位置关系 $P=f(Y/W, H/W)$），如图 5-9 所示。

二、亮度限制曲线法（LC 法）

亮度限制曲线法又称为亮度曲线法，它首先由德国学者提出，在欧洲应用较为普遍，是一种不舒适眩光的评价方法。

亮度限制曲线法是建立在实验基础上的眩光评价方法。实验中由一组观察者对不舒适眩光进行评价，并用眩光评价值来描写眩光的感觉程度。评价值的分级见表 5-6。

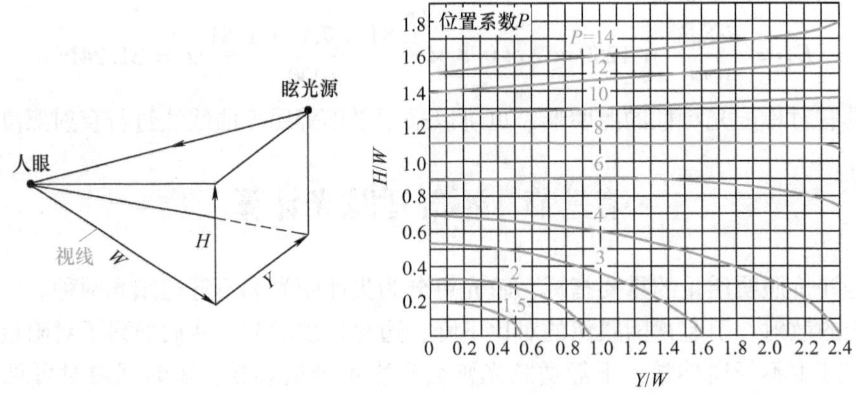

图 5-9 人眼视线与眩光源的位置关系

表 5-6 亮度限制曲线法眩光评价值的分级

眩光评价值 G	眩光感觉程度	眩光评价值 G	眩光感觉程度
0	无眩光	4	有严重的眩光
1	无、稍有眩光之间	5	严重和不能忍受的眩光之间
2	有轻微眩光		
3	轻微和严重眩光之间	6	有不能忍受的眩光

绝大多数的视觉工作是向下注视，在讨论眩光时规定工作视线是水平方向的。考虑到最不利的情况，在评价眩光时要求观察者坐在距离墙 1m 的座位上，并正视前方，观察者眼睛统一规定为离地 1.2m 高。如果离观察者最远的照明器与观察者眼睛的连线，与该照明器光轴所夹的垂直角 $\gamma<45°$，那么就不易感觉到眩光。只有在 $\gamma \geq 45°$时，才有可能感觉到眩光的存在，且眩光感觉程度随着 γ 角的增大而增加。

眩光限制的对象是照明器在 $45°<\gamma \leq \gamma_{max}$ 范围内的亮度。如图 5-10 所示，γ_{max} 为离观察者最远处的照明器在观察者眼睛方向的角度，即

$$\gamma_{max}=\frac{s_{max}}{h_s}$$

式中，s_{max}为观察者到照明器的最大水平距离（m）；h_s 为观察者眼睛的位置到照明器的高度（m）；γ_{max}为眩光角（°）。

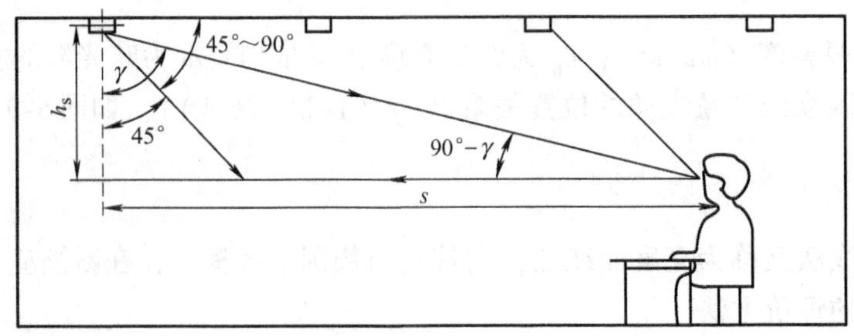

图 5-10 照明器眩光角与安装尺寸的关系

亮度限制曲线法最初是用极坐标形式表达的，后来，CIE 做了局部的修改，将亮度限制曲线由极坐标形式改成了直角坐标形式，如图 5-11 所示。图中的两组折线是 CIE 推荐的亮度限制曲线，可以用公式计算。

眩光评价值	质量等级	使用照度/lx							
1.15	A	2000	1000	500	≤300				
1.50	B		2000	1000	500	≤300			
1.85	C			2000	1000	500	≤300		
2.20	D				2000	1000	500	≤300	
2.55	E					2000	1000	500	≤300
		a	*b*	*c*	*d*	*e*	*f*	*g*	*h*

a)

眩光评价值	质量等级	使用照度/lx							
1.15	A	2000	1000	500	≤300				
1.50	B		2000	1000	500	≤300			
1.85	C			2000	1000	500	≤300		
2.20	D				2000	1000	500	≤300	
2.55	E					2000	1000	500	≤300
		a	*b*	*c*	*d*	*e*	*f*	*g*	*h*

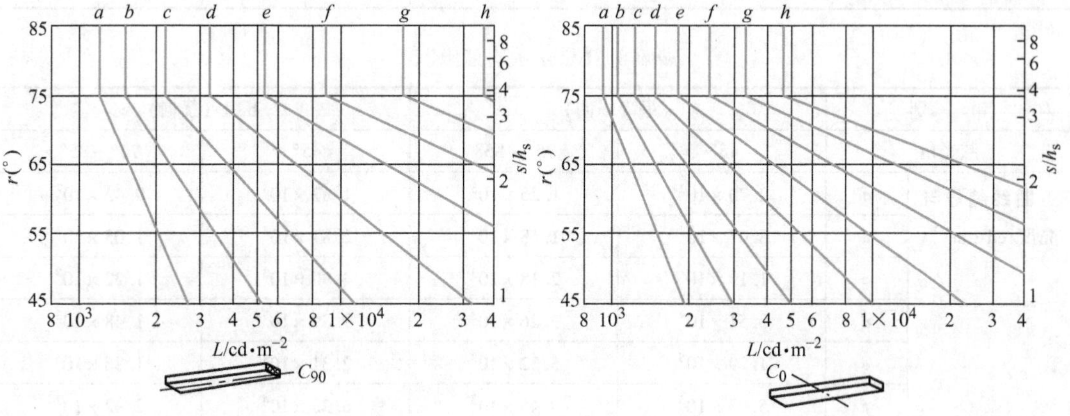

b)

图 5-11　CIE 亮度限制曲线

1）图 5-11a 用于观测侧面不发光的照明器，以及有发光侧面的长条形照明器纵向（C_{90} 面）观察的场合，其计算公式为

$$\lg L_{85^\circ}=\lg L_{75^\circ}=3+\lg 1.0+0.15\times[G-1.16\lg(E/1000)]^2 \tag{5-25}$$

$$\lg L_{45^\circ}=3+\lg 1.5+0.40\times[G-1.16\lg(E/1000)]^2 \tag{5-26}$$

2）图 5-11b 用于有发光侧面的非长条形照明器或有发光侧面的长条形照明器横向（C_0 面）观察的场合，其计算公式为

$$\lg L_{85^\circ}=\lg L_{75^\circ}=3+\lg 0.85+0.07\times[G-1.16\lg(E/1000)]^2 \tag{5-27}$$

$$\lg L_{45^\circ}=3+\lg 1.275+0.26\times[G-1.16\lg(E/1000)]^2 \tag{5-28}$$

式中，L_γ 为照明器观察方向的亮度（cd/m^2），其下标 γ 表示眩光角；E 为使用照度（lx）；G 为眩光评价值。

如图 5-11 所示，当 $E\leqslant 300$lx 时，以 $E=250$lx 代入。

1. LC 公式简化

若使用照度取 1000lx，式(5-25)～式(5-28) 可简化为

（1）图 5-11a 组曲线

$$\lg L_{85^\circ}=\lg L_{75^\circ}=3+0.15G^2 \tag{5-29}$$

$$\lg L_{45^\circ}=3+\lg 1.5+0.40G^2 \tag{5-30}$$

(2) 图 5-11b 组曲线

$$\lg L_{85^\circ} = \lg L_{75^\circ} = 3 + \lg 0.85 + 0.07G^2 \quad (5\text{-}31)$$

$$\lg L_{45^\circ} = 3 + \lg 1.275 + 0.26G^2 \quad (5\text{-}32)$$

这时，眩光评价值 G 与曲线的对应关系见表 5-7。进而求出的亮度限制值见表 5-8。

表 5-7 使用照度 1000lx 时曲线与眩光评价值的对应关系

曲线编号	*a*	*b*	*c*	*d*	*e*	*f*	*g*	*h*
眩光评价值 G	0.8	1.15	1.50	1.85	2.20	2.55	2.90	3.25
质量等级	S	A	B	C	D	E		

表 5-8 LC 法的亮度限制值

组别		a 组（纵向）		b 组（横向）	
眩光角		45°	75°～85°	45°	75°～85°
曲线编号与亮度/cd·m^{-2}	*a*	2.70×10^3	1.25×10^3	1.87×10^3	9.42×10^2
	b	5.07×10^3	1.58×10^3	2.81×10^3	1.05×10^3
	c	1.19×10^4	2.18×10^3	4.90×10^3	1.22×10^3
	d	3.51×10^4	3.26×10^3	9.89×10^3	1.48×10^3
	e	1.29×10^5	5.32×10^3	2.31×10^4	1.85×10^3
	f	5.99×10^5	9.45×10^3	6.25×10^4	2.42×10^3
	g	3.47×10^6	1.83×10^4	1.96×10^5	3.30×10^3
	h	2.52×10^7	3.84×10^4	7.11×10^5	4.66×10^3

2. LC 法的应用

在使用图 5-11 亮度限制曲线，或者表 5-8 的亮度限制值时，应注意以下几点：

1）发光侧面高度不大于 30mm 的照明器，按照无发光侧面考虑。

2）只有当面光源的长宽比不小于 2∶1 时，才认为是长条形照明器。

当满足以下条件时，可采用亮度曲线法：

1）照明器规则排列的一般照明。

2）室内顶棚发射比不小于 0.50，墙面反射比不小于 0.25。

3）观察者的视线主要是水平和向下的方向。

在进行眩光评价时，应分别考虑照明器两个水平角方向，即横向观察和纵向观察时的质量等级。

将照明器的亮度分布曲线画在图 5-11 对应的亮度限制曲线中，根据房间的特点和照度值选定眩光质量等级，从而在图中可以确定某一条标准亮度限制曲线。将上述两条亮度限制曲线进行比较，就可以确定照明器是否符合规定的眩光质量等级的要求。若照明器的亮度分布曲线位于标准限制曲线的左边，则符合眩光限制的要求，否则就不符合要求。如果两条曲线相交，使照明器亮度分布曲线一部分在标准限制曲线的左侧，一部分在右侧，则在左侧部分所对应的眩光角 γ 范围符合要求，在右侧部分所对应的眩光角 γ 范围不符合要求。在这种情况下就应根据房间的尺寸确定是否在符合要求的眩光角 γ 范围内。

思 考 题

1. 什么是室形指数、室空间比？

2. 什么是利用系数？

3. 长30m、宽15m、高5m的车间，灯具安装高度为4.2m，工作面高0.75m，求其室形指数及各空间比。

4. 墙面平均反射比如何计算？

5. 为什么照度计算中要考虑维护系数？

6. 推导点光源的逐点照度计算公式。

7. 什么是眩光指数？它是如何来评价不舒适眩光的？

8. 某教室长11.3m、宽6.4m、高3.6m，在离顶棚0.5m的高度内安装YG1-1型40W荧光灯（光通量取2400lm），课桌高度为0.8m。已知，教室内顶棚面反射比为0.75，地板面反射比为0.1，工作平面以下墙面反射比为0.35，工作平面以上墙面反射比为0.5。若要求课桌面上的平均照度为150lx，确定所需灯具数（维护系数取0.8）。YG1-1型荧光灯利用系数表参见表5-2，利用系数的修正表参见表5-3。

第六章

照明光照设计

照明设计包括照明光照设计和照明电气设计。本章主要介绍照明光照设计。

第一节 概 述

一、光照设计的主要内容

光照设计的主要内容包括照度的选择、光源的选用、灯具的选择和布置、照明计算、眩光评价、方案确定、照明控制策略和方式及其控制系统的组成，最终以文本、图样的形式将照明方案提供给委托方（甲方）。

二、光照设计的目的

光照设计的目的在于正确运用经济上的合理性和技术上的可能性来创造满意的视觉条件。在量的方面，要解决合适的照度（或亮度）；在质的方面，要解决眩光、光的颜色和阴影等问题。无论是室内还是室外的建筑空间，需要营造各种不同的光环境，以满足不同使用功能的要求，具体表现为以下三个方面：

1）便于进行视觉作业。正常的照明可保证生产和生活所需的能见度。适宜的照明效果能够提供舒适、高效的光环境，使人心情愉悦，提高了工作效率。

2）促进安全和防护。人们的活动从白天延伸到了夜晚，夜间照明使城市居民感到安全与温暖，从而降低了犯罪率。

3）引人注目的展示环境。照明器是室内空间和环境有机融合的一部分，它具有装饰和美化环境的作用。另外，室外照明正方兴未艾，城市的夜景照明突出了城市的历史、景观和脉络，展示了独特的文化，并具有诱人的艺术魅力，同时还促进了城市旅游业的发展，带来了丰厚的经济效益。例如上海的夜景照明将建筑展示得淋漓尽致，如外滩、东方明珠、金贸大厦、科技馆和大剧院等标志性建筑，使城市熠熠生辉。

三、光照设计的基本要求

光照设计需符合“安全、经济、适用、美观”等基本要求。

1）安全。包括人身安全和设备的安全。

2）经济。一方面尽量采用新颖、高效型灯具，另一方面在符合各项规程、标准的前提下节省投资。

3）适用。在提供一定数量与质量的照明的同时，适当考虑维护工作的方便、安全以及运行可靠。

4）美观。在满足安全、适用、经济的条件下，适当注意美观。

四、光照设计的步骤

照明光照设计一般按照下列步骤进行：

1）收集原始资料，如工作场所的设备布置、工作流程、环境条件及对光环境的要求等。另外，对于已设计完成建筑平面图、土建结构图及已进行室内设计的工程，应提供室内设计图。

2）确定照明方式和种类，并选择合理的照度。

3）确定合适的光源。

4）选择灯具的形式，并确定型号。

5）合理布置灯具。

6）进行照度计算，并确定光源的安装功率。

7）根据需要，计算室内各面亮度与眩光评价。

8）确定光照设计方案。

9）根据已定的光照设计方案，确定照明控制的策略、方式和系统，以配合实现照明方案，达到预期的效果。

若考虑装饰性照明设计，则设计步骤稍有不同。在收集好有关资料以后，先做的是效果设计，即将设计理念和创意绘制成效果图或动画效果，然后在此基础上利用光照设计实现照明效果。而对于功能性照明则可不做效果图设计，但在选择照明器时要注意与环境相协调。

第二节　照明方式与种类

一、照明方式

照明方式是指照明设备按照其安装部位或使用功能而构成的基本制式。一般可分为以下四类。

（1）一般照明　为照亮整个场所而设置的均匀照明，称为一般照明。

（2）分区一般照明　对某一部分或某一特定区域，如进行工作的地点，设计成不同的照度来照亮该区域的一般照明称为分区一般照明。

（3）局部照明　特定视觉工作用的、为照亮某个局部而设置的照明称为局部照明。当局部地点需要高照度并对照射方向有要求时，可装设局部照明。下列情况，宜采用局部照明：

1）局部需要有较高的照度。

2）由于遮挡而使一般照明照射不到的某些范围。

3）视觉功能降低的人需要有较高的照度。

4）需要减少工作区的反射眩光。

5）为加强某一方向的光照，以增强质感。

6）一般照明受到遮挡或需要克服工作区及其附近的光幕反射。

7）当有气体放电光源所产生的频闪效应的影响时，使用白炽灯光源的局部照明是有益的，但局部照明只能照射有限面积，因此，规定在一个工作场所内，不应只装设局部照明。

(4) 混合照明　由一般照明、分区一般照明与局部照明共同组成的照明称为混合照明。

对于工作位置视觉要求较高，同时对照射方向又有特殊要求的场所，而一般照明或分区一般照明都不能满足要求时，往往采用混合照明方式。此时，一般照明的照度宜按不低于混合照度总照度的5%～10%选取，且最低不低于20lx。

不同的照明方式各有优劣，在照明设计中，不能将它们简单地分开，而应该视具体的设计场所和对象选择一种或同时选择几种合适的照明方式。

视觉工作对应的照明分级范围见表6-1。

表6-1　视觉工作对应的照度分级范围

视觉工作	照度分级范围/lx	照明方式	适用场所示例
简单视觉工作的照明	<30	一般照明	普通仓库
一般视觉工作的照明	50～500	一般照明、分区一般照明、混合照明	设计室、办公室、教室、报告厅
特殊视觉工作的照明	750～2000	一般照明、分区一般照明、混合照明	大会堂、综合性体育馆、拳击场

二、照明种类

(1) 按照照明的实际使用的性质分类　可分为五类：

1) 正常照明。在正常情况下使用的室内、外照明。

2) 应急照明。因正常照明的电源失效而启用的照明。作为应急照明的一部分，用于确保正常活动继续进行的照明，称为备用照明；作为应急照明的一部分，用于确保处于潜在危险之中的人员安全的照明，称为安全照明；作为应急照明的一部分，用于确保疏散通道能被有效地辨认和使用的照明称为疏散照明。

备用照明的照度不低于一般照明的10%；安全照明的照度不低于一般照明的5%；疏散照明在主要通道上的照度不应低于0.5lx。

应急照明设计可查阅有关的建筑设计规范。

3) 值班照明。在非工作时间，为值班所设置的照明。

4) 警卫照明。在夜间为改善对人员、财产、建筑物、材料和设备的保卫，用于警戒而安装的照明。

5) 障碍照明。为保障航空飞行安全，在高大建筑物和构筑物上安装的障碍标志灯，应按民航和交通部门的有关规定装设。

(2) 按照照明的目的与处理手法分类　可分为两类：

1) 明视照明。照明的目的主要是保证照明场所的视觉条件，这是绝大多数照明系统所追求的。其处理手法要求工作面上有充分的亮度，亮度应均匀，尽量减少眩光，阴影要适当，光源的光谱分布及显色性要好等。例如教室、实验室、工厂车间及办公室等场所的照明一般都属于明视照明。

2）气氛照明。气氛照明也称为环境照明。照明的目的是给照明场所造成一定的特殊气氛。它与明视照明不能截然分开，气氛照明场所的光源，同时也兼起明视照明的作用，但其侧重点和处理手法往往较为特殊。气氛照明场所的亮度按设计需要，有时故意用暗光线造成气氛，亮度不一定要求均匀，甚至有意采用亮、暗的强烈对比与变化的照明以造成不同的感觉，或用金属、玻璃等光泽物体，以小面积眩光造成魅力感；有时故意将阴影夸大，起着强调、突出的作用，或采用特殊颜色做色彩照明等夸张的手法。目前最为典型的是建筑物的泛光照明、城市夜景照明、灯光雕塑等，这些照明不仅满足了视觉功能的需要，更重要的是获得了很好的气氛效果。

（3）按照光线的投射方向分类　可分为两类：

1）定向照明。光线是从某一特定方向投射到工作面和目标上的照明。

2）漫射照明。光线无显著特定方向投射到工作面和目标上的照明。

（4）按照灯具光通量分布分类　可分为五类：

1）直接照明。由灯具发射的光通量的90%～100%部分，直接投射到假定工作面上的照明。

2）半直接照明。由灯具发射的光通量的60%～90%部分，直接投射到假定工作面上的照明。

3）一般漫射照明。由灯具发射的光通量的40%～60%部分，直接投射到假定工作面上的照明。

4）半间接照明。由灯具发射的光通量的10%～40%部分，直接投射到假定工作面上的照明。

5）间接照明。由灯具发射的光通量的10%以下部分，直接投射到假定工作面上的照明。

第三节　照明质量评价

光照设计的优劣主要是用照明质量来衡量的，在进行光照设计时，应该全面考虑和适当处理照度、亮度分布、照度的均匀度、照度的稳定性、眩光、光的颜色、阴影等主要的照明质量指标。下面逐项一一进行说明。

一、评价指标

1. 照度水平

照度是决定物体明亮程度的直接指标。在一定的范围内，照度增加可使视觉能力得以提高。合适的照度有利于保护人的视力，提高劳动生产率。

各场所的照度标准见表6-2～表6-10，它们可作为设计时的依据（摘自《建筑照明设计标准》GB 50034—2013）。

注："照度标准"中给出的照度值是指各种工作场所参考平面的平均照度值（若未加说明，该参考平面指距离地面0.75m的水平面）。

表 6-2　住宅建筑照明的照度标准

房间或场所		参考平面及其高度	照度标准值/lx	R_a
起居室	一般活动	0.75m 水平面	100	80
	书写、阅读		300*	
卧室	一般活动	0.75m 水平面	75	80
	床头、阅读		150*	
餐厅		0.75m 餐桌面	150	80
厨房	一般活动	0.75m 水平面	100	80
	操作台	台面	150*	
卫生间		0.75m 水平面	100	80
电梯前厅		地面	75	60
走道、楼梯间		地面	50	60
车库		地面	30	60

注：* 指混合照明照度。

表 6-3　其他居住建筑照明标准值

房间或场所		参考平面及其高度	照度标准值/lx	R_a
职工宿舍		地面	100	80
老年人卧室	一般活动	0.75m 水平面	150	80
	床头、阅读		300*	80
老年人起居室	一般活动	0.75m 水平面	200	80
	书写、阅读		500*	80
酒店式公寓		地面	150	80

注：* 指混合照明照度。

表 6-4　图书馆建筑照明标准值

房间或场所	参考平面及其高度	照度标准值/lx	UGR	U_0	R_a
一般阅览室、开放式阅览室	0.75m 水平面	300	19	0.60	80
多媒体阅览室	0.75m 水平面	300	19	0.60	80
老年阅览室	0.75m 水平面	500	19	0.70	80
珍善本、舆图阅览室	0.75m 水平面	500	19	0.60	80
陈列室、目录厅（室）、出纳厅	0.75m 水平面	300	19	0.60	80
档案库	0.75m 水平面	200	19	0.60	80
书库、书架	0.25m 垂直面	50	—	0.40	80
工作间	0.75m 水平面	300	19	0.60	80
采编、修复工作间	0.75m 水平面	500	19	0.60	80

表 6-5 办公建筑照明标准值

房间或场所	参考平面及其高度	照度标准值/lx	UGR	U_0	R_a
普通办公室	0.75m 水平面	300	19	0.60	80
高档办公室	0.75m 水平面	500	19	0.60	80
会议室	0.75m 水平面	300	19	0.60	80
视频会议室	0.75m 水平面	750	19	0.60	80
接待室、前台	0.75m 水平面	200	—	0.40	80
服务大厅、营业厅	0.75m 水平面	300	22	0.40	80
设计室	实际工作面	500	19	0.60	80
文件整理、复印、发行室	0.75m 水平面	300	—	0.40	80
资料、档案存放室	0.75m 水平面	200	—	0.40	80

注：此表适用于所有类型建筑的办公室和类似用途场所的照明。

表 6-6 商店建筑照明标准值

房间或场所	参考平面及其高度	照度标准值/lx	UGR	U_0	R_a
一般商店营业厅	0.75m 水平面	300	22	0.60	80
一般室内商业街	地面	200	22	0.60	80
高档商店营业厅	0.75m 水平面	500	22	0.60	80
高档室内商业街	地面	300	22	0.60	80
一般超市营业厅	0.75m 水平面	300	22	0.60	80
高档超市营业厅	0.75m 水平面	500	22	0.60	80
仓储式超市	0.75m 水平面	300	22	0.60	80
专卖店营业厅	0.75m 水平面	300	22	0.60	80
农贸市场	0.75m 水平面	200	25	0.40	80
收款台	台面	500*	—	0.60	80

注：*指混合照明照度。

表 6-7 观演建筑照明标准值

房间或场所		参考平面及其高度	照度标准值/lx	UGR	U_0	R_a
门厅		地面	200	22	0.40	80
观众厅	影院	0.75m 水平面	100	22	0.40	80
	剧场、音乐厅	0.75m 水平面	150	22	0.40	80
观众休息厅	影院	地面	150	22	0.40	80
	剧场、音乐厅	地面	200	22	0.40	80
排演厅		地面	300	22	0.60	80
化妆室	一般活动区	0.75m 水平面	150	22	0.60	80
	化妆台	1.1m 高处垂直面	500*	—	—	90

注：*指混合照明照度。

表 6-8 旅馆建筑照明标准值

房间或场所		参考平面及其高度	照度标准值/lx	UGR	U_0	R_a
客房	一般活动区	0.75m 水平面	75	—	—	80
	床头	0.75m 水平面	150	—	—	80
	写字台	台面	300*	—	—	80
	卫生间	0.75m 水平面	150	—	—	80
中餐厅		0.75m 水平面	200	22	0.60	80
西餐厅		0.75m 水平面	150	—	0.60	80
酒吧间、咖啡厅		0.75m 水平面	75	—	0.40	80
多功能厅、宴会厅		0.75m 水平面	300	22	0.60	80
会议室		0.75m 水平面	300	19	0.60	80
大堂		地面	200	—	0.40	80
总服务台		台面	300*	—	—	80
休息厅		地面	200	22	0.40	80
客房层走廊		地面	50	—	0.40	80
厨房		台面	500*	—	0.70	80
游泳池		水面	200	22	0.60	80
健身房		0.75m 水平面	200	22	0.60	80
洗衣房		0.75m 水平面	200	—	0.40	80

注：* 指混合照明照度。

表 6-9 医疗建筑照明标准值

房间或场所	参考平面及其高度	照度标准值/lx	UGR	U_0	R_a
治疗室、检查室	0.75m 水平面	300	19	0.70	80
化验室	0.75m 水平面	500	19	0.70	80
手术室	0.75m 水平面	750	19	0.70	90
诊室	0.75m 水平面	300	19	0.60	80
候诊室、挂号厅	0.75m 水平面	200	22	0.40	80
病房	地面	100	19	0.60	80
走道	地面	100	19	0.60	80
护士站	0.75m 水平面	300	—	0.60	80
药房	0.75m 水平面	500	19	0.60	80
重症监护室	0.75m 水平面	300	19	0.60	90

表 6-10 教育建筑照明标准值

房间或场所	参考平面及其高度	照度标准值/lx	UGR	U_0	R_a
教室、阅览室	课桌面	300	19	0.60	80
实验室	实验桌面	300	19	0.60	80
美术教室	桌面	500	19	0.60	90
多媒体教室	0.75m 水平面	300	19	0.60	80
电子信息机房	0.75m 水平面	500	19	0.60	80
计算机教室、电子阅览室	0.75m 水平面	500	19	0.60	80
楼梯间	地面	100	22	0.40	80
教室黑板	黑板面	500*	—	0.70	80
学生宿舍	地面	150	22	0.40	80

注：* 指混合照明照度。

表 6-11 美术馆建筑照明标准值

房间或场所	参考平面及其高度	照度标准值/lx	UGR	U_0	R_a
会议报告厅	0.75m 水平面	300	22	0.60	80
休息厅	0.75m 水平面	150	22	0.40	80
美术品售卖区	0.75m 水平面	300	19	0.60	80
公共大厅	地面	200	22	0.40	80
绘画展厅	地面	100	19	0.60	80
雕塑展厅	地面	150	19	0.60	80
藏画库	地面	150	22	0.60	80
藏画修理	0.75m 水平面	500	19	0.70	90

注：1. 绘画、雕塑展厅的照明标准值中不含展品陈列照明。

2. 当展览对光敏感要求的展品时应满足表 5.3.8-3 的要求。

表 6-12 科技馆建筑照明标准值

房间或场所	参考平面及其高度	照度标准值/lx	UGR	U_0	R_a
科普教室、实验区	0.75m 水平面	300	19	0.60	80
会议报告厅	0.75m 水平面	300	22	0.60	80
纪念品售卖区	0.75m 水平面	300	22	0.60	80
儿童乐园	地面	300	22	0.60	80
公共大厅	地面	200	22	0.40	80
球幕、巨幕、3D、4D 影院	地面	100	19	0.40	80
常设展厅	地面	200	22	0.60	80
临时展厅	地面	200	22	0.60	80

注：常设展厅和临时展厅的照明标准值中不含展品陈列照明。

表 6-13 博物馆建筑陈列室展品照度标准值及年曝光量限值

类 别	参考平面及其高度	照度标准值/lx	年曝光量/(lx·h/a)
对光特别敏感的展品：纺织品、织绣品、绘画、纸质物品、彩绘、陶（石）器、染色皮革、动物标本等	展品面	≤50	≤50000
对光敏感的展品：油画、蛋清画、不染色皮革、角制品、骨制品、象牙制品、竹木制品和漆器等	展品面	≤150	≤360000
对光不敏感的展品：金属制品、石质器物、陶瓷器、宝玉石器、岩矿标本、玻璃制品、搪瓷制品、珐琅器等	展品面	≤300	不限制

注：1. 陈列室一般照明应按展品照度值的20%～30%选取。
2. 陈列室一般照明 UGR 不宜大于19。
3. 一般场所 R_a 不应低于80，辨色要求高的场所，R_a 不应低于90。

表 6-14 博物馆建筑其他场所照明标准值

房间或场所	参考平面及其高度	照度标准值/lx	UGR	U_0	R_a
门厅	地面	200	22	0.40	80
序厅	地面	100	22	0.40	80
会议报告厅	0.75m 水平面	300	22	0.60	80
美术制作室	0.75m 水平面	500	22	0.60	90
编目室	0.75m 水平面	300	22	0.60	80
摄影室	0.75m 水平面	100	22	0.60	80
熏蒸室	实际工作面	150	22	0.60	80
实验室	实际工作面	300	22	0.60	80
保护修复室	实际工作面	750*	19	0.70	90
文物复制室	实际工作面	750*	19	0.70	90
标本制作室	实际工作面	750*	19	0.70	90
周转库房	地面	50	22	0.40	80
藏品库房	地面	75	22	0.40	80
藏品提看室	0.75m 水平面	150	22	0.60	80

注：*指混合照明的照度标准值。其一般照明的照度值应按混合照明照度的20%～30%选取。

表 6-15 会展建筑照明标准值

房间或场所	参考平面及其高度	照度标准值/lx	UGR	U_0	R_a
会议室、洽谈室	0.75m 水平面	300	19	0.60	80
宴会厅	0.75m 水平面	300	22	0.60	80
多功能厅	0.75m 水平面	300	22	0.60	80
公共大厅	地面	200	22	0.40	80
一般展厅	地面	200	22	0.60	80
高档展厅	地面	300	22	0.60	80

表 6-16 交通建筑照明标准值

房间或场所		参考平面及其高度	照度标准值/lx	UGR	U_0	R_a
售票台		台面	500*	—	—	80
问讯处		0.75m 水平面	200	—	0.60	80
候车（机、船）室	普通	地面	150	22	0.40	80
	高档	地面	200	22	0.60	80
贵宾室休息室		0.75m 水平面	300	22	0.60	80
中央大厅、售票大厅		地面	200	22	0.40	80
海关、护照检查		工作面	500	—	0.70	80
安全检查		地面	300	—	0.60	80
换票、行李托运		0.75m 水平面	300	19	0.60	80
行李认领、到达大厅、出发大厅		地面	200	22	0.40	80
通道、连接区、扶梯、换乘厅		地面	150	—	0.40	80
有棚站台		地面	75	—	0.60	60
无棚站台		地面	50	—	0.40	20
走廊、楼梯、平台、流动区域	普通	地面	75	25	0.40	60
	高档	地面	150	25	0.60	80
地铁站厅	普通	地面	100	25	0.60	80
	高档	地面	200	22	0.60	80
地铁进出站门厅	普通	地面	150	25	0.60	80
	高档	地面	200	22	0.60	80

注：*指混合照明照度。

表 6-17 金融建筑照明标准值

房间或场所		参考平面及其高度	照度标准值/lx	UGR	U_0	R_a
营业大厅		地面	200	22	0.60	80
营业柜台		台面	500	—	0.60	80
客户服务中心	普通	0.75m 水平面	200	22	0.60	60
	贵宾室	0.75m 水平面	300	22	0.60	80
交易大厅		0.75m 水平面	300	22	0.60	80
数据中心主机房		0.75m 水平面	500	19	0.60	80
保管库		地面	200	22	0.40	80
信用卡作业区		0.75m 水平面	300	19	0.60	80
自助银行		地面	200	19	0.60	80

注：本表适用于银行、证券、期货、保险、电信、邮政等行业，也适用于类似用途（如供电、供水、供气）的营业厅、柜台和客服中心。

表 6-18 无电视转播的体育建筑照明标准值

<table>
<tr><th colspan="2" rowspan="2">运动项目</th><th rowspan="2">参考平面
及其高度</th><th colspan="3">照度标准值/lx</th><th colspan="2">R_a</th><th colspan="2">眩光指数（GR）</th></tr>
<tr><th>训练和
娱乐</th><th>业余
比赛</th><th>专业
比赛</th><th>训练</th><th>比赛</th><th>训练</th><th>比赛</th></tr>
<tr><td colspan="2">篮球、排球、手球、室内足球</td><td>地面</td><td rowspan="3">300</td><td rowspan="3">500</td><td rowspan="3">750</td><td rowspan="3">65</td><td rowspan="3">65</td><td rowspan="3">35</td><td rowspan="3">30</td></tr>
<tr><td colspan="2">体操、艺术体操、技巧、蹦床、举重</td><td>台面</td></tr>
<tr><td colspan="2">速度滑冰</td><td>冰面</td></tr>
<tr><td colspan="2">羽毛球</td><td>地面</td><td>300</td><td>750/500</td><td>1000/500</td><td>65</td><td>65</td><td>35</td><td>30</td></tr>
<tr><td colspan="2">乒乓球、柔道、摔跤、跆拳道、武术</td><td>台面</td><td rowspan="2">300</td><td rowspan="2">500</td><td rowspan="2">1000</td><td rowspan="2">65</td><td rowspan="2">65</td><td rowspan="2">35</td><td rowspan="2">30</td></tr>
<tr><td colspan="2">冰球、花样滑冰、冰上舞蹈、短道速滑</td><td>冰面</td></tr>
<tr><td colspan="2">拳击</td><td>台面</td><td>500</td><td>1000</td><td>2000</td><td>65</td><td>65</td><td>35</td><td>30</td></tr>
<tr><td colspan="2">游泳、跳水、水球、花样游泳</td><td>水面</td><td rowspan="2">200</td><td rowspan="2">300</td><td rowspan="2">500</td><td rowspan="2">65</td><td rowspan="2">65</td><td rowspan="2">—</td><td rowspan="2">—</td></tr>
<tr><td colspan="2">马术</td><td>地面</td></tr>
<tr><td rowspan="2">射击、
射箭</td><td>射击区、
弹(箭)道区</td><td>地面</td><td>200</td><td>200</td><td>300</td><td rowspan="2">65</td><td rowspan="2">65</td><td rowspan="2">—</td><td rowspan="2">—</td></tr>
<tr><td>靶心</td><td>靶心
垂直面</td><td>1000</td><td>1000</td><td>1000</td></tr>
<tr><td colspan="2" rowspan="2">击剑</td><td>地面</td><td>300</td><td>500</td><td>750</td><td rowspan="2">65</td><td rowspan="2">65</td><td rowspan="2">—</td><td rowspan="2">—</td></tr>
<tr><td>垂直面</td><td>200</td><td>300</td><td>500</td></tr>
<tr><td rowspan="2">网球</td><td>室外</td><td rowspan="2">地面</td><td rowspan="2">300</td><td rowspan="2">500/
300</td><td rowspan="2">750/
500</td><td rowspan="2">65</td><td rowspan="2">65</td><td>55</td><td>50</td></tr>
<tr><td>室内</td><td>35</td><td>30</td></tr>
<tr><td rowspan="2">场地
自行车</td><td>室外</td><td rowspan="2">地面</td><td rowspan="2">200</td><td rowspan="2">500</td><td rowspan="2">750</td><td rowspan="2">65</td><td rowspan="2">65</td><td>55</td><td>50</td></tr>
<tr><td>室内</td><td>35</td><td>30</td></tr>
<tr><td colspan="2">足球、田径</td><td>地面</td><td>200</td><td>300</td><td>500</td><td>20</td><td>65</td><td>55</td><td>50</td></tr>
<tr><td colspan="2">曲棍球</td><td>地面</td><td>300</td><td>500</td><td>750</td><td>20</td><td>65</td><td>55</td><td>50</td></tr>
<tr><td colspan="2">棒球、垒球</td><td>地面</td><td>300/200</td><td>500/300</td><td>750/500</td><td>20</td><td>65</td><td>55</td><td>50</td></tr>
</table>

注：1. 当表中同一格有两个值时，“/”前为内场的值，“/”后为外场的值；

2. 表中规定的照度应为比赛场地参考平面上的使用照度。

表 6-19 有电视转播的体育建筑照明标准值

<table>
<tr><th rowspan="2" colspan="2">运动项目</th><th rowspan="2">参考平面及其高度</th><th colspan="3">照度标准值/lx</th><th colspan="2">R_a</th><th colspan="2">T_{cp}/K</th><th rowspan="2">眩光指数（GR）</th></tr>
<tr><th>国家、国际比赛</th><th>重大国际比赛</th><th>HDTV</th><th>国家、国际比赛，重大国际比赛</th><th>HDTV</th><th>国家、国际比赛，重大国际比赛</th><th>HDTV</th></tr>
<tr><td colspan="2">篮球、排球、手球、室内足球、乒乓球</td><td>地面 1.5m</td><td rowspan="5">1000</td><td rowspan="5">1400</td><td rowspan="5">2000</td><td rowspan="13">≥80</td><td rowspan="13">>80</td><td rowspan="13">≥4000</td><td rowspan="13">≥550</td><td rowspan="2">30</td></tr>
<tr><td colspan="2">体操、艺术体操、技巧、蹦床、柔道、摔跤、跆拳道、武术、举重</td><td>台面 1.5m</td></tr>
<tr><td colspan="2">击剑</td><td>台面 1.5m</td><td>—</td></tr>
<tr><td colspan="2">游泳、跳水、水球、花样游泳</td><td>水面 0.2m</td><td>—</td></tr>
<tr><td colspan="2">冰球、花样滑冰、冰上舞蹈、短道速滑、速度滑冰</td><td>冰面 1.5m</td><td>30</td></tr>
<tr><td colspan="2">羽毛球</td><td>地面 1.5m</td><td>1000/
750</td><td>1400/
1000</td><td>2000/
1400</td><td>30</td></tr>
<tr><td colspan="2">拳击</td><td>台面 1.5m</td><td>1000</td><td>2000</td><td>2500</td><td>30</td></tr>
<tr><td rowspan="2">射箭</td><td>射击区、箭道区</td><td>地面 1.0m</td><td>500</td><td>500</td><td>500</td><td>—</td></tr>
<tr><td>靶心</td><td>靶心垂直面</td><td>1500</td><td>1500</td><td>2000</td><td>—</td></tr>
<tr><td rowspan="2">场地自行车</td><td>室内</td><td rowspan="2">地面 1.5m</td><td rowspan="4">1000</td><td rowspan="4">1400</td><td rowspan="4">2000</td><td>30</td></tr>
<tr><td>室外</td><td>50</td></tr>
<tr><td colspan="2">足球、田径、曲棍球</td><td>地面 1.5m</td><td>50</td></tr>
<tr><td colspan="2">马术</td><td>地面 1.5m</td><td>—</td></tr>
<tr><td rowspan="2">网球</td><td>室内</td><td rowspan="2">地面 1.5m</td><td rowspan="3">1000/
750</td><td rowspan="3">1400/
1000</td><td rowspan="3">2000/
1400</td><td rowspan="3">≥80</td><td rowspan="3">>80</td><td rowspan="3">≥400</td><td rowspan="3">≥5500</td><td>30</td></tr>
<tr><td>室外</td><td>50</td></tr>
<tr><td colspan="2">棒球、垒球</td><td>地面 1.5m</td><td>50</td></tr>
<tr><td rowspan="2">射击</td><td>射击区、弹道区</td><td>地面 1.0m</td><td>500</td><td>500</td><td>500</td><td rowspan="2" colspan="2">≥80</td><td rowspan="2">≥3000</td><td rowspan="2">≥4000</td><td rowspan="2">—</td></tr>
<tr><td>靶心</td><td>靶心垂直面</td><td>1500</td><td>1500</td><td>2000</td></tr>
</table>

注：1. HDTV 指高清晰度电视；其特殊显色指数 R_9 应大于零。

2. 表中同一格有两个值时，“/” 前为内场的值，“/” 后为外场的值。

3. 表中规定的照度除射击、射箭外，其他均应为比赛场地主摄像机方向的使用照度值。

表 6-20 工业建筑一般照明标准值

房间或场所		参考平面及其高度	照度标准值/lx	UGR	U_0	R_a	备注
1 机、电工业							
机械加工	粗加工	0.75m 水平面	200	22	0.40	60	可另加局部照明
	一般加工 公差≥0.1mm	0.75m 水平面	300	22	0.60	60	应另加局部照明
	精密加工 公差<0.1mm	0.75m 水平面	500	19	0.70	60	应另加局部照明
机电仪表装配	大件	0.75m 水平面	200	25	0.60	80	可另加局部照明
	一般件	0.75m 水平面	300	25	0.60	80	可另加局部照明
机电仪表装配	精密	0.75m 水平面	500	22	0.70	80	应另加局部照明
	特精密	0.75m 水平面	750	19	0.70	80	应另加局部照明
电线、电缆制造		0.75m 水平面	300	25	0.60	60	—
线圈绕制	大线圈	0.75m 水平面	300	25	0.60	80	—
	中等线圈	0.75m 水平面	500	22	0.70	80	可另加局部照明
	精细线圈	0.75m 水平面	750	19	0.70	80	应另加局部照明
线圈浇注		0.75m 水平面	300	25	0.60	80	—
焊接	一般	0.75m 水平面	200	—	0.60	60	—
	精密	0.75m 水平面	300	—	0.70	60	—
钣金		0.75m 水平面	300	—	0.60	60	—
冲压、剪切		0.75m 水平面	300	—	0.60	60	—
热处理		地面至0.5m 水平面	200	—	0.60	20	—
铸造	熔化、浇铸	地面至0.5m 水平面	200	—	0.60	20	—
	造型	地面至0.5m 水平面	300	25	0.60	60	—
精密铸造的制模、脱壳		地面至0.5m 水平面	500	25	0.60	60	—
锻工		地面至0.5m 水平面	200	—	0.60	20	—
电镀		0.75m 水平面	300	—	0.60	80	—
喷漆	一般	0.75m 水平面	300	—	0.60	80	—
	精细	0.75m 水平面	500	22	0.70	80	—
酸洗、腐蚀、清洗		0.75m 水平面	300	—	0.60	80	—
抛光	一般装饰性	0.75m 水平面	300	22	0.60	80	应防频闪
	精细	0.75m 水平面	500	22	0.70	80	应防频闪
复合材料加工、铺叠、装饰		0.75m 水平面	500	22	0.60	80	—
机电修理	一般	0.75m 水平面	200	—	0.60	60	可另加局部照明
	精密	0.75m 水平面	300	22	0.70	60	可另加局部照明

（续）

房间或场所		参考平面及其高度	照度标准值/lx	UGR	U_0	R_a	备　注
2　电子工业							
整机类	整机厂	0.75m 水平面	300	22	0.60	80	—
	装配厂房	0.75m 水平面	300	22	0.60	80	应另加局部照明
元器件类	微电子产品及集成电路	0.75m 水平面	500	19	0.70	80	—
	显示器件	0.75m 水平面	500	19	0.70	80	可根据工艺要求降低照度值
	印制线路板	0.75m 水平面	500	19	0.70	80	—
	光伏组件	0.75m 水平面	300	19	0.60	80	—
	电真空器件、机电组件等	0.75m 水平面	500	19	0.60	80	—
电子材料类	半导体材料	0.75m 水平面	300	22	0.60	80	—
	光纤、光缆	0.75m 水平面	300	22	0.60	80	—
酸、碱、药液及粉配制		0.75m 水平面	300	—	0.60	80	—
3　纺织、化纤工业							
纺织	选毛	0.75m 水平面	300	22	0.70	80	可另加局部照明
	清棉、和毛、梳毛	0.75m 水平面	150	22	0.60	80	—
	前纺：梳棉、并条、粗纺	0.75m 水平面	200	22	0.60	80	—
	纺纱	0.75m 水平面	300	22	0.60	80	—
	织布	0.75m 水平面	300	22	0.60	80	—
织袜	穿综筘、缝纫、量呢、检验	0.75m 水平面	300	22	0.70	80	可另加局部照明
	修补、剪毛、染色、印花、裁剪、熨烫	0.75m 水平面	300	22	0.70	80	可另加局部照明
化纤	投料	0.75m 水平面	100	—	0.60	80	—
	纺丝	0.75m 水平面	150	22	0.60	80	—
	卷绕	0.75m 水平面	200	22	0.60	80	—
	平衡间、中间贮存、干燥间、废丝间、油剂高位槽间	0.75m 水平面	75	—	0.60	60	—
	集束间、后加工间、打包间、油剂调配间	0.75m 水平面	100	25	0.60	60	—
	组件清洗间	0.75m 水平面	150	25	0.60	60	—

（续）

房间或场所		参考平面及其高度	照度标准值/lx	UGR	U_0	R_a	备注
化纤	拉伸、变形、分级包装	0.75m水平面	150	25	0.70	80	操作面可另加局部照明
	化验、检验	0.75m水平面	200	22	0.70	80	可另加局部照明
	聚合车间、原液车间	0.75m水平面	100	22	0.60	60	—
4 制药工业							
制药生产：配制、清洗灭菌、超滤、制粒、压片、混匀、烘干、灌装、轧盖等		0.75m水平面	300	22	0.60	80	—
制药生产流转通道		地面	200	—	0.40	80	—
更衣室		地面	200	—	0.40	80	—
技术夹层		地面	100	—	0.40	40	—
5 橡胶工业							
炼胶车间		0.75m水平面	300	—	0.60	80	—
压延压出工段		0.75m水平面	300	—	0.60	80	—
成型裁断工段		0.75m水平面	300	22	0.60	80	—
硫化工段		0.75m水平面	300	—	0.60	80	—
6 电力工业							
火电厂锅炉房		地面	100	—	0.60	60	—
发电机房		地面	200	—	0.60	60	—
主控室		0.75m水平面	500	19	0.60	80	—
7 钢铁工业							
炼铁	高炉炉顶平台、各层平台	平台面	30	—	0.60	60	—
	出铁场、出铁机室	地面	100	—	0.60	60	—
	卷扬机室、碾泥机室、煤气清洗配水室	地面	50	—	0.60	60	—
炼钢及连铸	炼钢主厂房和平台	地面、平台面	150	—	0.60	60	需另加局部照明
	连铸浇注平台、切割区、出坯区	地面	150	—	0.60	60	需另加局部照明
	精整清理线	地面	200	25	0.60	60	—
轧钢	棒线材主厂房	地面	150	—	0.60	60	—
	钢管主厂房	地面	150	—	0.60	60	—
	冷轧主厂房	地面	150	—	0.60	60	需另加局部照明
	热轧主厂房、钢坯台	地面	150	—	0.60	60	—

（续）

房间或场所		参考平面及其高度	照度标准值/lx	UGR	U_0	R_a	备　注
轧钢	加热炉周围	地面	50	—	0.60	20	—
	垂绕、横剪及纵剪机组	0.75m 水平面	150	25	0.60	80	—
	打印、检查、精密分类、验收	0.75m 水平面	200	22	0.70	80	—
8　制浆造纸工业							
备料		0.75m 水平面	150	—	0.60	60	—
蒸煮、选洗、漂白		0.75m 水平面	200	—	0.60	60	—
打浆、纸机底部		0.75m 水平面	200	—	0.60	60	—
纸机网部、压榨部、烘缸、压光、卷取、涂布		0.75m 水平面	300	—	0.60	60	—
复卷、切纸		0.75m 水平面	300	25	0.60	60	—
选纸		0.75m 水平面	500	22	0.60	60	—
碱回收		0.75m 水平面	200	—	0.60	60	—
9　食品及饮料工业							
食品	糕点、糖果	0.75m 水平面	200	22	0.60	80	—
	肉制品、乳制品	0.75m 水平面	300	22	0.60	80	—
饮料		0.75m 水平面	300	22	0.60	80	—
啤酒	糖化	0.75m 水平面	200	—	0.60	80	—
	发酵	0.75m 水平面	150	—	0.60	80	—
	包装	0.75m 水平面	150	25	0.60	80	—
10　玻璃工业							
备料、退火、熔制		0.75m 水平面	150	—	0.60	60	—
窑炉		地面	100	—	0.60	20	—
11　水泥工业							
主要生产车间（破碎、原料粉磨、烧成、水泥粉磨、包装）		地面	100	—	0.60	20	—
储存		地面	75	—	0.60	60	—
输送走廊		地面	30	—	0.40	20	
粗坯成型		0.75m 水平面	300	—	0.60	60	—
12　皮革工业							
原皮、水浴		0.75m 水平面	200	—	0.60	60	—
转毂、整理、成品		0.75m 水平面	200	22	0.60	60	可另加局部照明
干燥		地面	100	—	0.60	20	—

（续）

房间或场所		参考平面及其高度	照度标准值/lx	*UGR*	U_0	R_a	备注
13 卷烟工业							
制丝车间	一般	0.75m 水平面	200	—	0.60	80	—
	较高	0.75m 水平面	300	—	0.70	80	—
卷烟、接过滤嘴、包装、滤棒成型车间	一般	0.75m 水平面	300	22	0.60	80	—
	较高	0.75m 水平面	500	22	0.70	80	—
膨胀烟丝车间		0.75m 水平面	200	—	0.60	60	—
贮叶间		1.0m 水平面	100	—	0.60	60	—
贮丝间		1.0m 水平面	100	—	0.60	60	—
14 化学、石油工业							
厂区内经常操作的区域，如泵、压缩机、阀门、电操作柱等		操作位高度	100	—	0.60	20	—
装置区现场控制和检测点，如指示仪表、液位计等		测控点高度	75	—	0.70	60	
人行通道、平台、设备顶部		地面或台面	30	—	0.60	20	—
装卸站	装卸设备顶部和底部操作位	操作位高度	75	—	0.60	20	—
	平台	平台	30	—	0.60	20	—
电缆夹层		0.75m 水平面	100	—	0.40	60	—
避难间		0.75m 水平面	150	—	0.40	60	—
压缩机厂房		0.75m 水平面	150	—	0.60	60	—
15 木业和家具制造							
一般机器加工		0.75m 水平面	200	22	0.60	60	应防频闪
精细机器加工		0.75m 水平面	500	19	0.70	80	应防频闪
锯木区		0.75m 水平面	300	25	0.60	60	应防频闪
模型区	一般	0.75m 水平面	300	22	0.60	60	—
	精细	0.75m 水平面	750	22	0.70	60	—
胶合、组装		0.75m 水平面	300	25	0.60	60	—
磨光、异形细木工		0.75m 水平面	750	22	0.70	80	—

注：需增加局部照明的作业面，增加的局部照明照度值宜按该场所一般照明照度值的1.0～3.0倍选取。

表6-21 公共和工业建筑通用房间或场所照明标准值

房间或场所		参考平面及其高度	照度标准值/lx	*UGR*	U_0	R_a	备注
门厅	普通	地面	100	—	0.40	60	—
	高档	地面	200	—	0.60	80	—

（续）

房间或场所		参考平面及其高度	照度标准值/lx	UGR	U_0	R_a	备 注
走廊、流动区域、楼梯间	普通	地面	50	25	0.40	60	—
	高档	地面	100	25	0.60	80	—
自动扶梯		地面	150	—	0.60	60	—
厕所、盥洗室、浴室	普通	地面	75	—	0.40	60	—
	高档	地面	150	—	0.60	80	—
电梯前厅	普通	地面	100	—	0.40	60	—
	高档	地面	150	—	0.60	80	—
休息室		地面	100	22	0.40	80	—
更衣室		地面	150	22	0.40	80	—
储藏室		地面	100	—	0.40	60	—
餐厅		地面	200	22	0.60	80	—
公共车库		地面	50	—	0.60	60	—
公共车库检修间		地面	200	25	0.60	80	可另加局部照明
试验室	一般	0.75m 水平面	300	22	0.60	80	可另加局部照明
	精细	0.75m 水平面	500	19	0.60	80	可另加局部照明
检验	一般	0.75m 水平面	300	22	0.60	80	可另加局部照明
	精细，有颜色要求	0.75m 水平面	750	19	0.60	80	可另加局部照明
计量室，测量室		0.75m 水平面	500	19	0.70	80	可另加局部照明
电话站、网络中心		0.75m 水平面	500	19	0.60	80	—
计算机站		0.75m 水平面	500	19	0.60	80	防光幕反射
变、配电站	配电装置室	0.75m 水平面	200	—	0.60	80	—
	变压器室	地面	100	—	0.60	60	—
电源设备室、发电机室		地面	200	25	0.60	80	—
电梯机房		地面	200	25	0.60	80	—
控制	一般控制室	0.75m 水平面	300	22	0.60	80	—
	主控制室	0.75m 水平面	500	19	0.60	80	—
动力站	风机房、空调机房	地面	100	—	0.60	60	—
	泵房	地面	100	—	0.60	60	—
	冷冻站	地面	150	—	0.60	60	—
	压缩空气站	地面	150	—	0.60	60	—
	锅炉房、煤气站的操作层	地面	100	—	0.60	60	锅炉水位表照度不小于50lx

（续）

房间或场所		参考平面及其高度	照度标准值/lx	UGR	U_0	R_a	备 注
仓库	大件库	1.0m 水平面	50	—	0.40	20	—
	一般件库	1.0m 水平面	100	—	0.60	60	—
	半成品库	1.0m 水平面	150	—	0.60	80	—
	精细件库	1.0m 水平面	200	—	0.60	80	货架垂直照度不小于50lx
车辆加油站		地面	100	—	0.60	60	油表表面照度不小于50lx

2. 亮度分布

作业环境中各表面上的亮度分布是照度设计的补充，是决定物体可见度的重要因素之一。视野内合适的亮度分布是舒适视觉的必要条件。相近环境的亮度应当尽可能低于被观察物的亮度，CIE 推荐当被观察物的亮度为它相近环境的 3 倍时，视觉清晰度较好。

在工作房间，为了减弱灯具与周围及顶棚之间的亮度对比，特别是采用嵌入式暗装灯具时，因为顶棚上的亮度来自室内多次反射，顶棚的反射比应尽量高（不低于 0.6）；为避免顶棚显得太暗，顶棚照度不应低于作业照度的 1/10；工作房间内的墙壁或隔断的反射比最好在 50% ~70%，地板的反射比在 20% ~40%。因而在大多数情况下，要求采用浅色的家具和浅色的地面。

此外，适当增加作业对象与作业背景的亮度之比，较之单纯提高工作面上的照度能更有效地提高视觉功能，而且比较经济。

3. 照度均匀度

不良的照明均匀度会导致视觉疲劳。照明均匀度包含两个方面：一是工作面上照明的均匀性；二是工作面与周围环境（墙、顶棚、地板等）的亮度差别。照明均匀度常用给定工作面上的最低照度与平均照度之比来衡量，即 E_{min}/E_{av}。所谓最低照度，是指参考面上某一点最低照度，而平均照度是整个参考面上的平均照度。我国《建筑照明设计标准》中规定：工作区域内一般照明的均匀度应不低于 0.7，工作房间内交通区的照度不宜低于工作面照度的 1/5。

为了获得满意的照度均匀度，灯具布置间距不应大于所选灯具最大允许距离与高度比（称为距高比）L/h（其中，L、h 分别表示灯具的安装间距及安装高度），表 6-22 给出了部分灯具间最有利的距高比。

表 6-22 部分灯具间最有利的距高比

灯具型式	距高比 L/h		宜采用单行布置的房间高度/m
	多行布置	单行布置	
乳白玻璃圆球灯、散照型灯			
防水防尘灯、顶棚灯	2.3 ~ 3.2	1.9 ~ 2.5	1.3h
无漫射罩的配照型灯	1.8 ~ 2.5	1.8 ~ 2.0	1.2h
搪瓷深照型灯	1.6 ~ 1.8	1.5 ~ 1.8	1.0h
镜面深照型灯	1.2 ~ 1.4	1.2 ~ 1.4	0.75h
有反射罩的荧光灯	1.4 ~ 1.5	—	—
有反射罩的荧光灯，带隔栅	1.2 ~ 1.4	—	—

4. 照度的稳定性

为了提高照度的稳定性，应从照明供电方面考虑，可采取以下措施：

1）照明供电线路与负载经常变化大的电力供电线路分开，以减少负载变化引起的电压波动，必要时可采用稳压措施。

2）灯具安装时要注意避开工业气流或自然气流，以免引起摆动。吊挂长度超过 1.5m 的灯具宜采用管吊式。

3）被照物体处于转动状态的场合，避免使用有闪烁效应（频闪效应）的交流气体放电灯（如荧光灯等）。可将单相供电的两根灯管采用移相接法，或以三相电源分相接三根灯管，来达到降低闪烁效应的目的。

5. 限制眩光

眩光是由光源和灯具等直接引起的，也可能是光源通过反射比高的表面，特别是抛光金属那样的镜面反射所引起的。由于亮度分布不适当、亮度的变化幅度太大或在时间上相继出现的亮度相差过大，在观看物体时，导致感觉上的不舒适或视力减低。眩光可分为失能眩光和不舒适眩光两种。一般说来，被视物与背景的亮度比超过 1∶100 就容易产生眩光；当被视物亮度超过 $16cd/m^2$ 时，在任何条件下都会产生眩光。

我国规定民用建筑照明对直接眩光限制的质量等级分为三级（见表 6-23）。工业企业照明眩光限制等级分为五级。

表 6-23 直接眩光限制的质量等级

眩光限制质量等级		眩光程度	视觉要求	场所示例
Ⅰ	高质量	无眩光感	视觉要求特殊的高质量照明房间	手术室、计算机房、绘图室等
Ⅱ	中等质量	有轻微眩光感	视觉要求一般的作业，且工作人员有一定程度的流动性或要求注意力集中	会议室、办公室、营业厅、餐厅、观众厅、候车厅、厨房、普通教室、阅览室等
Ⅲ	低质量	有眩光感	视觉要求和注意力集中程度不高的作业，工作人员在有限区域内频繁走动或不由同一批人连续使用的照明场所	室内通道、仓库等

为了限制眩光，可采取如下措施：

1）限制光源的亮度，降低灯具的表面亮度，如采用磨砂玻璃、漫射玻璃或格栅。

2）局部照明的灯具应采用不透明的反射罩，且灯具的保护角（或遮光角）$\gamma \geqslant 30°$；若灯具的安装高度低于工作者的水平视线，γ 应限制在 10°~30°。

3）选择好灯具的悬挂高度。

4）采用各种玻璃水晶灯，可以大大减小眩光，而且使整个环境显得富丽豪华。

5）1000W 金属卤化物灯有紫外线防护措施时，悬挂高度可适当降低。灯具的安装应选用合理的距高比，请参阅表 6-22、表 6-24。

表 6-24 荧光灯的最大允许距高比

名 称		型 号	效率（%）	最大允许距高比		光通量/lm
				A－A	B－B	
筒式荧光灯	1×40W	YG1－1	81	1.62	1.22	400
	1×40W	YG2－1	88	1.46	1.28	2400
	2×40W	YG2－2	97	1.33	1.28	2×2400
密闭型荧光灯 1×40W		YG4－1	84	1.52	1.27	2400
密闭型荧光灯 2×40W		YG4－2	80	1.41	1.26	2×2400
吸顶式荧光灯 2×40W		YG6－2	86	1.48	1.22	2×2400
吸顶式荧光灯 3×40W		YG6－3	86	1.50	1.26	3×2400
嵌入式格栅荧光灯（塑料格栅）3×40W		YG15－3	45	1.07	1.05	3×2400
嵌入式格栅荧光灯（铝格栅）2×40W		YG15－2	63	1.25	1.20	2×2400

但是，在气氛照明中，可以适当利用一些眩光，以烘托独特的气氛。例如，在迪斯科舞厅的灯光设计时，有意运用闪烁不定的眩光、强烈的明暗反差、刺激的色彩，再配上令人震撼的音乐，渲染出一种激情与奔放的空间。

6. 光源的显色性

不同的场所对光源的颜色和显色性各自有其要求。

在需要正确辨色的场所（如某些实验室、生产车间和珠宝金饰商店）应采用显色指数较高的光源，如白炽灯、日光色荧光灯、日光色镝灯等，也可采用两种光源混合照明的办法。表 6-25、表 6-26 分别列出了不同色温光源和不同显色指数光源的应用场所。

表 6-25 不同色温光源的应用场所

光源颜色分类	相关色温/K	颜色特征	适用场所示例
Ⅰ	<3300	暖	居室、餐厅、宴会厅、多功能厅、四季厅（室内花园）、酒吧及陈列厅等
Ⅱ	3300～5300	中间	教室、办公室、会议室、阅览室、营业厅、休息厅及洗衣房等
Ⅲ	>5300	冷	设计室及计算机房等

表 6-26 不同显色指数光源的应用场所

显色分组	一般显色指数	类属光源示例	适用场所示例
Ⅰ	$R_a \geq 80$	白炽灯、卤钨灯、稀土节能和三基色荧光灯、高显色高压钠灯	美术展厅、化妆室、客室、餐厅、宴会厅、多功能厅、酒吧、高级商店、营业厅及手术室等
Ⅱ	$60 \leq R_a < 80$	荧光灯、金属卤化物灯	办公室、休息室、厨房、报告厅、教室、阅览室、自选商店、候车室及室外比赛场地等
Ⅲ	$40 \leq R_a < 60$	荧光高压汞灯	行李房、库房及室外门廊等
Ⅳ	$R_a < 40$	高压钠灯	变色要求不高的库房及室外道路照明等

二、色彩和照度的调节

除了以上主要的评价指标以外，在照明设计中，还应该注意色彩和照度的调节。如

图6-1所示，在选用各种光源和灯具时，必须根据使用的场所，正确调节色彩和照度，以营造合适的气氛。

光源的照度、色温与感觉的关系见表6-27。

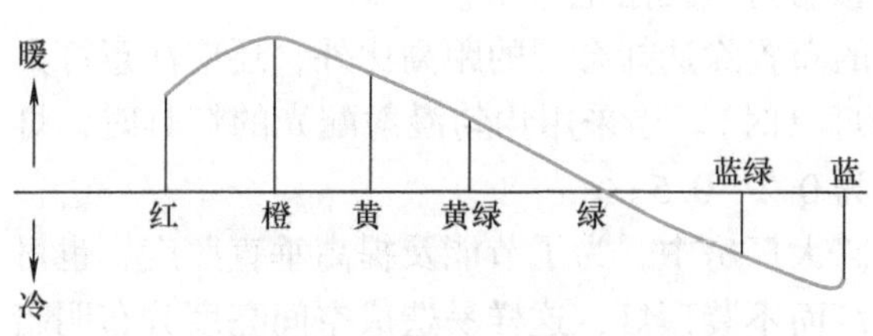

图6-1 颜色和冷暖感

表6-27 光源的照度、色温与感觉的关系

照度/lx	光源色温与感觉		
	暖色的	中间的	冷色的
≤500	愉快的	中间的	冷的
500~1000	↑		↑
1000~2000	刺激的	愉快的	中间的
2000~3000	↓		↓
≥3000	不自然	刺激的	愉快的

第四节 灯具布置

在室外照明中，灯具根据不同的使用要求而有不同的布置，可参见第十章的有关细节。下面主要介绍室内照明的灯具布置。

一、室内灯具布置原则

灯具的布置应配合建筑、结构形式、工艺设备、其他管道布置情况以及满足安全维修等要求。

室内灯具作为一般照明用时，大部分采用均匀布置的方式，只在需要局部照明或定向照明时，才根据具体情况采用选择性布置。

一般均匀照明常采用同类型灯具按等分面积来配置，排列形式应以眼睛看到灯具时产生的刺激感最小为原则。线光源多为按房间长的方向呈直线布置。对于工业厂房，应按工作场所的工艺布置，排列灯具。

总之，室内灯具布置遵循的原则应尽量满足以下六个方面：

1）规定的照度。

2）工作面上照度均匀。

3）光线的射向适当，无眩光、无阴影。

4）灯泡安装容易。

5）维护方便。

6）布置整齐美观，并与建筑空间相协调。

同时应注意，灯具布置的方法不同，给人的心理效果也不同。

二、距高比 L/h 的确定

灯具布置是否合理，主要取决于灯具的间距 L 和高度 h（灯具至工作面的距离）的比值（称为距高比）。在 h 已定的情况下，L/h 值越小，则照度均匀性越好，但经济性越差；L/h 值大，则不能保证照度的均匀度。通常每个灯具都有一个“最大允许距高比”（见表6-22、表6-24），只要实际采用的 L/h 值不大于此允许值，都可认为照度均匀度是符合要求的。

灯具安装高度（悬挂高度）首先取决于房间的层高，因为灯具都安装在屋架下弦或顶棚下方（嵌入式灯具嵌入吊平顶内）；其次，要避免对工作人员产生眩光；此外，还要保证生产活动所需要的空间、人员的安全（防止因接触灯具而触电）等。

为了使整个房间有较好的亮度分布，灯具的布置除选择合理的距高比外，还应注意灯具与顶棚的距离（当采用上半球有光通量分布的灯具时）。当采用均匀漫射配光的灯具时，灯具与顶棚的距离和工作面与顶棚的距离之比宜为0.2～0.5。

厂房内的灯具一般应安装在屋架下弦。在高大厂房中，为了节能及提高垂直照度，也可采用顶灯和壁灯相结合的形式，但不能只装壁灯而不装顶灯，这样易造成空间亮度分布明暗悬殊，不利于视觉的适应。

在民用公共建筑中，特别是大厅、商店等场所，不能要求照度均匀，而主要考虑装饰美观和体现环境特点，以多种形式的光源和灯具做不对称布置，造成琳琅满目的繁华活跃气氛。

第五节　照明设计软件

随着设计专业分工的进一步细化，越来越多的人开始将照明设计视为一种独立的职业，相应对设计的要求也在不断提高。业主总希望在方案阶段就能预知目标空间的光环境指标，乃至视觉效果，以判断该空间照明效果的好坏。而依靠人工计算，是无法或很难满足这种要求的。在20世纪90年代以后，个人计算机硬件与照明软件的迅速发展，为解决这类问题提供了可能。人工照明计算方法或计算量过于庞大，或计算条件过于简化而缺乏普适性，为得到全面准确的照明分析结果，设计师只能求助于计算机。

从20世纪80年代中期开始，一系列商业和开源软件包被开发出来，用以专门处理建筑自然天光设计与灯光照明设计的相关问题，随着计算机软、硬件技术的发展，建筑照明设计软件的应用日益广泛。

目前市场上已有超过50余种商业和开源照明设计软件包，这些软件的功能范围从简单的采光系数图表分析到复杂的虚拟场景照片级渲染。下面介绍几款常用的照明设计软件。

1. DIALux

DIALux是由德国DIAL公司基于多年对照明技术与照明市场的观察，针对以往所使用的照明计算软件多局限于支持某单一厂牌的灯具，而绝大多数照明设计方案却是多家厂商照明灯具的综合应用这一现实矛盾，联合了世界多家著名灯具厂商（如Philips、BEGA、THORN、ERCO、OSRAM、BJB、Meyer等），共同投资具有普遍应用性的新照明软件的开发成果，于1992年成功推出并首次公布在汉诺威展览会上。现已得到各界的认可，并逐渐成为欧洲照明软件的顶级品牌。

DIALux更新很快，其所支持的灯具厂商目录更新也很快。用户可以较方便地从其网站下载最新版本及使用手册。同时，网站上还有所支持厂商的灯具资料下载链接。2002年，DIALux开始在亚洲地区推广，目前软件不仅有正式的中文版，也有中文使用说明书，十分方便国内用户使用。

DIALux能够计算室内、室外、道路、应急照明，并支持天然光计算；能够根据计算提供报表。DIALux 整合了渲染软件 POV - Ray，能够提供光迹追踪和光能传递的照片级渲染。

2. Lightscape

Lightscape 是 Autodesk 公司开发的软件，目前被广泛应用于以室内效果图渲染为主的 CG 领域。最早 Lightscape 开发的目的则是进行建筑光环境的模拟。

Lightscape 使用的模型基本来自于外部输入，在 Lightscape 内部可以设置材质，添加光源，经过渲染，Lightscape 可以输出动画、单帧图像、光照分析。Lightscape 也支持天然光（包括日光和天空光）的照明。其光照分析所能提供的结果包括照度、亮度的取样点网格和伪彩色图片，以及其平均值、极值等。

Lightscape 的最出色之处在于渲染效果的精确、真实、美观。它是世界上首个在渲染过程中综合了光迹追踪和光能传递两种技术的软件。尽管 Lightscape 已停止升级，但在当今种类繁多的渲染器类的软件中，Lightscape 还是以出色的效果和较少的耗时得到用户的广泛推崇。

3. AGI32

AGI32 是由美国 Lighting Analysts，Inc. 公司开发的专业照明设计软件。目前在北美洲和大洋洲使用较为广泛。该软件是可以独立使用的软件，即可以不依赖其他软件完成完整的建模、计算、渲染功能，也支持输入 Auto CAD 创建的三维模型。可计算的场景包括室内、室外、道路、隧道，并支持天然光的计算。其支持英制和公制两种度量衡。AGI32 的计算分为两大模式：仅计算直接照明模式和完整计算模式。能够提供的计算结果包括照度（Illuminance）、灯具能耗密度（Lighting Power Density）、UGR 眩光（针对室内）、CIE 眩光等级（针对室外）、亮度的伪彩色图像等。对于道路场景，能够计算道路照度、亮度、光幕亮度及 STV（小目标能见度）。

目前 AGI32 正在我国市场推广，少数的高校和照明设计企业已经应用该软件从事教学或设计。

4. Radiance

Radiance 是美国能源部下属的劳伦斯伯克利国家实验室（LBNL）于 20 世纪 90 年代初开发的一款优秀的建筑采光和照明模拟软件包，它采用了蒙特卡洛算法优化的反向光线追踪引擎。ECOTECT 中内置了 Radiance 的输出和控制功能，这大大拓展了 ECOTECT 的应用范围，并且为用户提供了更多选择。Radiance 广泛应用于建筑采光模拟和分析中，其产生的图像效果完全可以媲美高级商业渲染软件，并且比后者更接近真实的物理光环境。

5. Rayfront

Rayfront 是由 Georg Mischler 为主开发的照明效果（包括天然照明）模拟软件，可用于 Unix 系统与 Windows 系统。它是一个独立的调试平台，为照明模拟软件 Radiance 提供用户图形接口，也可作为 Auto Cad 或 Intelli Cad 的扩展模块，也可以单独使用。Radiance 是物理真实模拟光环境的工业标准光传递引擎，其主要用途是预测照度和渲染具有心理真实性的虚拟建筑图，图片未必真实，但图像很精确。但作为一个 Unix 应用程序，其对普通建筑师来说太过复杂，而 Rayfront 拓展了个人计算机的应用层面。Rayfront 对天然光和人工照明都适用，对几何模型的尺寸及复杂程度都没有限制，内含各种天然光的细节数据，包括地理位置、太阳角度（高度）等参数设定，可详细地设置模拟质量、反射次数、半影参数、渲染采样点密度等，能生成精细准确的天然光和人工照明的模拟图，但所需时间较长。

表 6-28 为上述几种照明设计软件对比。

表 6-28 照明设计软件对比

软件名称	同时模拟自然采光和人工光源	常用光照分析	室内与室外光照设计	光照场景渲染	照明设计与分析	自然采光分析
DIALux	✓		✓	✓	✓	✓
Lightscape	✓	✓	✓	✓		
AGI32	✓	✓	✓	✓		
Radiance	✓	✓	✓	✓		
Rayfront	✓	✓	✓	✓		

第六节 照明设计案例

本节简单介绍应用较广的照明设计软件 DIALux 的一个设计案例。

第一步，在 DIALux 的室内照明中插入新的空间。分别设置好教室的长（12m）、宽（8m）、高（3.6m）。

第二步，在设计案例中设置顶棚、墙面、地面的材料。顶棚采用标准顶棚（反射系数为 0.7），地板采用标准地板（反射系数为 0.2），墙壁采用标准墙壁（反射系数为 0.5）。

第三步，在对象的家具中设置工作面。放入长 1.2m、宽 0.4m、高 0.75m 的桌子 35 张。

第四步，在灯具选项中插入灯具。在灯具库中选取 20 只 Vestel 30W LED 灯具，悬挂在教室顶棚。

通过以上四步，我们已经构建好了室内空间，如图 6-2、图 6-3 所示。

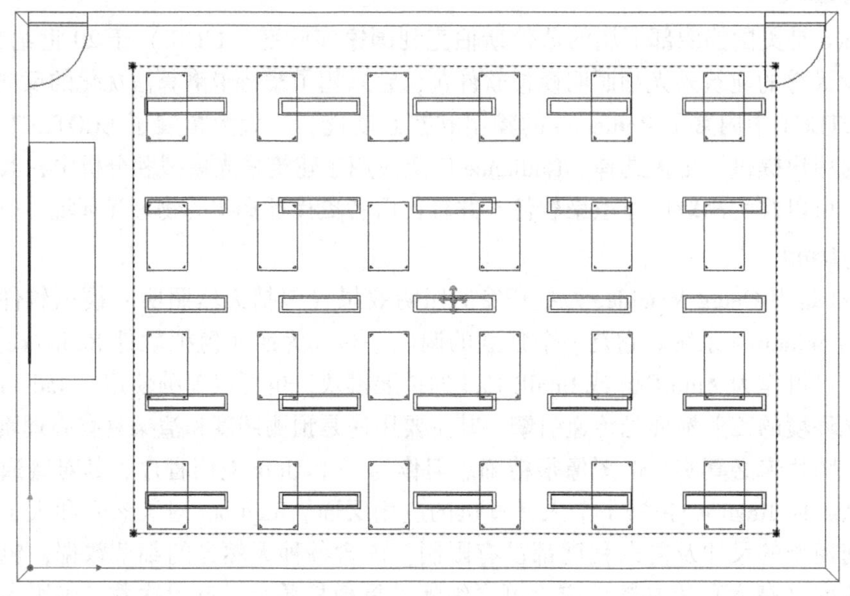

图 6-2 教室空间的平面图

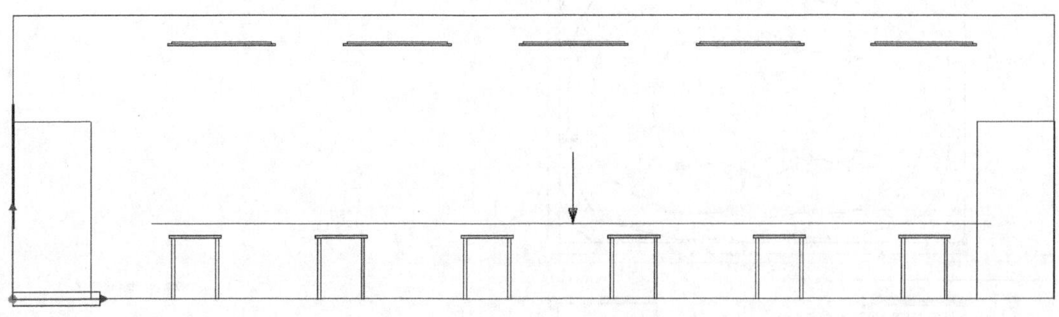

图 6-3 教室空间的侧视图

接下来，通过 DIALux 计算功能进行工作面的照度计算。最后以报表方式生成工作面上各点的照度值、等照度曲线、UGR 值和测光结果。由图 6-4 和图 6-5 可知，通过计算软件可得桌面各处的照度值，进而判断是否达到相关的照度标准要求，测光结果如图 6-6 所示。软件计算快捷、简便，既得到了平均照度值，也得到了工作面各点的照度值以及照度的分布情况。

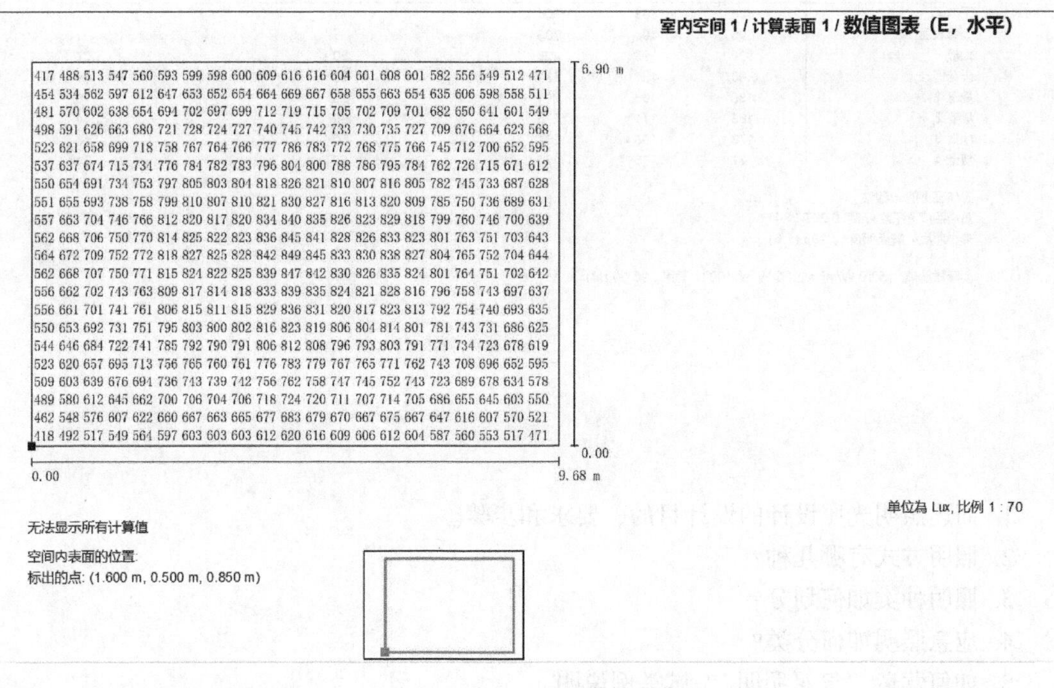

417	488	513	547	560	593	599	598	600	609	616	616	604	601	608	601	582	556	549	512	471
454	534	562	597	612	647	653	652	654	664	669	667	658	655	663	654	635	606	598	558	511
481	570	602	638	654	694	702	697	699	712	719	715	705	702	709	701	682	650	641	601	549
498	591	626	663	680	721	728	724	727	740	745	742	733	730	735	727	709	676	664	623	568
523	621	658	699	718	758	767	764	766	777	786	783	772	768	775	766	745	712	700	652	595
537	637	674	715	734	776	784	782	783	796	804	800	788	786	795	784	762	726	715	671	612
550	654	691	734	753	797	805	803	804	818	826	821	810	807	816	805	782	745	733	687	628
551	655	693	738	758	799	810	807	810	821	830	827	816	813	820	809	785	750	736	689	631
557	663	704	746	766	812	820	817	820	834	840	835	826	823	829	818	799	760	746	700	639
562	668	706	750	770	814	825	822	823	836	845	841	828	826	833	823	801	763	751	703	643
564	672	709	752	772	818	827	825	828	842	849	845	833	830	838	827	804	765	752	704	644
562	668	707	750	771	815	824	822	825	839	847	842	830	826	835	824	801	764	751	702	642
556	662	702	743	763	809	817	814	818	833	839	835	824	821	828	816	796	758	743	697	637
556	661	701	741	761	806	815	811	815	829	836	831	820	817	823	813	792	754	740	693	635
550	653	692	731	751	795	803	800	802	816	823	819	806	804	814	801	781	743	731	686	625
544	646	684	722	741	785	792	790	791	806	812	808	796	793	803	791	771	734	723	678	619
523	620	657	695	713	756	765	760	761	776	783	779	767	765	771	762	743	708	696	652	595
509	603	639	676	694	736	743	739	742	756	762	758	747	745	752	743	723	689	678	634	578
489	580	612	645	662	700	706	704	706	718	724	720	711	707	714	705	686	655	645	603	550
462	548	576	607	622	660	667	663	665	677	683	679	670	667	675	667	647	616	607	570	521
418	492	517	549	564	597	603	603	603	612	620	616	609	606	612	604	587	560	553	517	471

图 6-4 工作面上的点照度图

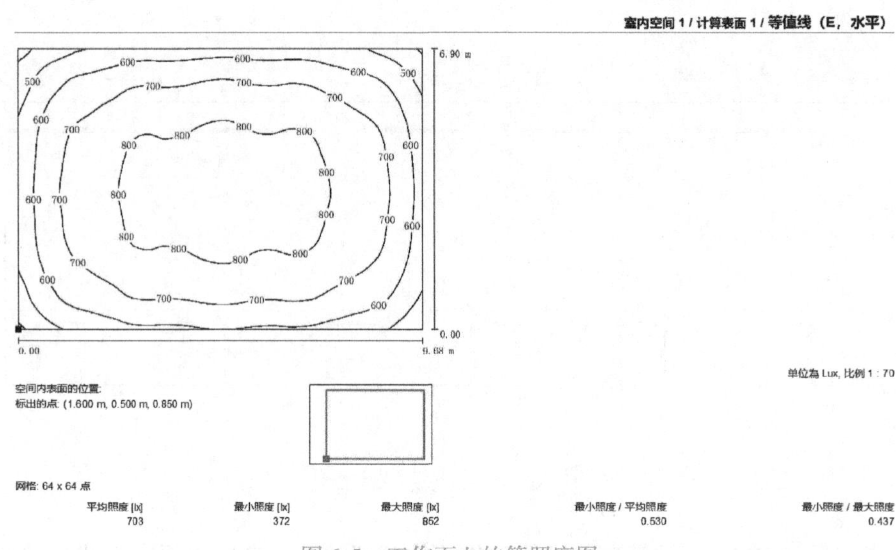

图 6-5 工作面上的等照度图

室内空间 1 / 测光结果

总光通量: 77500 lm
总载: 1450.0 W
维护系数: 0.80
边界: 0.000 m

表面	平均照度 [lx]			反射系数 [%]	平均辉度 [cd/m²]
	直接	间接	总数		
工作面	496	108	604	/	/
计算表面 1	595	108	703	/	/
地板	329	96	425	20	27
天花板	0.00	131	131	70	29
墙壁 1	185	106	291	50	46
墙壁 2	168	111	279	50	44
墙壁 3	173	108	281	50	45
墙壁 4	77	75	152	50	24

工作面上的一致性
最小照度 / 平均照度: 0.267 (1:4)
最小照度 / 最大照度: 0.189 (1:5)

实际效能值: 15.10 W/m² = 2.50 W/m²/100 lx (面积: 96.00 m²)

图 6-6 工作面上测光结果

思 考 题

1. 简述照明光照设计的设计目的、要求和步骤。
2. 照明方式有哪几种？
3. 照明种类如何划分？
4. 应急照明如何分类？
5. 如何营造“气氛照明”？试举例说明。
6. 照明质量评价的指标有哪些？
7. 室内照明如何布置灯具？
8. “*L/h*”代表什么含义？在室内灯具布置中，如何确定“*L/h*”？

第七章

照明电气设计

第一节 概 述

一、电气设计的主要内容

电气设计的主要内容是依据光照设计确定的设计方案，计算负载，确定配电系统，选择开关、导线、电缆和其他电气设备，选择供电电压和供电方式，绘制灯具平面布置图和系统图，汇总安装容量、主要设备和材料清单，编制概算（预算）书等。

二、电气设计的注意事项

电气设计的整个过程都必须严格贯彻国家有关建筑物工程设计的政策和法规，并且符合现行的国家标准和设计规范。对于某些行业、部门和地区的设计任务，还应遵循该行业、部门及地区的有关规程的特殊规定。设计中应考虑以下几个方面：

1）有利于对人的活动安全、舒适和正确识别周围环境，防止人与光环境之间失去协调性。

2）重视空间的清晰度，消除不必要的阴影，控制光热和紫外线辐射对人和物产生的不利影响。

3）创造适宜的亮度分布和照度水平，限制眩光，减少烦躁和不安。

4）处理好光源色温与显色性的关系、一般显色指数与特殊显色指数的色差关系，避免产生心理上的不平衡与不和谐感。

5）有效利用自然光，合理选择照明方式和控制照明区域，降低电能消耗指标。

三、电气设计的具体步骤

（1）负载计算　计算灯具的安装功率和电流：

1）考虑整个建筑的照明供电系统，并对供电方案进行对比，确定配电方式。

2）平衡分配各支线负载，确定线路走向，划分各配电盘的供电范围，确定各配电盘的安装位置。

3）计算各支线和干线的工作电流，选择导线截面和型号、敷设方式、穿管管径，并进行中性线电流的验算和电压损失值的验算。

4）根据计算电流选择电气设备，包括各配电盘上的开关及保护电器的型号及规格、电度表容量等，进而选择合适的配电箱。配电箱应尽量选用成套的定型产品，若采用非标产品，应根据电气设备的外形尺寸，确定配电盘的盘面布置。

（2）管网综合　在电气设计过程中，应与其他专业设计进行管网汇总，仔细查看管线相互之间是否存在矛盾和冲突。如果有，一般情况下，由电气线路避让或采取保护性措施。

在电气安装和敷设中，往往需要预埋穿线管道、支架的焊接件或预埋孔等，这些都应在汇总时向土建提交。所提资料必须具体确切，如预留孔的位置、具体标高、尺寸大小等。

(3) 施工图绘制　先进行灯具平面布置图设计，再设计相应的配电系统图，最后编写工程说明以及主要材料的明细表。

(4) 照明控制策略、方式和系统的确定　根据照明方案确定的光源和灯具及照明效果，并结合现场的实际情况，运用合理的照明控制策略和控制方式，选择适当的硬件设备，组成性价比较高的照明控制系统，预设置相应的程序。

(5) 概算（预算）书的编制　概算（预算）书的编制根据建设单位要求或设计委托书来决定。如无具体要求，编制概算书即可。

第二节　电气设计基础

一、初始资料收集

1）建筑的平面、立面和剖面图。了解该建筑在该地区的方位，邻近建筑物的概况；建筑层高、楼板厚度、地面、楼面、墙体做法；主次梁、构造柱、过梁的结构布置及所在轴线的位置；有无屋顶女儿墙、挑檐；屋顶有无设备间、水箱间等。

2）全面了解该建筑的建设规模、生产工艺、建筑构造和总平面布置情况。

3）向当地供电部门调查电力系统的情况，了解该建筑供电电源的供电方式、供电的电压等级、电源的回路数、对功率因数的要求、电费收取办法、电度表如何设置等情况。

4）向建设单位及有关部门了解工艺设备布置和室内布置。如了解生产车间工艺设备的确切位置；办公室内办公桌的布置形式；商店里的栏柜、货架布设方向；橱柜中展出的内容及要求；宾馆内各房间里的设备布置、卫生间的要求等。

5）向建设单位了解建设标准。各房间照明器的标准要求；各房间使用功能要求；各工作场所对光源的要求、视觉功能要求、照明器的显色性要求；建筑物是否设置节日彩灯和建筑立面照明、是否安装广告霓虹灯等。

6）进户电源的进线方位，对进户标高的要求。

7）工程建设地点的气象及地质资料，建筑物周围的土壤类别和自然环境，防雷接地装置有无障碍。

二、照明供电

1）照明负载应根据中断供电可能造成的影响以及损失，依规范合理地确定负载等级，并应正确地选择供电方案。

2）当电压出现偏差或波动不能保证照明质量或光源寿命时，在技术经济合理的条件下，可采用有载自动调压电力变压器、调压器或照明专用变压器供电。

3）备用照明应由两路电源或两回线路供电。当采用两路高压电源供电时，备用照明的供电干线应接自不同的变压器。

4）当设有自备发电机组时，备用照明的一路电源应接自发电机作为专用回路供电，另一路可接至正常照明电源（如为两台以上变压器供电时，应接至不同的母线干线上）。重要场所应设置带有蓄电池的应急照明灯或用蓄电池组供电的备用照明，作为发电机组投运前的过渡期间使用。

5）当采用两路低压电源供电时，备用照明的供电应从两段低压配电干线分别接入。

6）当供电条件不具备两个电源或两回线路时，备用电源宜采用蓄电池组或带有蓄电池的应急照明灯。

7）备用照明作为正常照明的一部分同时使用时，其配电线路及控制开关应分开装设。备用照明仅在事故情况下使用，因此，当正常照明因故断电时备用照明应自动投入工作。

8）当疏散照明采用带有蓄电池的应急照明灯时，正常供电电源可接至本楼层（或本区域）的分配电盘的专用回路上，或接至本楼层（或本区域）的防灾专用配电盘上。

三、照明负载计算

照明系统负载计算通常采用需用系数法以及负载密度法。

1. 需用系数法

（1）照明器的设备容量 P_e

1）对于热辐射光源的白炽灯、卤钨灯，其设备容量 P_e 等于照明器的额定功率 P_N，即

$$P_e = P_N \tag{7-1}$$

2）对于气体放电光源，由于带有镇流器，需要考虑镇流器的功率损耗，则

$$P_e = (1+\alpha)P_N \tag{7-2}$$

式中，P_N 为额定功率（kW）；P_e 为设备容量（kW）；α 为镇流器的功率损耗系数，气体放电光源镇流器的功率损耗系数见表7-1。

表7-1　气体放电光源镇流器的功率损耗系数

光源种类	损耗系数 α	光源种类	损耗系数 α
荧光灯	0.2	涂荧光质的金属卤化物灯	0.14
高压荧光汞灯	0.07～0.3	低压钠灯	0.2～0.8
自镇流高压荧光汞灯	—	高压钠灯	0.12～0.2
金属卤化物灯	0.14～0.22		

3）对于民用建筑内的插座，在无具体电气设备接入时，每个插座按100W计算。

（2）分支回路的计算负载 P_{jsl}

$$P_{jsl} = k_{xl}\sum_{i=1}^{n} P_{ei} \tag{7-3}$$

式中，P_{jsl}为分支回路的计算负荷（kW）；P_{ei}为各个照明器的设备容量（kW）；n 为照明器的数量；k_{xl}为插座回路的需用系数，见表7-2。

表7-2　插座回路的需用系数 k_{xl}

插座数量	4	5	6	7	8	9	10
k_{xl}	1	0.9	0.8	0.7	0.65	0.6	0.6

根据国家设计规范要求，一般照明分支回路应避免采用三相低压断路器对三个单相分支回路进行控制和保护。

照明系统中的每一单相回路的电流不宜超过 16A，单独回路的照明器数量不宜超过 25 个；对于大型建筑组合照明器，每一单相回路不宜超过 25A，光源数量不宜超过 60 个；对于建筑物轮廓灯，每一单相回路不宜超过 100 个；对于高压气体放电灯，供电回路电流最多不超过 30A。

插座应由单独回路配电，并且一个房间内的插座由同一回路配电，插座数量不宜超过 5 个（组）。当插座为单独回路时，插座的数量不宜超过 10 个（组）。

住宅不受以上数量的限制。

（3）干线计算负载 P_{jsL}

$$P_{\mathrm{jsL}} = k_{\mathrm{xL}} \sum_{i=1}^{n} P_{\mathrm{jsl}i} \tag{7-4}$$

式中，P_{jsL}为干线回路的计算负载（kW）；$P_{\mathrm{jsl}i}$为各个分支回路的计算负载（kW）；n 为分支回路的数量；k_{xL}为照明干线回路的需用系数，见表 7-3。

表 7-3　照明干线回路的需用系数 k_{xL}

建筑物类别	k_{xL}	建筑物类别	k_{xL}
应急照明	1	厂区照明	0.8
生产建筑	0.95	教学楼	0.8~0.9
图书馆	0.9	实验室	0.7~0.8
多跨厂房	0.85	生活区	0.6~0.8
大型仓库	0.6	道路照明	1
锅炉房	0.9		

根据国家设计规范要求，变压器二次回路到用电设备之间的低压配电级数不宜超过三级（对非重要负载供电时，可超过三级），故低压干线一般不超过两级。

（4）进户线、低压总干线的计算负载 P_{js}

$$P_{\mathrm{js}} = k_{\mathrm{x}} \sum_{i=1}^{n} P_{\mathrm{jsL}i} \tag{7-5}$$

式中，P_{js}为进户线、低压总干线的计算负载（kW）；$P_{\mathrm{jsL}i}$为干线的计算负载（kW）；n 为干线的数量；k_{x} 为进户线、低压总干线的需用系数，见表 7-4。

表 7-4　民用建筑照明负载需用系数 k_{x}

建筑种类	k_{x}	备　注
住宅楼	0.40~0.60	单元式住宅，每户两室 6~8 组插座，户装电度表
单身宿舍楼	0.60~0.70	标准单间，1~2 盏灯，2~3 组插座
办公楼	0.70~0.80	标准单间，2~4 盏灯，2~3 组插座
科研楼	0.80~0.90	标准单间，2~4 盏灯，2~3 组插座
教学楼	0.80~0.90	标准教室，6~10 盏灯，1~2 组插座

（续）

建筑种类	k_x	备　注
商店	0.85～0.95	有举办展销会可能时
餐厅	0.80～0.90	
门诊楼	0.35～0.45	
旅游旅馆	0.70～0.80	标准单间客房，8～10盏灯，5～6组插座
病房楼	0.50～0.60	
影院	0.60～0.70	
体育馆	0.65～0.70	
博物馆	0.80～0.90	

注：1. 每组（一个标准75或86系列面板上有2孔和3孔插座各1个）插座按100W计。

2. 采用气体放电光源时，需计算镇流器的功率损耗。

3. 住宅楼的需用系数可根据各相电源上的户数选定。

4. 25户以下取0.45～0.5；25～100户取0.40～0.45；超过100户取0.30～0.35。

2. 负载密度法

负载密度法定义为单位面积上的负载需求量与建筑面积的乘积，即

$$P_{js}=\frac{KA}{1000} \tag{7-6}$$

式中，P_{js}为建筑物的总计算负载（kW）；K为单位面积上的负载需求量（W/m^2）；A为建筑面积（m^2）。

第三节　设备选择

照明负载计算及电流计算的目的是为了合理选择供电系统、导线、电缆和开关设备等元件。

一、线路的计算电流

线路电流是影响导线温升的重要因素，因此，有关导线、电缆截面选择的计算首先是确定线路的计算电流。

根据国家设计规范的要求，三相照明电路中各相负载的分配应尽量保持平衡，每个分配电盘中的最大与最小的相负载电流不宜超过30%。

单相负载应尽可能均匀地分配在三相电路上，当计算范围内单相用电设备容量之和小于总设备容量的15%时，可按三相平衡负载计算。

1. 照明设备接相电压

（1）单相线路的计算电流

$$I_{jsP}=\frac{P_{jsP}}{U_{NP}\cos\varphi} \tag{7-7}$$

式中，P_{jsP}为单相负载所在线路的总计算负载（kW）；U_{NP}为单相负载所在线路的额定相电压（kV）；$\cos\varphi$ 为单相负载的功率因数，见表7-5。

表7-5 单相负载的功率因数

照明负载		功率因数	照明负载		功率因数
白炽灯		1.0	高光强气体放电灯	带有无功功率补偿装置	0.9
荧光灯	带有无功功率补偿装置	0.95		不带无功功率补偿装置	0.5
	不带无功功率补偿装置	0.5			

注：在公共建筑内宜使用带无功功率补偿装置的荧光灯。

（2）三相等效负载

$$P_{js}=3P_{Pmax} \tag{7-8}$$

式中，P_{js}为三相等效计算负载（kW）；P_{Pmax}为三个单相负载中最大的相负载（kW）。

（3）三相线路的线计算电流

$$I_{jsL}=\frac{P_{js}}{\sqrt{3}U_{NL}\cos\varphi}=\frac{3P_{Pmax}}{\sqrt{3}U_{NL}\cos\varphi}=\frac{\sqrt{3}P_{Pmax}}{U_{NL}\cos\varphi} \tag{7-9}$$

式中，U_{NL}为单相负载所在线路的额定线电压（kV）；$\cos\varphi$ 为相负载的功率因数。

2. 照明设备接线电压

（1）三相等效负载

$$P_{js}=3P_{Lmax} \tag{7-10}$$

式中，P_{Lmax}为三相负载中最大线间负载（kW）。

（2）三相线路中的线计算电流

$$I_{jsL}=\frac{P_{js}}{\sqrt{3}U_{NL}\cos\varphi}=\frac{3P_{Lmax}}{\sqrt{3}U_{NL}\cos\varphi}=\frac{\sqrt{3}P_{Lmax}}{U_{NL}\cos\varphi} \tag{7-11}$$

二、导线和电缆的选择与敷设

根据计算的线路电流，选择导线和电缆，并进行机械强度、热稳定和动稳定校验。

1. 导体材料及电缆芯数的选择

（1）导体材料的选择　电线、电缆一般采用铝芯线。临近海边以及有严重盐、雾地区的架空线路，可采用防腐型钢芯铝质绞线。

下列场合应采用铜芯电线或电缆：

1）高层建筑、重要的公共建筑等。

2）要确保长期运行中连接可靠的回路。例如，重要电源、重要的操作回路及二次回路、电动机的励磁、移动设备的线路及剧烈振动场合的线路。

3）对铝腐蚀严重而对铜腐蚀轻微的场合。

4）爆炸危险环境或火灾危险环境有特殊要求者。

5）特别重要的公共建筑物。

6）高温设备。

7）应急系统，包括消防设施的线路。

其他场合可采用铜芯线，也可根据实际情况采用铝芯线。

（2）电缆芯数的选择　电压1kV及以下的三相四线制低压配电系统，若第四芯为PEN线时，应采用四芯电缆而不得采用三芯电缆与单芯电缆组合成一个回路的方式；当PE线专用而与带电导体N线分开时，则采用五芯电缆。分支单相回路带PE线时应采用三芯电缆。如果是三相三线制系统，则采用四芯电缆，第四芯为PE线。

2. 电线和电缆的型号与敷设条件

常用电线和电缆的型号与敷设条件见表7-6。

表7-6　常用电线和电缆的型号与敷设条件

类别	型号		绝缘材料、类型	敷设条件
	铜芯	铝芯		
电线	BX	BLX	橡胶绝缘	室内架空或穿管敷设，交流500V、直流1000V以下
	BXF	BLXF	氯丁橡胶绝缘	室外架空或穿管敷设，交流500V、直流1000V以下，尤其适用于室外架空
	BV（BV_{-105}）	BLV（BLV_{-105}）	聚氯乙烯绝缘（耐热105°C）	室内明敷或穿管敷设，交流500V、直流1000V以下电器设备及电气线路
软线	（ZR－）RV		聚氯乙烯绝缘（阻燃型）	交流250V及以下的照明、各种电气线路（阻燃型适用于有阻燃要求的场所）
	（ZR－）RVB		聚氯乙烯绝缘平型（阻燃型）	
	（ZR－）RVS		聚氯乙烯绝缘绞型（阻燃型）	
电力电缆	（NH－）VV	VLV	聚氯乙烯绝缘、聚氯乙烯护套（耐火型）	敷设在室内、隧道内及管道中，不承受机械外力作用（耐火型适用于照明、电梯、消防、报警系统、应急供电回路及地铁、电站、火电站等与防火安全及消防救火有关的场所）
	ZQD	ZLQD	不滴流浸渍剂纸绝缘裸铅包	敷设在室内、沟道中及管子内，对电缆没有机械损伤，且对铅护层有中性环境
	ZQ	ZLQ	油浸纸绝缘裸铅包	
	（ZR－）YJV	（ZR－）YJLV	交联聚乙烯绝缘、聚氯乙烯护套（阻燃型）	敷设在室内、电缆沟及管道中，也可敷设在土壤中，不承受机械外力作用，但可承受一定的敷设牵引力（阻燃型适用于高层建筑、地铁、地下隧道、核电站、火电站等与防火安全及消防救火有关的场所）
	YJVF	YJLVF	交联聚乙烯绝缘，分相聚氯乙烯护套	

（续）

类别	型号		绝缘材料、类型	敷设条件
	铜芯	铝芯		
铠装电力电缆	（NH-）VV_{29}	VLV_{29}	聚氯乙烯绝缘、聚氯乙烯护套内钢带铠装（耐火型）	敷设在地下，能承受机械外力作用，但不能承受大的拉力（耐火型适用于照明、电梯、消防、报警系统、应急供电回路及地铁、电站、火电站等与防火安全及消防救火有关的场所）
	VV_{30}	VLV_{30}	聚氯乙烯绝缘、聚氯乙烯护套裸细钢丝铠装	敷设在室内、矿井中，能承受机械外力作用，能承受相当的拉力
	ZQD_{12}	$ZLQD_{12}$	不滴流浸渍剂纸绝缘铅包钢带铠装	用于垂直或高落差敷设，敷设在土壤中，能承受机械损伤，但不能承受大的拉力
	ZQD_{22}	$ZLQD_{22}$	不滴流浸渍剂纸绝缘铅包钢带铠装聚氯乙烯护套	用于垂直或高落差敷设，敷设在对钢带严重腐蚀的环境中，能承受机械损伤，但不能承受大的拉力
	ZQ_{12}	ZLQ_{12}	油浸纸绝缘铅包钢带铠装	敷设在土壤中，能承受机械损伤，但不能承受大的拉力
	ZQ_{22}	ZLQ_{22}	油浸纸绝缘铅包钢带铠装聚氯乙烯护套	敷设在对钢带有严重腐蚀的环境中，能承受机械损伤，但不能承受大的拉力
	YJV_{29}	$YJLV_{29}$	交联聚乙烯绝缘、聚氯乙烯护套内钢带铠装	敷设在土壤中，能承受机械外力作用，但不能承受大的拉力
	YJV_{30}	$YJLV_{30}$	交联聚乙烯绝缘、聚氯乙烯护套裸细钢丝铠装	敷设在室内、矿井中，能承受机械外力作用，并能承受相当的拉力

3. 导线和电缆的截面积选择

照明线路导线和电缆的截面积一般根据下列条件来选择：

（1）按允许载流量（负载电流）选择　在最大允许连续负载电流下，导线发热不超过芯线所允许的温度，不会因过热而引起导线绝缘损坏或加快老化。

1）长期工作制负载。在不同敷设条件下，导线或电缆长期允许的工作电流 I_N 受环境温度影响，可用校正系数 K_t 进行修正，即

$$K_t I_N \geqslant I_{js} \tag{7-12}$$

式中，I_N 为导线或电缆长期允许的工作电流（A）；I_{js}为线路的计算电流（A）；K_t 为环境修正系数。

导线周围环境温度：在空气中敷设取 $\theta_c = 25°C$ 作为标称值；而在土壤中直埋敷设以 $\theta_c = 20°C$ 为标称值。当导线或电缆敷设环境温度不是 θ_c 时，允许载流量应乘以校正系数 K_t，其计算公式为

$$K_t = \sqrt{\frac{\theta_e - \theta_\alpha}{\theta_e - \theta_c}} \tag{7-13}$$

式中，θ_α 为敷设处的实际环境温度（°C）；θ_c 为环境温度的标称值（°C）；θ_e 为导线、电缆线芯允许长期工作温度（°C），见表7-7。

表 7-7　导线、电缆线芯允许长期工作温度

<table>
<tr><th colspan="2">导线、电缆种类</th><th>电压等级/kV</th><th>允许长期工作温度/℃</th></tr>
<tr><td rowspan="2">电线</td><td>橡胶绝缘</td><td rowspan="2">0.5</td><td rowspan="2">65</td></tr>
<tr><td>塑料绝缘</td></tr>
<tr><td rowspan="9">电力电缆</td><td rowspan="4">油浸纸绝缘</td><td>1～3</td><td>80</td></tr>
<tr><td>6</td><td>65</td></tr>
<tr><td>10</td><td>60</td></tr>
<tr><td>20～35</td><td>50</td></tr>
<tr><td rowspan="2">聚氯乙烯绝缘</td><td>1</td><td rowspan="3">65</td></tr>
<tr><td>6</td></tr>
<tr><td>橡胶绝缘</td><td>0.5</td></tr>
<tr><td rowspan="2">交联聚乙烯绝缘、聚氯乙烯护套</td><td>6～10</td><td>90</td></tr>
<tr><td>35</td><td>80</td></tr>
</table>

导线或电缆在土壤中多根并列敷设时，对它们的允许载流量也应进行相应的校正，其校正系数 K_d 见表 7-8。

表 7-8　电缆多根并列埋设时电流的校正系数 K_d

电缆外皮间距/mm	电缆根数							
	1	2	3	4	5	6	7	8
100	1.00	0.88	0.84	0.80	0.78	0.75	0.73	0.72
200	1.00	0.90	0.86	0.83	0.80	0.81	0.80	0.79
300	1.00	0.89	0.89	0.87	0.85	0.86	0.85	0.84

2）重复性短时工作负载。当重复周期 $t \leq 10\text{min}$、工作时间 $t_w \leq 4\text{min}$ 时，导线或电缆的允许电流按以下情况确定：

① 导线截面积 $A \leq 6\text{mm}^2$ 的铜线或 $A \leq 10\text{mm}^2$ 的铝线，其允许电流按上述长期工作制计算。

② 导线截面积 $A > 6\text{mm}^2$ 的铜线或 $A > 10\text{mm}^2$ 的铝线，其允许电流等于长期允许电流的 $0.875/\sqrt{\varepsilon}$ 倍，其中 ε 是该用电设备的暂载率（%）。

3）短时工作制负载。当工作时间 $t_w \leq 4\text{min}$，在停止用电时间内，导线或电缆散热，能够降到周围环境温度时，此时导线或电缆的允许电流按重复短时工作制确定。

（2）按允许电压损失选择　导线上的电压损失应低于最大允许值的 5%，以保证供电质量。

对于 380/220V 低压供电线路，若整条线路的导线截面积、材料均相同，不计线路电抗，且功率因数 $\cos\varphi \approx 1$ 时，那么，根据电压损失来选择导线或电缆截面积的简化计算公式为

$$A = \frac{R_0}{C\Delta u\%}\sum_{i=1}^{n} P_i L_i \qquad (7\text{-}14)$$

式中，P_i 为各负载的有功负载（kW）；L_i 为第 i 个负载到电源的线路长度（km）；R_0 为三相线路单位长度的电阻（Ω/km）；C 为计算系数，见表 7-9；$\Delta u\%$ 为线路电压损失百分数，见表 7-10。

表 7-9　计算系数 C

供电系统	线芯材料	
	铜线	铝线
三相四线制 380/220V	75.00	45.70
单相 220V	12.56	7.66

表 7-10　线路电压损失百分数 $\Delta u\%$

使用电源	电压损失百分数
公共电网	±5%
单位自用电源	6%
临时供电	8%

(3) 按机械强度选择　在正常的工作状态下，导线应有足够的机械强度，以防断线，从而保证安全可靠运行。

绝缘导线架空或室内明敷时，应满足敷设对截面的最小机械强度的要求。绝缘导线的最小截面积见表 7-11。

表 7-11　绝缘导线的最小截面积

敷设方式			线芯最小截面积/mm²	
			铜芯	铝芯
照明用灯头引下线			1.0	2.5
敷设在绝缘支持件上的绝缘导线，其支持点的间距	室内	$L\leqslant2$m	1.0	2.5
敷设在绝缘支持件上的绝缘导线，其支持点的间距	室外	$L\leqslant2$m	1.5	2.5
		$2\text{m}<L\leqslant6\text{m}$	2.5	4.0
		$6\text{m}<L\leqslant15\text{m}$	4.0	6.0
		$15\text{m}<L\leqslant25\text{m}$	6.0	10.0
导线穿管，槽板，护套线扎头明敷；线槽			1.0	2.5
PE 线和 PEN 线		有机械保护时	1.5	2.5
		无机械保护时	2.5	4.0

(4) 按热稳定性的最小截面积校验　在短路情况下，导线必须保证在一定的时间内，安全承受短路电流通过导线时所产生的热的作用，以保证供电安全。

对于电缆和绝缘导线来说，在短路假想时间情况下，当导体通过短路稳态电流 I_∞ 时，导体最高允许加热温度所对应的截面积为最小允许截面积。导体满足热稳定的最小截面积计算公式为

$$A_{\min}=I_\infty\sqrt{\frac{t_{jx}}{C}} \tag{7-15}$$

式中，I_∞ 为短路稳态电流（A）；t_{jx} 为假想时间（s）；C 为短路热稳定系数，与导体材料、结构以及最高允许温度、长期工作额定温度有关，见表 7-12。

对于 1kV 以下的照明线路，虽然供电线路不长，但因负载电流大，导线应按照允许载流量选择，并按机械强度和允许电压损失来校验；对于电缆，还应按短路时的热稳定来校验。

表 7-12　短路热稳定系数 C

种　类	材　料	最高允许温度 θ_{max}/℃	允许长期工作温度 θ_e/℃	C
交联聚氯乙烯绝缘电缆	铜芯	230	90	135
	铝芯	200	90	80
聚氯乙烯绝缘电缆	铜芯	130	65	100
	铝芯	130	65	65
导线	铜	300	70	171
	铝	200	70	87

另外，在照明电气设计中，应按以下规定进行设计：

（1）对于中性线（N 线）截面积的选择

1）在单相及二相线路中，N 线截面积应与相线截面积相同。

2）在三相四线制配电系统中，N 线的允许载流量应不小于线路中最大不平衡负载电流，同时应考虑谐波电流的影响。当有下列情况时，N 线截面积应不小于相线截面积：a）照明配电干线；b）用电负载主要为单相用电设备；c）以气体放电光源为主的配电线路；d）单相回路。

3）采用晶闸管调光或计算机电源回路的三相四线配电线路，N 线的截面积应不小于相线截面积的 2 倍。

4）对于照明分支线以及截面积为 $4mm^2$ 及以下的干线，N 线的截面积应与相线截面积相同。

（2）保护线（PE 线）和保护中性线（PEN 线）截面积的选择　对于保护线（PE 线）和保护中性线（PEN 线）截面积的选择，按规定 PE 线的电导一般应不小于相线电导的一半，同时，应满足单相接地故障保护时热稳定最小截面积的要求。PE 线或 PEN 线的热稳定要求的最小截面积见表 7-13。

表 7-13　PE 线或 PEN 线的热稳定要求的最小截面积

相线截面积	热稳定要求的最小截面积/mm^2	相线截面积	热稳定要求的最小截面积/mm^2
$A \leqslant 16$	A	$A > 35$	$\geqslant A/2$
$16 < A \leqslant 35$	16		

N 线和 PE 线应同时满足表 7-11 中给出的绝缘导线对机械强度要求的最小截面积。

（3）有爆炸和火灾危险环境导线截面积的选择　爆炸及火灾危险场所应选用铜芯导线，其截面积不得小于 $2.5mm^2$；对于建筑物内所用的导线类型宜选用阻燃型（阻燃电线或阻燃电缆），并不允许有中间接头，穿线管材应选用低压流体输送用镀锌焊接钢管。

三、照明配电线路的保护与低压电器的选择

照明配电线路应装设短路保护、过载保护和接地故障保护，并用于切断供电电源或发出报警信号。

1. 短路保护

照明配电线路的短路保护，应在短路电流对导体和连接件产生的热作用和电动作用造成

危害之前切断短路电流。短路保护电器的分断能力应能切断安装处的最大预期短路电流。

所有照明配电线路均应设短路保护，主要选用熔断器、低压断路器以及能承担短路保护的剩余电流断路器做短路保护。采用低压断路器作为保护电器时，短路电流不应小于低压断路器瞬时（或短延时）过电流脱扣整定电流的 1.3 倍。对于照明配电线路，干线或分干线的保护电器应装设在每回路的电源侧、线路的分支处和线路载流量减小处（包括导线截面减小或导体类型、敷设条件改变等导致的载流量减小）。

一般照明配电线路中，常采用相线上的保护电器保护 N 线。当 N 线的截面积与相线截面积相同，或虽小于相线但已能被相线上的保护电器所保护时，不需为 N 线设置保护；当 N 线不能被相线上保护电器所保护时，则应为 N 线设置保护电器。

N 线的保护要求如下：

1）一般不需将 N 线断开。

2）若需要断开 N 线，则应装设能同时切断相线和 N 线的保护电器。

3）装设剩余电流动作的保护电器时，应将其所保护回路的所有带电导线断开。但在 TN 系统中，如能可靠地保持 N 线为地电位，则 N 线不需断开。

4）在 TN 系统中，严禁断开 PEN 线，不得装设断开 PEN 线的任何电器。当需要为 PEN 线设置保护时，只能断开有关的相线回路。

5）PEN 线应满足导线机械强度和载流量的要求。

2. 过载保护

照明配电线路过载保护的目的是，在线路过载电流所引起导体的温升对其绝缘、接插头、端子或周围物质造成严重损害之前切断电路。

过载保护电器宜采用反时限特性的保护电器，其分断能力可低于保护电器安装处的短路电流，但应能承受通过的短路能量。

过载保护电器的约定动作电流应大于被保护照明线路的计算电流，但应小于被保护照明线路允许持续载流量的 1.45 倍。

过载保护电器的整定电流应保证在出现正常的短时尖峰负载电流时，保护电器不应切断线路供电。

3. 接地故障保护

接地故障是指因绝缘损坏致使相线对地或与地有联系的导电体之间的短路。它包括相线与大地，以及 PE 线、PEN 线、配电设备和照明灯具的金属外壳、敷线管槽、建筑物金属构件、水管、暖气管以及金属屋面等之间的短路。接地故障是短路的一种，仍需及时切断电路，以保证线路短路时的热稳定。

照明配电线路应设置接地故障保护，其保护电器应在线路故障时，或危险的接触电压的持续时间内导致人身间接电击伤亡、电气火灾以及线路严重损坏之前，能迅速有效地切除故障电路。由于接地故障电流较小，保护方式还因接地形式和故障回路阻抗不同而异，所以接地故障保护比较复杂。接地保护总的原则如下：

1）切断接地故障的时限应根据系统接地形式和用电设备使用情况确定，但最长不宜超过 5s。

2）应设置总等电位连接，将电气线路的 PE 干线或 PEN 干线与建筑物金属构件和金属管道等导电体连接。

一般照明线路的接地故障保护采用能承担短路保护的剩余电流断路器，其漏电动作电流依据断路器安装位置不同而异。一般情况下，照明线路的最末一级线路（如插座回路、安装高度低于2.4m的照明灯具回路等）的漏电保护的动作电流为30mA，分支线、支线、干线的漏电保护的动作电流有50mA、100mA、300mA、500mA等。

第四节　照明控制

随着现代技术的发展，信息控制技术、计算机技术得到了全面的普及和推广，它们在照明领域的应用，使得照明控制有了长足的进步，尤其是新颖、实用的照明控制系统孕育而生，大大增强了照明设计的效果。因此，照明控制逐渐成为照明设计中不可缺少的一个重要环节，同时，照明控制对绿色照明计划的实施也具有特别的意义。

一、照明控制策略

照明设计倡导“以人为本”的设计理念，营造人性化的效果，照明控制策略正是基于“人使用灯”行为的研究而发展的。

1. 昼光控制

早期的研究，例如英国BRE（Building Research Establishment）的研究者发现人对照明器的使用周期和室内自然采光的水平有着密切的联系，因此，照明控制可以采用“昼光控制”策略。

昼光照明控制器由光敏传感器、开关或调光装置组成，随自然采光的变化自动调节电灯开启的数量。当昼光提供的照度增加时，关闭一定量的电灯，反之亦然。所有一切都是自动进行，无需人为操作。昼光控制器通常用于办公建筑、机场和大型商场等场所。

2. 时间表控制

时间表控制分为可预知时间表控制和不可预知时间表控制两种。

对于每天使用内容及使用时间变化不大的场所，采用可预知时间表控制策略。这种控制策略通过定时控制方式来满足活动要求，适用于普通的办公室、按时营业的百货商场、餐厅或者按时上下班的厂房。

对于每天的使用内容及使用时间经常变化的场所，可采用不可预知时间表控制策略。这种控制策略采用人体活动感应开关控制方式，以应对事先不可预知的使用要求，主要适用于会议室、复印中心和档案室等场所。

3. 局部光环境控制

局部光环境控制是指按个人要求调整光照（考虑到个人的视觉差异较为显著，照明标准的制定主要是符合多数人满意的照度水平），但是也可以根据工作人员自己的视觉作业要求、爱好等需要来调整照度。目前，通过遥控技术可实现局部光环境控制。

个人控制局部光环境的一大优点是，它使工作人员能控制自身周围环境，这有助于工作人员心情舒畅，从而使工作效率得以提高。

二、照明控制方式

合理的照明控制方式是实现舒适照明的有效手段，也是节能的有效措施。其控制方式主要有静态控制和动态控制两种。

1. 静态控制——开关控制

开关控制是灯具最简单、最根本的控制方式。采用这种方式可以根据灯具的使用情况以及不同的功能需求，方便地开灯或关灯。这是目前最为常见、使用最普遍的照明控制方式。

开关控制可分为跷板开关控制、断路器控制、红外传感器控制等。其中，红外传感器与调光技术的并用，不仅可以控制灯的开关状态，而且可以控制空间的照度水平，这将使人们走入完全黑暗空间时的不舒适感大为减少。

目前又发展了定时控制、光电感应开关控制及声控开关控制等。

2. 动态控制——调光控制

智能建筑中，为了体现不同类型的多功能用房（如会议厅、演讲厅及宴会厅等）的多功能性，需要营造不同的光环境，调光控制是实现这一目的的有效方式。

调光即改变光源的光通量输出。最早应用的调光装置是采用调节电位器来改变其两端的输出电压。随着电力电子技术的发展，可以通过控制可控电力电子器件的导通角来调节负载的输入电压，改变光源的输入功率，从而使光源输出的光通量发生变化。白炽灯等热辐射光源适合采用这种方式调光，有显著的节能效果。目前，采用可调光电子镇流器（PWM 调光技术）的方式来实现荧光灯的调光。

现在还有一种先进的电脑调光控制技术——智能调光系统，该系统中采用了微处理器，可根据不同要求对光环境进行智能调节。

三、照明控制系统

1. 照明控制系统的分类

照明控制系统分为手动控制系统和自动控制系统两大类。

（1）手动控制系统　这种系统由开关或调光器或两者共同实现，按照使用者的个人意愿来控制所属区域的照度水平。在一个小的照明区域（如个人办公室），最普通的就是在墙上安装一个控制面板；在有多人工作的大空间区域（如开敞式办公区），遥控器最为方便。

（2）自动控制系统　该系统由时钟元件或光敏元件或两者共同实现。当室内不被占用时，时钟可用来避免灯仍亮着的浪费现象。光敏元件能监测昼光水平，并在自然光充足时关掉（或调节）靠近窗的那些灯具。自动控制系统一般都设有手动调光装置，特定情况下可人工手动控制。

2. 控制层次

照明控制包含以下三种情况中的一种或多种。

（1）在一个光源（灯具）内

（2）在一个空间或房间内

（3）在整个大楼内　分别有光源的控制、房间的控制和楼宇的控制三个层次。

1）光源的控制。光源的控制属“智能光源”的理念，此光源完全独立于彼光源，它的开关和调节由“监视”办公室的传感器来控制。

2）房间的控制。一个房间的照明控制由一个单一的系统通过传感器或从开关、调光器来的控制信号实现。其光线输出可以减少或部分被关断（如靠窗的部分灯具），或剩下一部分光源提供区域的照明。

整个房间的控制系统比“智能光源”需要更多的安装工作，在建筑施工阶段就应提供安装设备，适用于新大楼。

3）楼宇的控制。楼宇照明控制系统是最复杂的照明控制系统，它包括大量的分布于大楼各个部分并与总线相连的照明控制元件、传感器和手动控制元件。系统可集中控制和分区控制，前者中的各控制单元可通过总线传递信息。

楼宇照明控制系统的作用几乎是无止境的，它能依靠按钮、遥控器、时钟和日历以及大量的传感器对照明进行集中、分区、手动、自动控制。这个系统还能用来搜集重要的数据，并检测现场情况，如实际灯具点燃的小时数和消耗的电能，甚至可以算出维护时间。楼宇照明控制系统可集成于整个大楼的集中管理系统中。

3. 控制方案

通过计算机系统的预先编程控制，根据确定的照明主题，利用光和影，进行艺术的设计和艺术创新，营造出比白天更美的夜间光环境，吸引人们驻足观赏、休闲娱乐，成为一道亮丽的风景线。

通常，照明控制方案应考虑节能、运行费用、避免眩光和光污染等多种因素，应广泛采用高光效、低功耗和易维护的高新科技节能照明的最新产品，如一体化节能灯、专用 T5 荧光灯具、发光二极管（LED）等。目前，常采用分布式智能照明控制系统实现控制方案。

4. 智能调光控制系统——分布式照明控制系统

照明控制系统经历了三个阶段的发展：第一阶段为集中式网络结构（见图 7-1），这种网络结构对系统的 CPU 依赖性很强，一旦系统 CPU 出现故障，整个系统将全部瘫痪；第二阶段为集散式网络结构（见图 7-2），其降低了系统对 CPU 的依赖性；第三阶段为分布式照明控制系统（见图 7-3），以邦奇智能为代表，网络中每个模块都有独立的 CPU，进一步降低了对系统 CPU 的依赖。智能调光控制系统能够根据人们视觉活动所需照度，配合场景需求及个人对光环境的喜好，灵活地调整空间的照明状况。

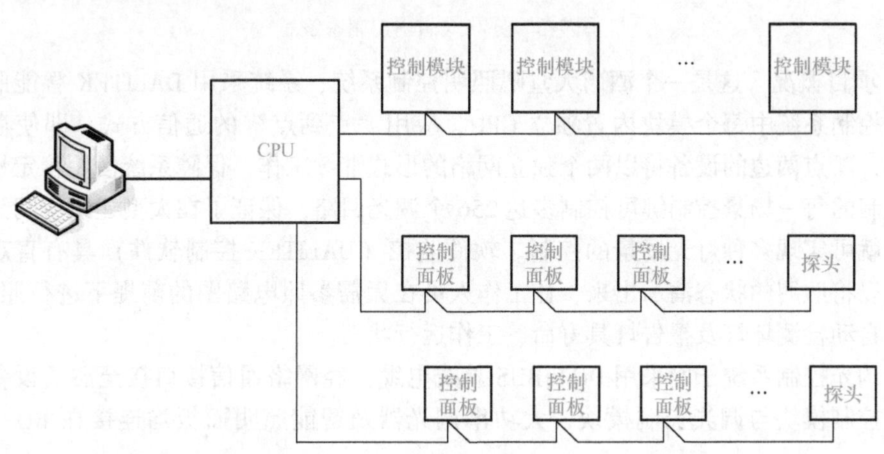

图 7-1　集中式网络结构

5. 智能调光控制系统实例

下面以酒店的公共区域照明调光控制为例说明智能调光控制系统在酒店公共区域照明中的应用。

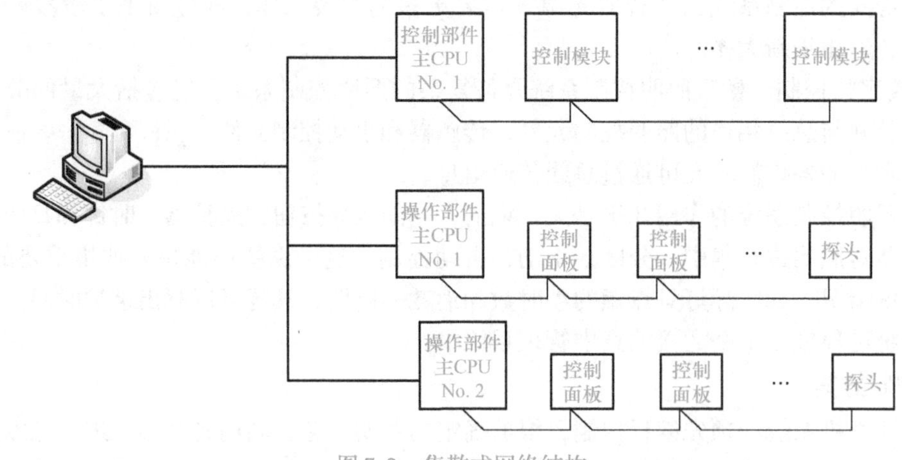

图 7-2 集散式网络结构

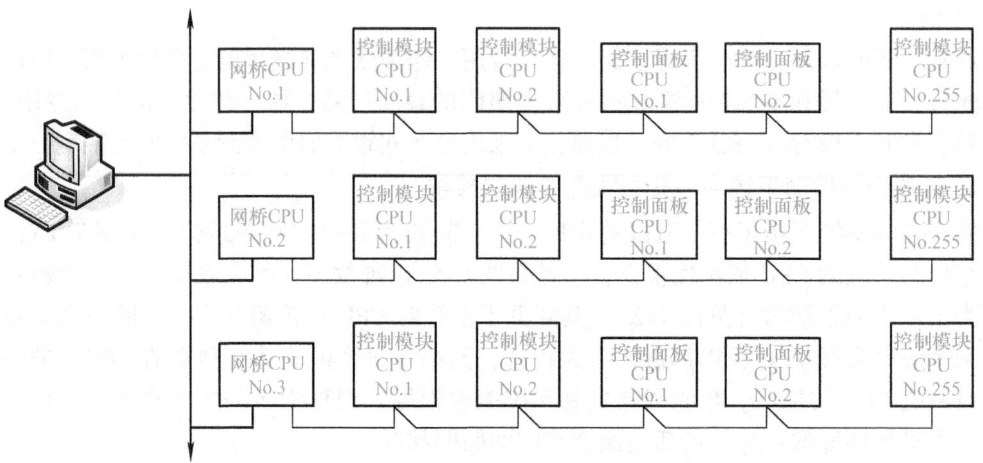

图 7-3 分布式照明控制系统

（1）项目概况 这是一个酒店大堂吧照明控制系统，系统采用 DALITEK 智能照明，这种分布式控制系统中每个模块内置独立 CPU，应用“点到点”的通信方式，即使存在网络线缆故障，断点两边的设备将以两个独立网络的形式继续工作，保障系统使用稳定性。大规模场景控制的每一场景控制键可控制多达 256 个调光回路，保证了在大型建筑空间只需一个控制面板就可实现多种灯光场景的控制。软件监控（DALITEK 控制软件）具有直观监控功能，它可以将照明的状态演示出来，让工作人员在无需参照电路图的前提下进行照明控制，同时可以自动检测坏灯及报告灯具寿命、工作运行状态。

智能调光控制系统子网采用 BQ - BUS 总线电缆，经网络通信接口接至酒店设备网，各子网开关控制模块与调光控制模块、大功率调光器及智能照明面板均连接在 BQ - BUS 总线上。

（2）设计思路

1）控制区域：

① 酒店电梯厅及酒店客房公共走廊采用智能照明回路控制，控制方式为定时调节，方便管理，节约能源。

② 全日餐厅、会议室、宴会厅、宴会前厅、大堂吧、酒店大堂、公共休息区等区域采用数字可寻址智能照明控制与回路控制相结合的智能控制方式，可实现区域内多种场景控制、时间控制，对照明回路进行任意的组合。

③ 酒店客房照明纳入客房控制系统中。

2）控制方式：

① 时间自动控制、照明面板控制。

② 场景调光控制。

③ 中央可视集中控制，BAS 集成管理。

3）功能描述：

① 在酒店裙楼各楼层服务前台接待处或物业后勤办公区域内隐秘位置安装有智能面板，管理人员可根据需要手动对照明进行开关控制、场景控制和总控控制等。

② 照明可自由设置多种场景，具体场景可根据周围环境、照度和通风的要求来设置，这种设置只需软件上的设置，无需硬件上的变动或增加便可实现。使用时只需按一场景智能按键便可进入所选场景等。

③ 酒店电梯厅与酒店客房走廊照明采用智能照明回路定时自动开关控制。

④ 各区域的照明可通过时间自动控制和调节。

(3) 照明方式和灯具布置　大堂吧的灯具布置分为顶棚部分和非顶棚部分，其灯具布置分别如图 7-4 和图 7-5 所示。

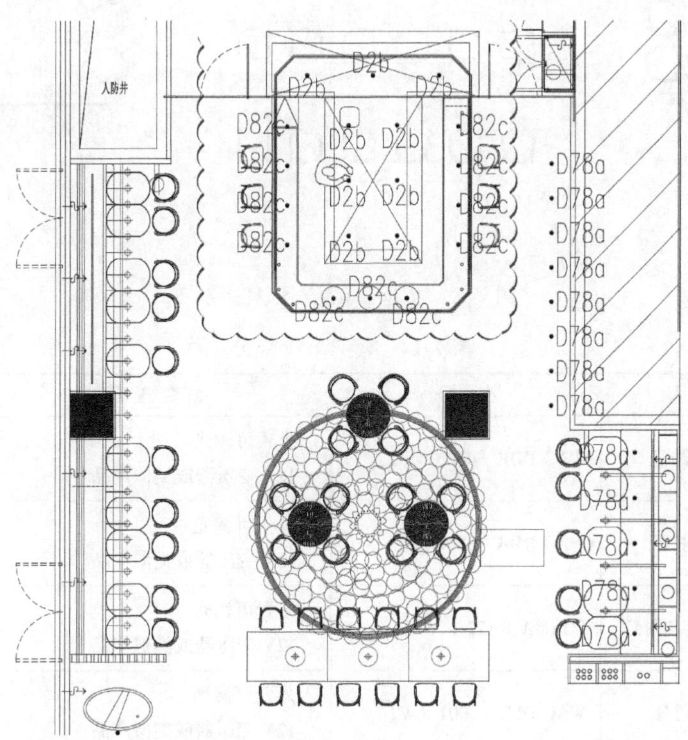

图 7-4　大堂吧顶棚灯具布置图

图 7-4 和图 7-5 中相对应的灯具见表 7-14。

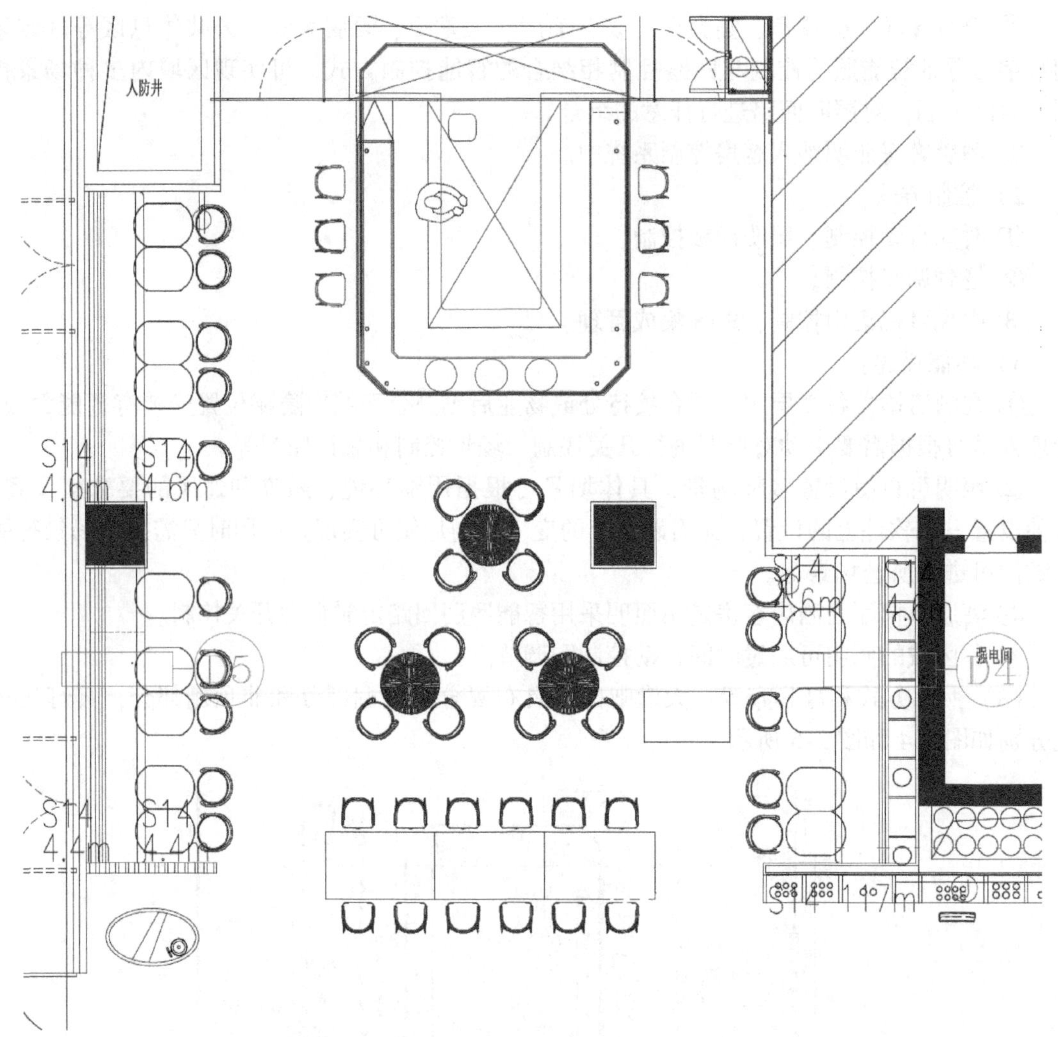

图 7-5　大堂吧顶棚下灯具布置图

表 7-14　灯具表（部分）

编　号	产　品	型　号	变 压 器	备　注
D78a	转向射灯	WAC DDR－4023－SC	外置可调光 12V 变压器或类似产品	3000K LED
D82c	转向射灯	WAC DDR－3001－SC	外置可调光 12V 变压器或类似产品	2700K LED
D2b	防气雾转向射灯	FORMA RA22＋2629	外置可调光 12V 变压器或类似产品	2700K LED
D83c	直射射灯	WAC DLR－3001－WT	外置可调光 12V 变压器或类似产品	2700K LED
S14	灯带	Tokistar DDS－2700K－80	外置可调光 DC 24V 变压器或类似产品	2700K LED

大堂吧灯具属于不同回路控制，其控制回路分别如图 7-6 和图 7-7 所示。

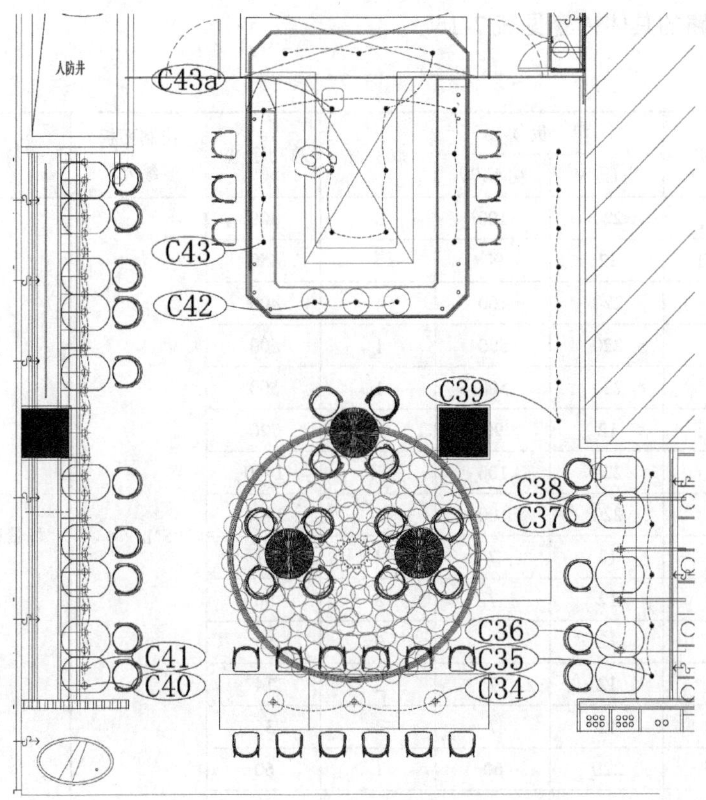

图 7-6　大堂吧顶棚灯具控制回路示意图

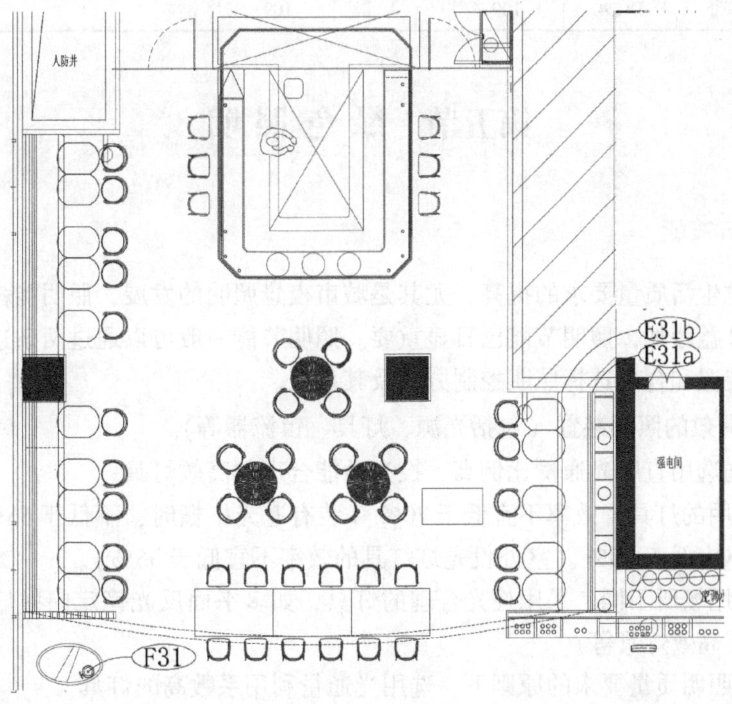

图 7-7　大堂吧顶棚下灯具控制回路示意图

相关控制回路的具体内容见表 7-15。

表 7-15 回路控制表（部分）

<table>
<tr><th rowspan="2">回路编号</th><th rowspan="2">描 述</th><th colspan="2">单个负载</th><th rowspan="2">数 量</th><th rowspan="2">总功率/W</th><th rowspan="2">控制面板编号</th><th rowspan="2">控制形式</th><th rowspan="2">调光要求</th></tr>
<tr><th>电压/V</th><th>功率/W</th></tr>
<tr><td>C34</td><td>吊灯</td><td>220</td><td>100</td><td>3</td><td>300</td><td rowspan="16">SM8 - 4</td><td rowspan="16">场景面板</td><td rowspan="14">220V 调光</td></tr>
<tr><td>C35</td><td>卤钨灯</td><td>12</td><td>90</td><td>5</td><td>450</td></tr>
<tr><td>C36</td><td>吊灯</td><td>220</td><td>100</td><td>4</td><td>400</td></tr>
<tr><td>C37</td><td>吊灯</td><td>220</td><td>500</td><td>1</td><td>500</td></tr>
<tr><td>C38</td><td>吊灯</td><td>220</td><td>500</td><td>1</td><td>500</td></tr>
<tr><td>C30</td><td>卤钨灯</td><td>12</td><td>90</td><td>8</td><td>720</td></tr>
<tr><td>C40</td><td>吊灯</td><td>220</td><td>100</td><td>14</td><td>1400</td></tr>
<tr><td>C41</td><td>吊灯</td><td>220</td><td>100</td><td>14</td><td>1400</td></tr>
<tr><td>C42</td><td>LED</td><td>12</td><td>7</td><td>3</td><td>21</td></tr>
<tr><td>C43</td><td>LED</td><td>12</td><td>7</td><td>8</td><td>56</td></tr>
<tr><td>C43a</td><td>LED</td><td>12</td><td>7</td><td>9</td><td>63</td></tr>
<tr><td>C44</td><td>LED</td><td>12</td><td>7</td><td>2</td><td>14</td></tr>
<tr><td>C45</td><td>LED</td><td>12</td><td>7</td><td>4</td><td>36</td></tr>
<tr><td>F31</td><td>台灯</td><td>220</td><td>60</td><td>1</td><td>60</td></tr>
<tr><td>E31a</td><td>LED 带</td><td>DC24</td><td>109</td><td>1</td><td>109</td><td rowspan="2">0 ~ 10V 调光</td></tr>
<tr><td>E31b</td><td>LED 带</td><td>DC24</td><td>109</td><td>1</td><td>109</td></tr>
</table>

第五节 绿色照明

一、照明与节能

随着人们对生活质量要求的提高，尤其是城市夜景照明的发展，照明能耗在整个建筑能耗中所占比例日益增加，照明节能已日显重要。照明节能一般可以通过两条途径实现：使用最有效的照明装置和合理选择照明控制方式及其系统。

1. 使用最有效的照明装置（包括光源、灯具、镇流器等）

例如，优先选用直射光通量比例高、控光性能合理的高效灯具。

1）室内使用的灯具，效率不宜低于 70%（装有遮光格栅时，不低于 55%）；室外使用的灯具，效率不应低于 40%（室外投光灯灯具的效率不宜低于 55%）。

2）根据使用场所不同，采用控光合理的灯具，如多平面反光镜定向射灯、蝙蝠翼式配光灯具、块板式高效灯具等。

3）在符合照明质量要求的原则下，选用光通量利用系数高的灯具。

4）选用配光特性稳定、反射或透射系数高的灯具。

5）灯具的结构和材质应易于维护清洁和更换光源。

6）采用功率损耗低、性能稳定的照明器附件。

7）直管形荧光灯的电感式镇流器能耗不应高于灯标称功率的20%；高发光强度气体放电灯的电感式触发器能耗不应高于灯标称功率的15%。

8）高发光强度气体放电灯宜采用电子触发器。

9）采用各种类型的节电开关和管理措施，如定时开关、调光开关、光电自动控制器、节电控制器、限电器及电子控制门锁节电器等。

2. 合理选择照明控制方式及其系统

尽量减少不必要的开灯时间、开灯数量和过高照度，杜绝浪费。同时，充分利用自然光并根据自然光的照度变化，决定电气照明点亮的范围。对于公共场所照明和室外照明，可采用集中遥控管理的方式或采用自动控光装置。

二、绿色照明

照明控制系统的重要作用之一是实现了照明节能。目前，照明领域大力推广的“绿色照明计划”正是实施照明节能的有效措施。

1. “绿色照明”的含义

“绿色照明”工程是一项实现全国范围节约照明用电、保护生态环境的系统工程。“绿色照明”旨在通过科学的照明设计，大力发展和推广高效率、长寿命、安全和性能稳定的照明器具，并逐步替代传统的低效照明产品。节约照明用电，建立优质、高效、经济舒适、安全可靠、有益环境、改善生活质量、提高工作效率和保护人们身心健康的照明环境，以满足各部门和人民群众日益增长的对照明质量、照明环境和减少环境污染的迫切要求。

2. “绿色照明”的内容

绿色照明主要包含照明节能和环境保护两个方面的内容。

（1）照明节能　节约能源，合理控制照明用电，使用高效的光源和灯具，推广节能灯等。

（2）环境保护　推广新型的光源和照明器，尽量降低汞等有毒物质对环境的影响和破坏，大力回收废、旧灯管。

总而言之，随着我国经济建设的不断腾飞，实施可持续发展战略，照明领域获得了前所未有的发展，“绿色照明”工程的推进更具有重要的意义。

第六节　照明施工设计

一、照明施工设计标准

照明施工设计主要执行的标准有《建筑照明设计标准》《城市道路照明设计标准》《低压配电设计规范》《供配电系统设计规范》《电气装置安装工程电缆线路施工及验收规范》《电气装置安装工程接地装置施工及验收规范》《电气装置安装工程盘、柜及二次回路接线施工及验收规范》《建筑电气工程施工质量验收规范》等。

照明施工设计要严格执行以上标准，严格遵守国家有关的技术规程和规范，并认真完成建设单位设计任务书的要求。

二、照明设计施工图

1. 绘制标准

(1) 图幅 设计图样的图幅尺寸有五种规格。

特殊情况下，允许加长1～3号图样的长度和宽度，加长后的边长不得超过1931mm；0号图样只能加长长边，不得加宽；4～5号图样不得加长或加宽。图样增加的长、宽应以图样幅面的1/8为一个单位。

(2) 图标 0～4号图样，无论采用横式或竖式图幅，工程设计图标均应设置在图纸的右下方，紧靠图框线。图标中的项目有设计单位名称、工程名称、图样名称、设计人、审核人等，均应填写。

(3) 比例 电气设计图样的图形比例均应遵守国家标准绘制。

普通照明平面图、电力平面图均采用1:100的比例，特殊情况下，可使用1:50或1:200，大样图可以适当放大比例；电气接线图图例可不按比例绘制；复制图样不得改变原样比例。

(4) 图线 图样中的各种线条，标准实线宽度应在0.4～1.6mm范围内选择，其余各种图形的线宽按图形的大小比例和复杂程度来选择配线的规格，比例大的用线粗一些。一个工程项目或同一图样、同一组视图内的各种同类线型应保持同一线宽。

(5) 字体 字体应采取直体长仿宋字；字母和数字可采用向右倾斜与水平成75°的斜体字。

2. 照明施工图的组成

(1) 图样目录 目录主要说明电气照明施工图样的名称、数量、图样的编号顺序等，便于查找图样。

(2) 设计总说明 设计总说明用来解决施工过程中难以用图样说明的问题和共性问题。主要由工程概况和要求的文字说明组成（用文字来补充图样的不足）。

施工设计总说明主要由以下五项内容构成：

1）设计依据。包括设计的依据资料（国家标准、法规、规范等）和批准文件、与本专业设计有关的条款（当地供电部门的技术规定），以及其他专业提供的设计资料及建设部门提出的技术条件等。

2）设计范围。根据设计任务要求和有关设计资料，说明设计的内容和工程范围。

3）设计总说明包含以下五个部分：

① 照明电源及进户线安装方式、负载等级、工作制、供电电压和负载容量。

② 配电系统供电方式、敷设方式、采用导线、敷设管材规格和型号。

③ 照度标准，光源及照明器的选择，装饰照明器、应急照明、障碍照明及特殊照明装饰的安装方式和控制器类别、照明器的安装高度及控制方法。

④ 配电设备中配电箱（盘）的选择及安装方式、安装高度以及加工技术要求和注意事项。

⑤ 照明设备的接地保护装置、保护范围、材料选择、接地电阻要求和措施、接地方式等。

4）图例和符号。主要说明图样中的图形符号所代表的内容和意义。图形符号及其标注符号，主要采用 IEC 的通用标准以及我国最新的国家标准符号。

5）设备、材料表。指照明系统设计中注明的设备以及材料的名称、型号、规格、单位和数量。有的工程设计将此项内容与4）合并。

（3）施工总平面图　施工总平面图标明了建筑物的位置、面积和所需照明及动力设备的用电容量，标明架空线路或地下电缆的位置、电压等级及进户线的位置和高度。包括外线部分的图例及简要的做法说明。较小的工程或只有电源引入线的工程，无施工总平面图。有的工程设计无此项内容要求。

（4）平面布置图　平面布置图表征了建筑物各层的照明配电箱、照明器、开关、插座、线路等平面布置位置和线路走向，它是安装电器和敷设支路管线的依据。

1）标注。在照明平面布置图中，文字标注主要表达的是照明器具的种类、安装数量、灯泡的功率、安装方式及安装高度等。具体表达式为

$$a-b\frac{c\times d\times L}{e}f \tag{7-16}$$

式中，a 为某场所同种类型照明器的套数，通常在一张平面布置图中，各类型照明器分别标注；b 为照明器类型符号，可以查阅施工的图册或产品样本；c 为每只照明器内安装的光源数，通常只有一个时可以不表示；d 为光源的功率（W）；e 为照明器的安装高度（m）；f 为安装方式代号，照明器安装方式的标注符号见表7-16；L 为光源种类。

表 7-16　照明器安装方式的标注符号

名　称	新代号	名　称	新代号
线吊式	CP	嵌入式(嵌入不可进人的顶棚)	R
自在线吊式	CP1	顶棚内安装（嵌入可进人的顶棚）	CR
固定线吊式	CP2	墙壁内安装	WR
防水线吊式	CP3	台上安装	T
吊线器或链吊式	Ch	支架上安装	SP
管吊式	P	柱上安装	CL
壁装式	W	座装	HM
吸顶式或直附式	S		

2）导线数量。照明平面图中各段导线根数用短横线表示，两根线省略。如管内穿 3 根线，则在直线上加三道小短线或采用数字标注法，即在直线上加一道小短线，且短线上标注数字3；如管内穿 3 根线以上，则均采用数字标注法。管内穿线的数量一般控制在 6 根以内。

编制电气预算就是根据导线根数及其长度计算导线的工程量。

各照明器的开关必须接在相线（俗称火线）上，从开关出来的电线称为控制线（或称回火）。对于 n 联开关，送入开关1 根相线以及 n 根“控制线”，因此，n 联开关共有（$n+1$）根导线。

插座支路应与照明支路分开。插座支路导线数由 n 联中极数最多的插座决定，例如，

二、三孔双联插座是3根线；若是四联三极插座也是3根线。

(5) 系统图 系统图是电气施工图中最重要的部分，它表示整体供电系统的配电关系或方案。在三相系统中，通常用单线表示。从图中能够看到工程配电的规模、各级控制关系、控制设备和保护设备的规格容量、各路负载用电容量和导线规格等。

系统图上需要表达的内容主要有以下四个部分：

1）电缆进线（或架空线路进线）回路数、电缆型号规格、导线或电缆的敷设方式以及穿管管径。常用的有关标注符号见表7-17、表7-18。

表7-17 导线敷设方式的标注符号

名 称	新代号
导线或电缆穿焊接钢管敷设	SC
穿电线管敷设	TC
穿硬聚氯乙烯管敷设	PC
穿阻燃半硬聚氯乙烯管敷设	FPC
用绝缘子（瓷瓶或瓷柱）敷设	K
用塑料线槽敷设	PR
用钢线槽敷设	SR
用电缆桥架敷设	CT
用瓷夹板敷设	PL
用塑料夹敷设	PCL
穿蛇皮管敷设	CP
穿阻燃塑料管敷设	PVC

表7-18 管线敷设部位的标注符号

名 称	新代号
沿钢索敷设	SR
沿屋架或跨屋架敷设	BE
沿柱或跨柱敷设	CLE
沿墙面敷设	WE
沿天棚面或顶板面敷设	CE
在能进人的吊顶内敷设	ACE
暗敷设在横梁内	BC
暗敷设在柱内	CLC
暗敷设在墙内	WC
暗敷设在地面或地板内	FC
暗敷设在屋面或顶板内	CC
暗敷设在不能进人的吊顶内	ACC

例如某照明系统图中标注有BV(3×50+2×25)SC50-FC，其表示该线路是采用铜芯塑料绝缘线，3根相线的截面积为50mm^2，N线和PE线的截面积为25mm^2，穿钢管敷设，管径为50mm，沿地面暗设。

2）开关、熔断器的规格型号，出线回路数量、用途、用电负载功率以及各照明支路的分相情况。

3）用电参数。配电系统图上，还应表示出该工程总的设备容量、需要系数、计算容量、计算电流及配电方式等，也可以采用绘制一个小表格的方式来标出用电参数。

4）配电回路参数。电气系统图中各条配电回路上，应标出该回路编号和照明设备的总容量，其中也包括电风扇、插座和其他用电设备等容量。

(6) 大样图 它是照明安装工程中的局部作法明晰图。例如，舞台聚光灯安装大样图、灯头盒安装大样图等。

3. 施工图的技术交底

施工图完成后，设计方应到施工现场将设计施工图向承担该工程施工的人员进行详细说明，并就实际现场的条件解决施工中的有关问题，使施工按照要求和规范有条不紊地进行，直至竣工。同时，确保施工图所要求的各项技术指标能够顺利完成，让建设方获得满意的照明效果。

4. 竣工图和工程结算

（1）竣工图　竣工图是按照每个单项工程完成的实际情况、分项工程的质量评定、隐蔽工程的记载、分项工程的测量记录、系统通电试验和调试的情况，以及单位工程的综合评定在原施工图中集成的。竣工图的制作意味着整个照明工程的完成，而且已经达到了技术设计的要求和施工图所做的各项规定，其内容如下：

1）竣工图。其中包括各项说明和附图，即安装示意图、接地系统图、配电柜安装图和电缆配管敷设情况等。

2）竣工资料。包括各项单项和分项的检查、记载、评定、试验、调试记录、变更通知书、综合质量评定、产品合格证书及材料试验证书。

（2）工程结算　照明工程结算按实际发生的工程量和使用的未计价材料、工程类别及收费等级进行。按照定额的规定进行工程定额直接费用的计算，按照工程类别和收费等级计算出最终的工程造价。

思 考 题

1. 电气设计的主要内容包括哪些？试举例说明。
2. 叙述电气设计的步骤。
3. 在照明电气设计中，举例说明如何完成初始资料的收集。
4. 如何计算线路的电流？
5. 怎样选择导线和电缆的截面？
6. 照明控制的策略及控制方式有哪些？
7. 试举例说明控制系统的组成和运用。
8. 照明施工图包含哪些内容？

第八章

照明应用

第一节　室内照明

一、办公照明

1. 照度标准

办公楼建筑照明的照度标准，参见表6-5。

2. 亮度和眩光

在办公室中，如果亮度的差别太大，就会引起眩光；反之，如果亮度差别太小，整个环境就会显得呆板。整个现场中，各种视觉作业与其邻近的背景之间的亮度比值应在3:1~10:1之间。

3. 照明器的选择

办公室、打字室、设计绘图室、计算机室等场合，宜采用荧光灯，室内饰面及地面材料的反射系数应该满足：顶棚70%、墙面50%、地面30%。若不能达到要求，宜采用上半球光通量不少于总光通量15%的荧光灯照明器。在难以确定工作位置时，可选用发光面积大、亮度低的双向蝙蝠翼式的配光照明器。

4. 照明器的布置

办公房间的一般照明应该设计在工作区的两侧，采用荧光灯时宜使照明器纵轴与水平视线相平行。不宜将照明器布置在工作位置的正前方，而对于大开间办公室的灯位布置，宜采用与外窗平行的形式。

5. 一般要求

1）有计算机终端设备的办公房间，应避免在屏幕上出现人和物（如照明器、家具及窗户等）的映像，通常，与照明器的垂直线成50°角以上的空间亮度不大于200cd/m^2，其照度可为300（不需要阅读文件时）~500lx（需要阅读文件时）。

2）出租办公室的照明和插座，宜根据建筑的开间或根据智能大楼办公室基本单元进行布置，以免影响分隔出租使用。

3）当计算机室设有电视监视设备时，应设值班照明。

4）在会议室内放映幻灯或电影时，一般照明宜采用调光控制。会议室照明设计一般可采用荧光灯（组成光带或光檐）与白炽灯或稀土节能型荧光灯（组成下射灯）相结合的照明形式。

5）以集会为主的礼堂舞台区照明，可采用顶灯配以台前安装的辅助照明，其水平照度宜为200~500lx，并使平均垂直照度不小于300lx（指舞台台板上1.5m处）。同时在舞台上应设有电源插座，以供移动式照明设备使用。

6）多功能礼堂的疏散通道和疏散门应设置疏散照明。

二、学校照明

1. 照度标准

1）普通教室的照度值宜为150~300lx，照度均匀度应不低于0.7。

2）黑板垂直照度不低于200lx。

3）演播室的演播区，推荐垂直照度宜为2000~3000lx（文艺演播室可为1000~1500lx）。

4）图书馆阅览室的照度值宜为150~300lx。

5）书库的照度值宜为20~50lx。

2. 照明器的选择

（1）光源　学校的照明光源主要有白炽灯、荧光灯及高强度气体放电灯等。根据学校的不同场合可以选择不同的光源。

1）白炽灯具有体积小、容易聚光、可以直接起动等特点，主要用于普通照明、事故照明及保卫照明。碘钨灯的效率高、寿命长，主要用于舞台照明。

2）荧光灯的优点有效率高、寿命长、扩散性光质、辉度低、显色性能好、直接起动等，在教室、教研室、走廊、展览橱窗及美术教室等要求照度和显色性比较高的场所，多数选择色温为4500~6000K的冷白色和日光色的荧光灯，使周围的气氛明亮而温暖。

3）高强度气体放电灯中寿命长、显色性好、效率高的高压荧光汞灯、金属卤化物灯、高压钠灯等主要用于礼堂、室内运动场等高顶棚的室内照明。

（2）照明器　学校教室通常选用盒式(如简式荧光灯YG1系列)、控照式照明器（如吸顶荧光灯YG6系列、嵌入式荧光灯YG15系列等)，此类照明器的眩光指数较高，一般为20~24，接近于刚刚不舒适阶段。各种照明器的比较如下：

1）控照式照明器的光效率较高，纵、横向排列时眩光指数均相同，眩光指数低于盒式照明器，照度均匀度不及盒式照明器，适用于桌面照度要求高的高空间安装使用。

2）盒式照明器的照度和照度均匀度均高于控照式，纵向排列较横向排列的眩光可小一半，较控照式的眩光指数高1.5倍，桌面照度不及控照式，可用于较低空间安装。

3）蝙蝠翼宽型照明器的长轴方向与学生视线平行布置时（纵向排列)，能有效减少光幕反射。当照明器与下垂线成35°以上的角度时，发光强度锐减，有利于防止眩光，可以提高灯的排列间距，当蝙蝠翼宽型照明器的长轴方向与学生的视线垂直布置时（横向排列)，眩光指数可能低于纵向排列。

3. 教室照明

教室照明宜采用蝙蝠翼式和非对称性配光照明器，并且布置灯位原则应采取与学生主视线相平行，安装在课桌间的通道上方，与课桌面的垂直距离不宜小于1.7m。教室照明的控制应平行外窗方向顺序设置开关（黑板照明开关应单独装设)，走廊照明宜在上课后可关掉其中部分照明器。一般教室照明器的布置如图8-1所示。

4. 黑板照明

教室黑板照明器的布置如图8-2所示，图8-2a所示为黑板照明器与师生的相对位置。

安装黑板照明器时，应注意以下几点：

1）为达到照度均匀、黑板垂直照度最大、教师和学生均无眩光刺眼这三项要求，黑板

照明器的安装高度 h 与照明器到黑板的水平距离 l 的关系如图 8-2b 所示。若黑板照明器 Q 的位置由 l 变到 L 以上时，第一排的学生就会感到反射眩光。

2）应使黑板照明器的反射光不致进入学生的眼睛，α 要在 60°以上，最低不应小于 45°。

3）为了避免在教师的讲稿上有刺眼的光线，光源的仰角 β 应不小于 45°，最小也应在 30°以上。

4）为了在黑板面有较好的均匀度，黑板照明器的投射位置最好在黑板的下端 P。

5）如图 8-3 所示，阶梯教室通常采用平行于黑板的荧光灯灯带照明，以减少眩光。

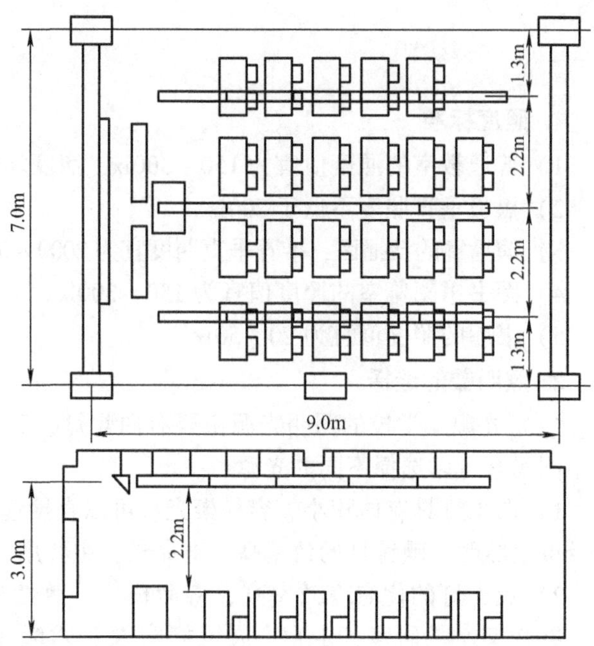

图 8-1 一般教室照明器的布置

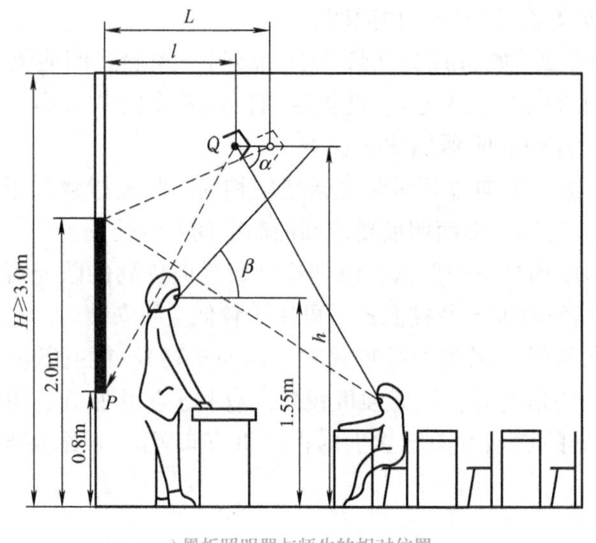

a) 黑板照明器与师生的相对位置

b) h与l之间的关系

图 8-2 教室黑板照明器的布置

5. 电化教室的照明

1）电视教学的报告厅、大教室等场所，宜设置供记录笔记用的照明（如设置局部照明）和非电化教学时使用的一般照明，但一般照明宜采用调光方式。

2）演播用照明的用电功率，初步设计时可按 0.6～0.8kW/m² 估算。当演播室的高度在 7m 及以下时，宜采用导轨式布置灯具，若高于 7m，则宜采用固定式布置灯具。

演播室的面积超过 200m² 时，应设有应急照明。

3）电化教室的多媒体教学设备，应在讲台上安装控制台，以使教师能够完成教室的照明器的开启和关闭，必要时可以进行调光的控制以及自动投影系统的控制。

视听室不宜采用气体放电光源，除设有电源开关外，视听桌上宜设有局部照明。

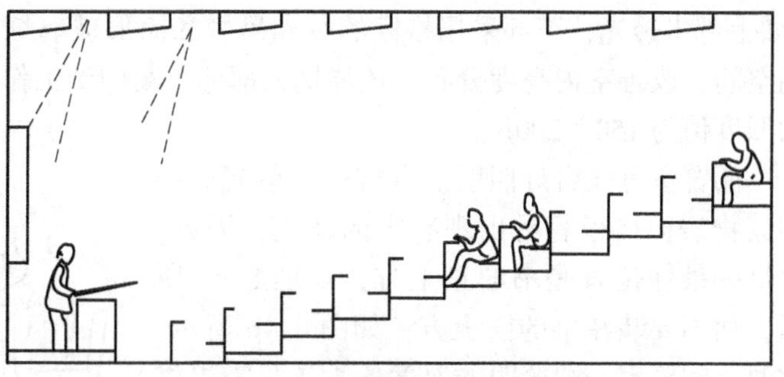

图 8-3　阶梯教室照明器的布置

6. 电源插座

（1）实验室用电插座　物理实验室宜在每个学生的实验桌上设单相三极插座和丁字形两极电插座各一个。丁字形两极电插座单独分路，并在控制箱处设置连接其他试验电源的条件。化学及生物实验室宜在每个实验桌上设单相三极插座一个；物理、化学、生物实验室的讲台处，应设两组单相两极、三极插座；物理实验室讲台处，需设三相电源插座；各实验准备室，应设 1 ~ 2 个实验电源插座组合盘；生物和化学试验准备室，应设电冰箱、恒温箱等用电插座。

实验用电插座宜按课桌纵列分路，每个支路需设开关控制与保护，每个实验室需设总控制箱。当设有实验准备室时，宜在其内设置切断实验室电源的开关；当无实验准备室时，可将控制箱设在教室内讲台侧。

实验用电插座单相一般用 250V/6A，三相一般用 500V/15A。实验台上的线路应加金属管进行保护。

化学实验室需要装设排气扇。若有毒气柜，需设置相应的通风机、控制与信号装置。

实验室内教学用电应该采用专用回路配电。对于电气类或非电气类专业实验室，电气设备试验台的配电回路应采用漏电保护装置。

（2）一般教室和其他场所用电插座　每个教室的前后，宜各设一个单相两极、三极插座；音乐教室、美术教室、教研室、阅览室、科技活动室等房间，宜在各墙面装设单相两极及三极插座；其他办公房间，一般至少设一个单相两极、三极插座。

每一照明分支回路，其配电范围不宜超过三个教室且插座宜单独回路配电。

一般用电的插座采用 250V/6A，明装的高度可为 1.4 ~ 1.8m，而暗装的高度可为 0.2 ~ 1.8m。设在教室内的低插座，其高度宜为 0.5m。两极插座宜采用扁圆插孔两用型。

医务室、厨房等场所的电热、电力用电设备的插座均应设专用开关控制与保护。

7. 图书馆照明

荧光灯是图书馆照明最适当的光源，最好是采取吸顶和嵌入式安装，为了不使照明器与顶棚之间造成过分的亮度对比，可采用漫射型照明器使光线分布均匀。在借阅书籍的地方适当增加局部照明。

（1）阅览室照明　在阅览室内，由于读者需要长时间连续阅读书报，为了减轻视觉疲劳，必须保证足够的照度值。照明光线宜柔和，尽量减少眩光，通常采用荧光灯照明。

大阅览室照明，当有吊顶时宜采用嵌入式荧光照明器。一般照明宜采用沿外窗平行方向控制或分区控制。提供长时间阅览的阅览室宜设置局部照明。阅览室最好采用半直接照明器

(如上部半透光，下部采用格栅的荧光吊灯和筒形玻璃灯罩白炽灯等)，使小部分光照到顶棚空间，改善室内亮度分布，还能把大部分光集中到工作面上。无局部照明时，阅览室一般的照度值为150～200lx。

阅览室可设台灯照明。台灯的直射光照到阅读物表面，很容易出现有害的眩光，因此，台灯的最佳位置是书的正上方，如图8-4a所示，而不要装在书的前上方，如图8-4b所示。此时，阅览室一般照明的照度值大约只需提供原来照度的1/3～1/2。

a) 正确位置

b) 错误位置

图8-4 阅览室台灯位置

在配备有供单人使用小型阅读机的专门阅览室内，最好使用荧光灯台灯，保证书面照度值为250～300lx。

大阅览室的插座宜按不少于阅览座位数的15%装设。

(2) 书库照明 书库内书架的照明要求有垂直照度，由于图书馆是开架借阅，书库照明的照度值与阅览室一样，按150～200lx进行设计。在布置灯位时，要注意顶棚上的灯光不能直接照入人眼，以防止眩光。书库照明宜采用窄配光或其他配光适当的照明器。通常，将照明器装在狭窄通道中央的上方（或将照明器直接装在书架上，可随书架一起移动)，如图8-5a所示；也可选用带反光板照明器或特殊设计的遮光罩，如图8-5b所示。固定式书库可采用反射型灯泡，从吊灯内或吸顶安装斜射到书架上面，如图8-5c所示。

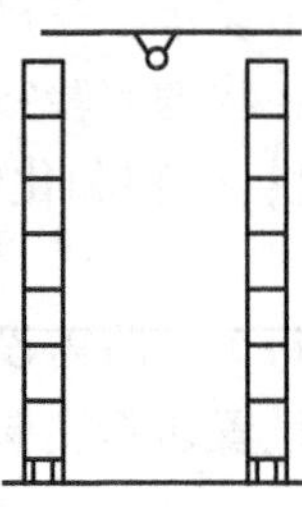

a) 吸顶荧光灯

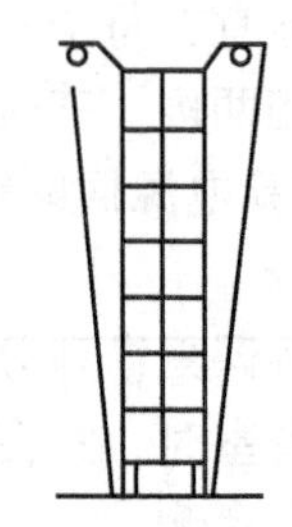

b) 带反光板的架上荧光灯

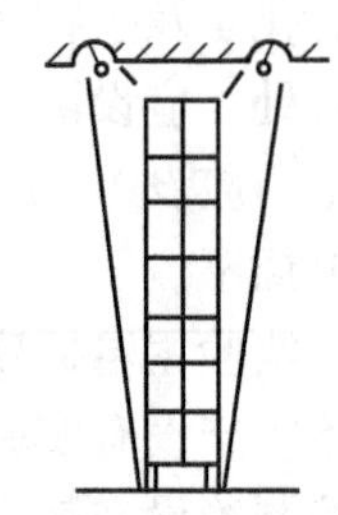

c) 嵌入(吸顶)反射灯

图8-5 书架照明布置

照明器与图书等易燃物的距离应大于0.5m。地面宜采用反射系数较高的建筑材料，以确保书架下层的必要照度。珍贵图书和文物书库应选用有过滤紫外线的照明器。

书库照明用电源配电箱应有电源指示灯并设于书库之外，书库通道照明应独立设置开关(在通道两端设置可两地控制的开关)，书库照明的控制宜用可调整延时的开关。

(3) 特殊灯光设备

1) 微缩胶片收藏制度是用摄影收录图书和参考文件，而用于保存和借阅的一种方法。原因是这些书籍和文件过于珍贵或者条件很坏已不适于一般借阅。微缩胶片阅读器应放在光线较暗，便于阅读放映影像的特设房间中。此处应特别注意照明器的选用和部位问题，以保证屏幕不会出现其他光源的反光。

2) 计算机检索是图书馆借助于微电子技术将图书内容存入存储器内，必要时利用计算机检索，将所要求的内容显示在屏幕上，或者通过打印设备打印出来。为了便于检索，计算机检索室照明要特别注意防止眩光，最好采用格栅型的荧光吸顶灯，其照度水平不应低于400lx。

3) 图书馆中经常举行特别展览，这种展览的总体效果主要是根据视觉印象效果如何而定。最好的办法是在展览区采用轨道灯装置，使用多盏聚光灯，这样布置特殊灯光既方便又安全。

重要图书馆应设应急照明、值班照明和警卫照明。

图书馆内的公共照明与工作（办公）区照明宜分开配电和控制。

每幢建筑在电源引入配电箱的位置，应设有电源总切断开关，各层应分设电源切断开关。

三、住宅照明

1. 照度标准

住宅建筑照明的照度标准，参见表6-2。

2. 照明器的选择

1）光源宜选用以白炽灯、稀土节能荧光灯为主的照明光源。

2）照明器在室内起着重要的装饰性作用，在选择照明器时应注意与室内空间的用途和格调，与室内空间的面积和形状相协调。根据厅、室的使用条件，照明器可选用升降式照明器或者其他功能的照明器。

3. 起居室照明

1）谈话是起居室内主要的活动之一，采用一对落地灯或台灯，或带有大漫射罩的吊灯，可以为谈话者提供一种和谐的照明效果。如果采用调光器，还能对一般照明的照度水平进行调节，以获得要求的气氛。

2）阅读要求有比较高的照度，一般来说，对于看书和看杂志，照度应在400lx以上。沙发近旁的落地灯可以提供良好的阅读照明，部分上射光能够形成良好的环境照明。这种照明器采用卤钨灯或紧凑型荧光灯作为光源。

3）书写要求有良好的局部照明，提供局部照明的照明器应该比较大，这样它产生的阴影比较小，轮廓也比较淡。光源可以采用白炽灯或紧凑型荧光灯。

4）看电视也是人们在起居室内的主要活动，在黑暗中看电视会使眼睛非常疲劳，在电视机上部或靠近电视机的地方安装照明器，或者采用小照明器照亮附近的墙面，以减少电视机与环境之间的亮度对比反差。

起居室内主要的环境照明由房中央安装的吸顶式照明器来提供，也可采用暗装式的间接照明。为了扩大房间的空间感，还可在周围采用一些照明器来照亮墙壁。

4. 卧室照明

1）卧室是休息的场所，需要安静、柔和的照明。在顶棚上安装乳白色半透明的照明器构成一般照明，也可以使用间接照明造成柔和、明亮的顶棚。

2）床头和梳妆台需加上局部照明以利于阅读和梳妆。在梳妆台两侧垂直安装显色性好的低亮度的带状光源，或在梳妆台上部安装带状照明器，以显出自然的肤色。在床头两边安装能独立调节和开关中等光束角的壁灯，以满足个人的需要，也可在床头安装台灯。如果房间较宽敞，有写字台或沙发，可在其上放置台灯或在旁边安装落地灯。

5. 厨房照明

1）厨房的照明要求没有阴影，不管是在水平面或垂直面上都有一定的照度，以方便工作和在橱柜内寻找东西。如果只有一般照明则会造成阴影，此时需加上局部照明以消除工作面上的阴影。

2）厨房的照明器应选用易于清洁的类型，如玻璃或搪瓷制品灯罩配以防潮灯口。宜与餐厅（或方厅）用的照明光源显色性相一致或近似。

3）一般照明和局部照明要选用高显色指数的光源（$R_a \geqslant 80$），为了节能，大多采用荧光灯。

6. 餐厅照明

1）没有单独餐厅的家庭，用餐的区域是起居室的一部分，这种情况的照明设计和餐厅照明设计的要求一样。

2）在餐厅中，主要活动是围绕餐桌进行的，将灯光集中在餐桌上，用餐者的面部能得到良好的照明，能形成一种亲密无间的气氛。通常采用一个悬挂于餐桌上方的照明器来进行照明。当餐桌较大时，可用两或三个小一点的照明器提供照明。

餐桌上方悬挂的照明器一般应高出桌面800mm，但最好能够调节高度，若照明器能进行调光则更好，这样可以根据不同的情况将照明调节到合适的水平。

3）餐厅还需要一般照明，使整个房间有一定的照明，避免有突兀之感。一般照明可采用吸顶式荧光照明器或嵌入式间接照明。

7. 盥洗室照明

1）盥洗室要求有良好的一般照明，以保证能透过淋浴间的帘子或玻璃屏。通常采用吸顶照明器来提供一般照明。

2）盥洗室也要求有良好的局部照明，可在盥洗室内镜子的两边垂直安装两个照明器，也可以在镜子的上方使用面光源，提供局部照明。为了再现人的肤色，要求采用显色性好的光源，尤其光谱中必须有丰富的红色成分。

3）盥洗室的照明器位置应避免安装在坐便器或浴缸的上面及其背后，照明器必须是密闭的，能防止水汽凝聚。开关如为跷板式则宜设于卫生间门外，否则应采用防潮防水型面板或使用绝缘绳操作的拉线开关。

8. 门厅、走廊与楼梯照明

1）门厅。门厅是联系卧室、厨房、盥洗室和起居室的过渡空间，是家庭的门面。门厅的一般照明可采用吸顶荧光灯或简练的吊灯，也可以在墙壁上安装造型别致的壁灯，保证门厅有较高的亮度。

2）走廊和楼梯间照明。照明器应装在易于维护的地方，对于宽度不大的走廊和楼梯间，应采用吸顶灯，安装在顶棚上。如采用壁灯照明，则应安装在楼梯的侧墙上，利用墙面反射光照亮楼梯水平面及垂直面。

9. 其他设计要求

1）可分隔式住宅（公寓）单元的灯位布置与电源插座设置，应该适应轻质隔墙任意分隔时的变化。可在顶棚上设置悬挂式插座，采用装饰性多功能线槽，或将照明器、电气装置与家具、墙体相结合。

2）高级住宅（公寓）中的方厅、通道和卫生间等宜采用带有指示灯的跷板式开关。

3）为防范而设有监视器时，其功能宜与单元内通道照明灯和警铃联动。

4）应该将公寓的楼梯灯与楼层层数显示相结合，公用照明灯可在管理室集中控制。高层住宅楼梯灯如选用定时开关，则应有限流功能并在事故情况下强制转换至点亮状态。

5）有关住宅（公寓）室内插座的设置应该符合规范的规定。

6）每户内的一般照明与插座宜分开配线，并且在每户的分支回路上除应装有过载、短路保护外还应在插座回路中装设漏电保护和过、欠电压保护功能的保护装置。

7）单身宿舍照明光源宜选用荧光灯，灯位与外窗垂直。室内插座不应少于两组。条件允许时可采用限电器控制室用电负荷或采取其他限电措施。在公共活动室亦应设有插座。

四、旅馆照明

一～三星级旅馆照明宜选用显色性较好的白炽灯、低压卤钨灯和稀土节能荧光灯光源；四星级及以上旅馆可选用荧光灯光源。旅馆照明的照明器应选用下射灯。

1. 照度标准

旅馆（或宾馆）建筑照明的照度标准见表8-1。

表8-1 旅馆（或宾馆）建筑照明的照度标准

类别		参考平面及其高度	照度标准值/lx		
			低	中	高
客房	一般活动区	0.75m水平面	20	30	50
	床头	0.75m水平面	50	75	100
	写字台	0.75m水平面	100	150	200
	卫生间	0.75m水平面	50	75	100
	会客室	0.75m水平面	30	50	75
梳妆台		1.5m高处垂直面	150	200	300
主餐厅、客房服务台、酒吧柜台		0.75m水平面	50	75	100
西餐厅、酒吧间、咖啡厅、舞厅		0.75m水平面	20	30	50
大宴会厅、总服务台、主餐厅柜台、外币兑换处		0.75m水平面	150	200	300
门厅、休息厅		0.75m水平面	75	100	150
理发		0.75m水平面	100	150	200
美容		0.75m水平面	200	300	500
邮电		0.75m水平面	75	100	150
健身房、器械室、蒸汽浴室、游泳池		0.75m水平面	30	50	75
游艺厅		0.75m水平面	50	75	100
台球		台面	150	200	300
保龄球		地面	100	150	200
厨房、洗衣房、小卖部		0.75m水平面	100	150	200
食品准备、烹调、配餐		0.75m水平面	200	300	500
小件寄存处		0.75m水平面	30	50	75

注：1. 客房无台灯等局部照明时，一般活动区域的照明可提高一级。

2. 理发的照度值适用于普通招待所和旅馆的理发厅。

2. 门厅照明

门厅照明设计就是用照明器造型和光照来充分表现旅馆的格调，通常以宁静、典雅为基调，使人感到亲切和温暖。为了突出主厅的豪华气派，门厅照明可采用以下投式为主的不显眼照明手法，门厅照明的亮度要同户外的亮度相协调，最好能用调光设备或开关装置对门厅的照明亮度进行调节。用灯光突出服务台，使客人知道服务台的位置。

3. 公共场所照明

旅馆的公共大厅、门厅、休息厅、大楼梯厅、公共走廊、客房层走廊以及室外庭院等场所的照明，宜在服务台（总服务台或相应层服务台）处进行集中遥控，但客房层走廊照明就地也可控制。健身房照明宜在男女服务间分别设置遥控开关。

（1）主厅　主厅又称休息厅，是供客人休息的场所，厅内一般摆设有沙发、台桌、工艺品和各种盆景，照明系统应与室内装修配合。当厅室高度超过4m时，宜使用建筑化照明（或下投式照明与立灯照明的组合照明），使主厅显得宽敞华丽；也可使用大型吊灯，显示豪华气派。

主厅照明应提高垂直照度，并随室内照度（受自然光影响）的变化而调节灯光或采用分路控制方式。主厅照明应满足客人阅读报刊所需要的照度要求。

（2）餐厅　餐厅主要供客人在明亮的气氛下舒适就餐，因此，宜采取高效率的嵌入式照明器（或用吸顶灯）加壁灯照明。可以选择白炽灯或荧光灯作为背景照明光源，照度可以达到100lx，餐桌上的照度最好可以达到300～700lx。酒吧、咖啡厅及茶室等照明设计，宜采用低照度水平并可调光，在餐桌上可设置电烛形的台灯，但在收款处应提高区域一般照明的照度水平。

（3）宴会厅　宴会厅要求装饰豪华，照明一般采用晶体发光玻璃珠帘照明器或大型、枝形吊灯，常采用建筑化照明手法，使厅内照明更具特色。有时对部分照明实行调光控制，提高照明的效果。宴会厅可以使用花灯、局部射灯、筒灯、荧光灯等不同照明器的组合，以适应不同场合功能的需要。大宴会厅照明应采用调光方式，同时宜设置小型演出用的可自由升降的灯光吊杆，灯光控制应在厅内和灯光控制室两地操作。

（4）内部商场　内部商场主要销售一般的生活用品、工艺品，因此需要对主要商品及陈列橱柜设置重点照明，利用光色表现商品所具有的特征和色彩，其亮度一般为一般照明的3～5倍。为了加强商品的立体感和质感，有时要使用方向性强的导轨灯配用反射灯泡投射到商品上。导轨灯可以根据商品陈列情况，随时移动照明器位置，调整照明器投射角度，增加或减少照明器的数量，调配亮度，避免眩光现象。

（5）旅馆的休息厅、餐厅、茶室、咖啡厅等处　宜设有地面插座及灯光广告用插座。

4. 多功能厅

多功能厅适用于召开会议，举办舞会和文艺演出。为满足各种功能要求，照明设计的关键是选择照明器和控制系统。

多功能厅要求配备多种光源，以适应各种环境气氛的要求。设有红外无线同声传译系统的多功能厅照明，当采用热辐射光源时，其照度不宜大于50lx。

（1）照明器　常用的照明器主要是装饰灯，通常选用大型的组合花灯、吊灯或吸顶灯。为了烘托主要装饰灯，常采用辅助灯饰（称之为底灯），其作用是与主要装饰灯相呼应形成明暗对比，并增加立体感。底灯宜选用吸顶式或嵌入式筒灯，可连续调光。变色灯也是一种辅助装饰灯，它使室内空间多姿多彩。光源可选用彩色荧光灯、白炽灯或霓虹灯。设有舞池的多功能厅，宜在舞池区内配置宇宙灯、旋转效果灯、频闪灯等现代舞用灯光及镜面反射球。旋转灯专供舞会使用，通过灯光的旋转和位移，给人一种活泼新奇的感觉。频闪灯的灯光应随着音乐节奏不断闪烁，产生明快的节奏感。

（2）控制方式　照明的控制方式是实现多功能照明的重要条件。手动控制将各种用途的照明器分成若干回路，然后根据使用场合的要求进行人工操作和调节。声控控制由声控器根据音乐节奏自动控制灯的通断和色彩的变换。程序控制把各种场合所需的照明形式存储在可编程自动调光器内，根据实际需要，自动执行预先存储的照明程序。舞池灯光宜采用计算机控制的声光控制系统，并可与任何调光器配套联机使用。

5. 走廊与电梯门厅

走廊与电梯门厅在建筑上是相连的，既要协调，也要有变化。电梯门厅的照度要略高于走廊。由于底层电梯门厅与入口大厅相连，故应选用较豪华的灯饰，其余各层电梯门厅的灯饰应与走廊的灯饰相协调。

通向会议室、餐厅、门厅及阅览室等公共场所的走廊，人流量较大，照度应为75～150lx，照明器排列要均匀，间距为3～4m。通向客房的走廊，人流量较小，照度可小一些，照明应以客房门口为重点，可采用吸顶灯或壁灯，光源宜选用白炽灯。客房层走廊应设清扫用插座。

楼梯间一般采用漫射式吸顶灯或壁灯，对于回转楼梯，可选用回转式吸顶灯或壁灯。旅馆的疏散楼梯间照明应与楼层层数的标志灯结合设计，宜采用应急照明灯。

6. 舞厅

舞厅是一种公共娱乐场所，应该使环境幽雅，气氛热烈。在舞厅内，一般采用筒形嵌入式照明器点式布置，作为咖啡座的低调照明和舞池的背景照明。舞池的顶棚上，应设置各种颜色的小型投射灯、导轨式射灯和旋转式射灯，通常中间还设有旋转反光球，接受颜色变换器的直接照射而不断地变换颜色，或者设置直射式旋转变色光球。导轨式和固定式各种颜色的射灯实行单独控制，并随着舞曲的音调起伏与节奏变化而不断闪烁。

7. 客房照明

客房一般由起居室和卫生间构成，为了给旅客提供舒适、安全的住宿条件，照明设计必须在满足实用的基础上，突出照明器的装饰作用，点缀室内气氛。

（1）房间照明　等级标准高的客房可不设一般照明，客房床头照明宜采用调光方式，客房的通道上宜设有备用照明。客房照明应防止不舒适眩光和光幕反射，设置在写字台上的照明器亮度应不大于510cd/m^2，也不宜低于170cd/m^2。

客房的进门处宜设有除冰柜、通道灯以外的切断电源开关（面板上宜带有指示灯），或采用节能控制器。

客房照明一般可以选用顶棚灯，在房间的中央采用吸顶式或吊装式安装，在房间的入口处和床头处实行双控。壁灯安装在靠茶几沙发的墙壁上，供看书阅读使用。客房的每个床位都要设置床头照明，双人客房的床头照明要选用光线互不干扰的照明器，并在伸手范围内能进行控制。当床侧放置床头柜时，可在该处设置地脚灯提供通宵照明。

客房设有床头控制板时，在控制板上可设有电视机电源开关、音响选频开关、音量调节开关、风机盘管风速高低控制开关、客房灯、通道灯开关（可两地控制）、床头照明灯调光开关、夜间照明灯开关等。有条件时还可设置写字台台灯、沙发落地灯等开关。等级标准高的客房的夜间照明灯用开关只选用可调光方式。

一般来说，客房各种插座与床头控制板常用接线盒装在墙上，当隔音条件要求高且条件允许时，可安装在地面上。客房内插座宜选用两孔和三孔安全型双联面板。除额定电压为220V以外的各种插座，应在插座面板上标刻电压等级或采用不同的插孔形式。

（2）卫生间照明　卫生间需要明亮、柔和的光线。卫生间的照明一般使用防潮、易于清洗的壁灯、吸顶灯，同时还要避免安装在有蒸汽直接笼罩的浴缸上部。光源可以采用白炽灯，安装在坐便器的前上方。客房穿衣镜和卫生间内化妆镜的照明，其照明器应安装在视野立体角60°以外（即以水平视线与镜面相交一点为中心，半径大于300mm），照明器亮度不宜大于2100cd/m^2。当用照度计的光检测器贴靠在照明器上测量时，其照度不宜大于6500lx。邻近化妆镜的墙面反射系数不宜低于50%。卫生间照明的控制开关宜设在卫生间门外。

当卫生间内设有220/110V电动剃须刀插座时，插座内的220V电源侧，应设有安全隔离变压器，或采用其他保证人身安全的措施。卫生间内需设置红外或远红外设备时，其功率不宜大于300W，并应配置0～30min定时开关。

高级客房内用电设备的配电回路，应装设有过、欠电压保护功能的剩余电流断路器。

8. 其他场所

1）旅馆的潮湿房间（如厨房、开水间、洗衣间等处），应采用防潮型照明器。机房照明可采用荧光灯，布置灯位时应避免与管道安装相矛盾。

2）地球（保龄球）室照明应避免眩光，宜采用反射型白炽灯或卤钨灯所组成的光檐照明。光檐照明应垂直于球体滚动通道方向布置，每道光檐照明的间距宜为3.5～4m。

3）高尔夫球模拟室可采用荧光灯组成的光檐照明，并在房间四周设置。

4）室外网球场或游泳池宜设有正常照明，同时应设置杀虫灯（或杀虫器）。

5）地下车库出入口处应设有适应区照明。

6）旅馆内建筑艺术装饰品的照度选择可根据下述原则：装饰材料的反射系数大于80%时为300lx；当反射系数为50%～80%时宜为300～750lx。

7）屋顶旋转厅的照度，在观景时不宜低于0.5lx。

五、商场照明

商场照明的目的是突出商店的商品特征，吸引顾客的注意，引起顾客的购买兴趣与欲望；在表现商品特征的同时，达到烘托店堂的气氛，给顾客以视觉导向的作用，使顾客易于找到自己所需要购买的商品。商场照明应该与商店的总体营销策略一致，并且随着商品和季节的变化具有一定的可变性。商场照明应选用显色性高、光束温度低、寿命长的光源，如荧光灯、高显色钠灯、金属卤化物灯及低压卤钨灯等，同时宜采用可吸收光源辐射热的照明器。

1. 商店的分类

商店的分类及光源要求见表8-2。商店常用的灯具布置方式如图8-6所示。

2. 照度标准

商场建筑照明的照度标准参见表6-6。

3. 营业厅照明

表8-2 商店的分类及光源要求

分类	Ⅰ	Ⅱ	Ⅲ	Ⅳ
价位	便宜	低	高	昂贵
商店形象	大型超市	物有所值型	质量型	精细选购型
商品范围	宽	商品有限	高品质商品，范围广	高档品，独特
销售方式	无需服务	需要服务	要求服务	需要个人服务
布置特点	老少皆宜	物有所值	布置较为精细	布置独特、环境幽雅
顾客人群	顾客来源广泛	社区服务	注重质量的顾客	顾客群较小
表现形式	自助式	陈列简单	购物是一种乐趣	高档个人服务
光源	荧光灯	荧光灯	荧光灯、卤钨灯	卤钨灯、金属卤化物灯
光色	自然白色光源	自然白色光源	暖白色光源	极暖白色光源
显色性	较好	较好	好	杰出
重点照明系数	<5	<5	15	>30
照明方式	一般照明	一般照明居多，有重点照明	一般照明与重点照明相结合	一般照明，而重点照明居多

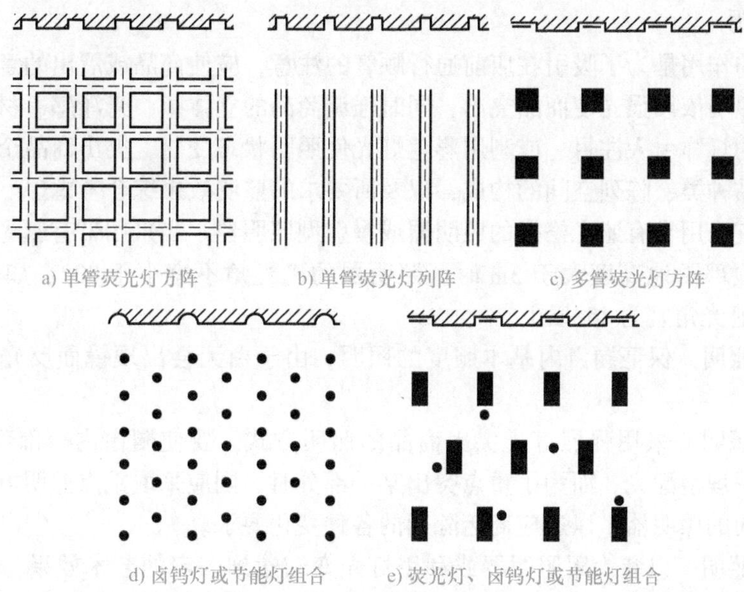

a) 单管荧光灯方阵 b) 单管荧光灯列阵 c) 多管荧光灯方阵

d) 卤钨灯或节能灯组合 e) 荧光灯、卤钨灯或节能灯组合

图8-6 商店常用的灯具布置方式

一般传统商店的照度为300lx，自助商店和一些商品展示室的照度为500lx，超市为750lx。营业厅照明包括一般照明、重点照明（功能性照明）和装饰照明三种。

（1）一般照明　在营业厅照明设计中，一般照明可按水平照度设计，但对布匹、服装以及货架上的商品，应考虑垂直面上的照度。对于营业厅光环境设计，应充分使照明起到功能作用。在自然光下显示使用的商品时，以采用高显色性（$R_a > 80$）光源、高照度水平为宜；而在室内照明下显示使用的商品时，可采用荧光灯、白炽灯或其混光照明。

（2）重点照明　重点照明是指对主要场所和对象进行重点投光，目的在于增强顾客对商品的注意力。其亮度可根据商品种类、形状、大小及展览方式灵活调整且与周围店堂空间的基本照明相匹配。

一般使用强光来加强商品表面的光泽，强调商品形象，其亮度是基本照明的 3 ~ 5 倍。为了加强商品的立体感和质感，常用方向性强的控光照明器和利用色光以强调特定的部分。

重点照明经常采用的光源是白炽灯、卤钨灯、金属卤化物灯和白色高压钠灯。照明设计宜采用非对称性配光照明器，并应适应陈列柜台布局的变动。可选用配线槽与照明器相组合并配以导轨灯或小功率聚光灯的设计方案。对于导轨灯的容量，在无确切资料时每延长 1m 按 100W 计算。

（3）装饰照明　装饰照明可对室内进行装饰，增加空间层次，制造环境气氛。装饰照明通常使用装饰吊灯、壁灯、挂灯等图案形式统一的系列照明器，使室内繁华而不杂乱，渲染了室内环境气氛，更好地表现具有强烈个性的空间艺术。

装饰照明不能兼作一般照明或重点照明。珠宝、首饰等贵重物品的营业厅应设值班照明和备用照明；营业厅的每层面积超过 1500m^2 时应设应急照明；灯光疏散指示标志宜设置在疏散通道的顶棚下和疏散出入口的上方；商业建筑的楼梯间照明宜按应急照明要求设计并与楼层层数显示结合。

大营业厅照明应采用分组、分区或集中控制方式。

4. 橱窗照明

橱窗照明的作用是为了吸引在店前通行顾客的注意，应使商品或展出的意图尽可能地引人注目。橱窗照明依靠强光使商品突出，同时强调商品的立体感、光泽感、材料质感和色彩等，利用不同的灯饰引人注目，或利用彩色灯光使照明状态变化，突出商品个性。橱窗照明设计应根据商品种类、陈列空间的构成，以及所要求的照明效果综合考虑。

橱窗照明宜采用带有遮光格栅的照明器或漫射型照明器。当采用带有遮光格栅的照明器且安装在橱窗顶部距地高度大于 3m 时，照明器的遮光角不宜小于 30°；如安装高度低于 3m，则照明器遮光角宜为 45°以上。

（1）基本照明　保证橱窗内基本照度的照明。由于白天会出现镜面反光现象，所以要提高照度水平。

（2）聚光照明　采用强烈灯光突出商品的照明方式。要使橱窗内全部商品都明亮时，照明器应采取平埋型配光；而为了重点突出某一部分时，则应采取重点照明方式，选择能随意变换照射方向的照明器，以适应商店陈列的各种变化要求。

（3）强调照明　以装饰用照明器或利用灯光变幻达到一定的艺术效果，来衬托商品的照明方式。在选择装饰用照明器时，应注意在造型、色彩、图案等方面和陈列商品协调配合。

（4）特殊照明　根据不同商品的特点，使之更为有效地表现出商品特征的照明方式。表现手法有：从下方照射，属于突出商品飘动感的脚光照明；从背面照射，属于突出玻璃制品透明感的后光照明；采用柔和的灯光包容起来的撑墙支架照明方式。特殊照明器的安装应注意隐蔽性。

室外橱窗照明的设置应避免出现镜像，陈列品的亮度应大于室外景物亮度的10%。展览橱窗的照度宜为营业厅照度的2～4倍。用亮度高的光源照射商品时，要注意避免反射眩光，避免发生不舒服的感觉。

5. 陈列照明

（1）陈列架照明　为了使全部陈列商品亮度均匀，照明器设置在陈列架的上部或中段，光源可采用荧光灯，也可采用聚光灯，磨砂玻璃透光等可以给商品以轻快的感觉。重点商品采用逆光照明时，必须有足够的亮度，通常使用定点照明灯，使商品更加引人注目。

（2）陈列柜照明　玻璃器皿、宝石、贵金属等的陈列柜台应采用高亮度光源；布匹、服装、化妆品等的柜台宜采用高显色性光源。柜台内照明的照度宜为一般照明照度的2～3倍。但由一般照明和局部照明所产生的照度不宜低于500lx。肉类、海鲜、苹果等的柜台则宜采用红色光谱较多的白炽灯。为了强调商品的光泽感而需要强光时，可利用定点照明或吊灯照明方式。照明灯光要求能照射到陈列柜的下部。对于较高的陈列柜，有时下部照度不够，可以在柜台的中部装设荧光灯或聚光灯。

商品陈列柜的基本照明手法有以下四种：

1）柜角的照明。在柜台内拐角外安装照明器时，为了避免灯光直接照射顾客，灯罩的大小尺寸要选配适当。

2）底灯式照明。对于贵重工艺品和高级化妆品，在陈列柜的底部装设荧光灯管，利用穿透光线有效地表现商品的形状和色彩。若同时使用定点照明，则更可增加照明效果，显示商品的价值。

3）混合式照明。当陈列柜较高时，在柜台的上部使用荧光灯照明，下部需要增加聚光灯照明，这样可以使灯光直接照射陈列柜的底部。

4）下投式照明。当陈列柜不适合装设照明器时，可以在顶棚上装设定点照射的下投式照明装置。下投式照明器的安装高度和照设方式应结合陈列柜的高度、顶棚高度和顾客站立的位置决定。

6. 广告照明

广告照明要求显示广告本身，以达到宣传和引人注目等特殊效果。在广告照明中，常用的光源有白炽灯、卤钨灯、荧光灯及氖灯等，其中氖灯的应用最广泛。

（1）光电式广告牌　利用白炽灯组成各种文字或图形，通过开关电路的变换方式使文字或图形发生变化。白天用红色的15～25W灯泡，夜晚多使用红、蓝、绿色灯泡，后面布置抛物线反光镜，这样可以使广告更加醒目。

（2）内照式广告牌　采用乳白色丙烯树脂板建造的箱式广告牌，里面装设荧光灯。由于丙烯树脂的实际耐温为80°C，在设计内照式广告牌时，应考虑温度变化，不能使温度超过此值。为了保护电气线路避免出现短路故障，应注意防止雨水浸入灯箱。

（3）氖灯广告　氖灯又称霓虹灯，在广告照明中所使用的氖灯管有透明管、荧光管、着色管和着色荧光管四种。广告效果是通过可编程序控制器按一定顺序接通氖灯管制成各种图案来达到的。氖灯广告控制箱内一般设有电源开关、定时开关和控制接触器。电源开关采用塑壳自动开关，定时开关有电子式及钟表机构式两种。

氖灯管所用的高压电源由单相霓虹灯变压器提供，低压输入220V交流电，高压输出电压为15kV，容量为450V·A。变压器高压侧额定电流为0.03A，低压侧额定电流为2.05A，可供直径为12mm、长度为10m或直径为6~10mm、长度为8m的灯管使用。霓虹灯变压器应靠近广告牌安装，一般隐蔽地放在广告牌的后面。当霓虹灯的供电容量超过4kV·A时，应采用三相供电方式。

氖灯广告控制箱一般装设在与氖灯广告牌毗邻的房间内。为了防止在检修氖灯广告牌时触及高压电，在氖灯广告牌现场应加装电源隔离开关。在检修时，先断开控制箱的开关，然后再断开现场的隔离开关，避免合闸时氖灯管带电。

第二节 室外照明

一、体育场地照明

体育场地照明光源宜选用金属卤化物灯、高显色高压钠灯。同时，场地用直接配光的照明器应带有格栅，并附有照明器安装角度的指示器。

比赛场地照明应满足使用的多样性。室内场地的布灯采用高光效、宽光束与狭光束配光的照明器相结合方式或选用非对称性配光照明器；室外足球场地应采用狭光束配光（1/10峰值发光强度与峰值发光强度的夹角不宜大于12°）泛光照明器，同时应有效控制眩光、阴影和频闪效应。

1. 照度标准

体育运动场所照明的照度标准参见表6-19~表6-20。

2. 照明器的布置方式与安装高度

室外运动场地的照明在决定灯位布置和安装高度时，首先考虑的是在运动方向和运动员正常视线方向上，尽量减小光源对运动员所产生的眩光干扰。

通常照明器的布置方式和安装高度可分为四类，见表8-3。

表8-3 照明器的布置方式和安装高度

方 式	布置地点	布置图	照明器安装高度	计算公式	用 途
侧面照明	比赛场地的两侧布置照明器	见图8-7a	见图8-7e	$H \geqslant (D+W/3)\tan 30°$	田径比赛、足球场、橄榄球场及网球场等
四角照明	比赛场地的四角处布置照明器	见图8-7b	见图8-7f	$H \geqslant L\tan 25°$	足球场及橄榄球场等
周边照明	比赛场地的周围布置照明器	见图8-7c		根据目标个别确定	棒球场及田径比赛场等
四角与侧面并用照明	比赛场地的四角和电视摄影机一侧布置照明器	见图8-7d		上述两个公式并用	进行彩色电视摄像的足球场及橄榄球场等

无论采用哪一种照明器布置方式，在选择安装高度时，都不能使光线射入运动员正常视线的30°角上下的方向内。此外，对于主要利用低空间的运动项目，如田径、游泳、射箭及滑雪等，其运动范围大部分在距离地面3m的高度内进行，照明器安装高度不得低于6m。对于主要利用高空间运动的项目，如足球、棒球、网球、高尔夫球及橄榄球等球体的运动，运动范围除地面外，还在距离地面10～30m的空间进行，照明器安装高度不得低于9m。

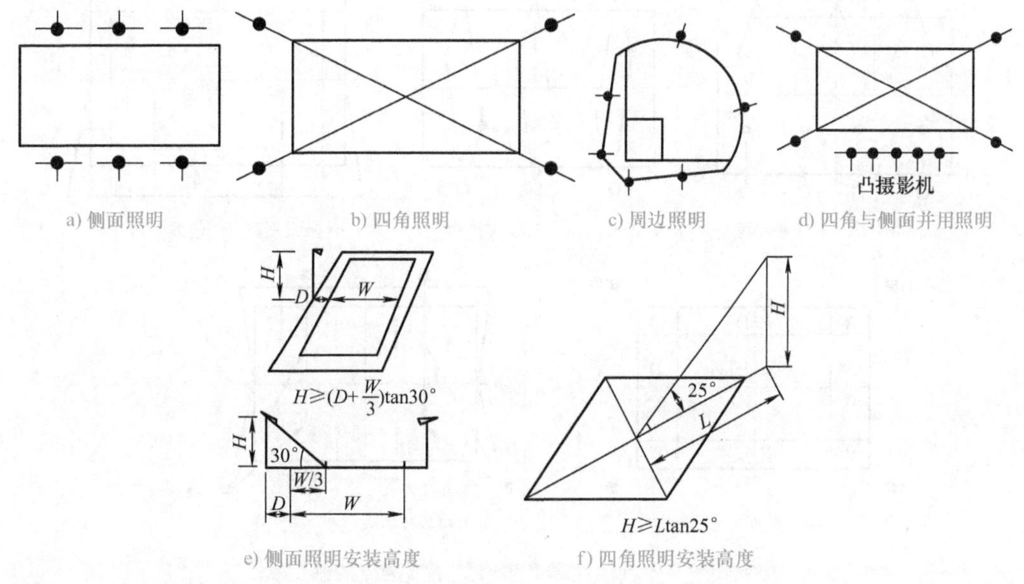

图8-7　照明器的布置方式和安装高度

3. 照明器瞄准点的确定

（1）瞄准点原则　根据以下原则确定瞄准点：

1）瞄准点必须使照明器射出的光通量绝大部分能投射到运动场地和预设的被照面上。为了增加背景亮度，投射到观众席的光通量应小于投射到场地中的光通量的25%。

2）保证整个运动场地有足够均匀的水平照度和垂直照度，并且在该场地上空一定高度范围内（足球项目一般取15m）有足够的亮度，而且不可产生暗区。

3）每个瞄准点要有几个不同照明器投射光束的叠加，一旦某个光源出现故障，不会对被照场地的照度均匀度有太大的影响。

4）瞄准点的设定必须做到在运动员和观众视野范围内有最小的眩光干扰。

5）瞄准点的设置要简便，一般将俯角都设定为规格化，而对方位角进行调整。

（2）不同的灯位布置方式　通常采用以下几种照明方式：

1）侧面照明方式。对于训练场地，照明器仅向半场投射，瞄准点距边线25m左右为宜，如图8-8a所示。对于大型比赛及进行电视摄像的场地，需加强垂直照度，应把照明器一部分光束投向对面半场内，瞄准点离自侧边线50m为宜，如图8-8b所示。为了提高场地两端的垂直照度及避免对足球运动守门员的眩光干扰，场地两端的照明器应尽量向外移，照明器向场内投射，如图8-8c所示。

2）四角照明方式。四角照明方式中，照明器瞄准点的确定，一般先根据灯塔的高度、照明器的光束角以及发光强度分布等情况，将运动场地划分为中央区、两端区、边线区、四角区等四个区域，然后，按图 8-8d 中所划分每个灯塔所应投射的区域，确定每个区域内每个灯塔所应承担光通量的比例。通常，每个灯塔承担的照度是中央区为 1/4；两端区和边线区为 1/2，四角区均为各自承担。也就是说，为保证场地的照明均匀性，每个灯塔投至四个区的实际照度之比为 1∶2∶2∶4。

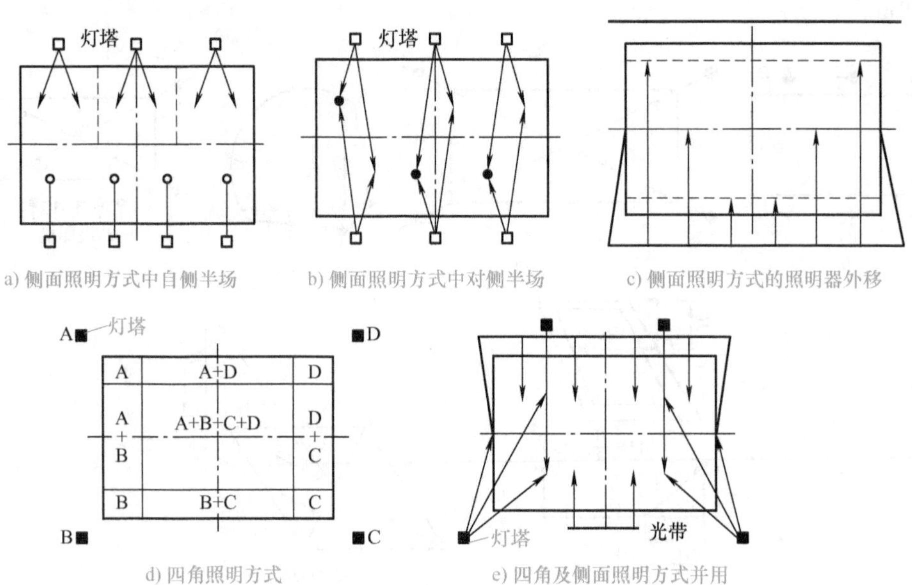

图 8-8　不同照明器布置方式下瞄准点的确定

3）四角及侧面照明方式并用。并用照明方式的瞄准点确定，是以四角照明方式为主体，侧面照明方式只是为解决彩色摄像机的摄像主轴方向增加垂直照度。因此，四角灯塔的瞄准点主要在场地中线以外，而侧面光带的照明器瞄准点主要分布在自侧场地，如图 8-8e 所示。

4. 综合性体育场

综合性大型体育场宜采用光带式或与塔式组成的混合式布置灯位的形式。

（1）两侧光带式布置灯位　在罩棚（或灯桥）布置灯位的长度应该超过球门线（底线）10m 以上。如果还有田径比赛场地，两侧灯位布置总长度应不少于 160m 或采取环绕式分组布置灯位，泛光灯的最大发光强度射线至场地中线与场地水平面的夹角应为 25°，至场地最近边线（足球场地）与场地水平面夹角应为 45°～70°。

（2）四角塔式布置灯位的灯塔位置　应选在球门的中线与场地底线成 15°，半场中心线与边线成 5°的两线相交后，两条延长线所包括的范围之内，并将灯塔安置在场地的对角线上。灯塔最低一排灯组至场地中心与场地水平面的夹角宜为 20°～30°。

在比赛场地内的主要摄像方向上，场地水平照度最小值与最大值之比不宜小于 0.5；垂直照度最小值与最大值之比不宜小于 0.4；平均垂直照度与平均水平照度之比不宜小于 0.25。体育馆（场）观众席的垂直照度不宜小于场地垂直照度的 0.25。

对于训练场地的水平照度均匀度，水平照度最小值与平均值之比不宜大于 1∶2（手球、速滑、田径场地照明可不大于 1∶3）。

足球与田径比赛相结合的室外场地，应同时满足足球比赛和田径场地照明要求。场地照明的光源色温宜为4000～6000K。光源的一般显色指数应不低于65。

5. 足球场

足球运动项目是典型的利用空间的运动，要求场地上部空间有较强的光线。

室外足球训练场地可采用两侧灯杆（4、6或8灯杆）塔式布置灯位，灯杆的高度不宜低于12m。泛光灯的最大发光强度射线至场地中线与场地水平面的夹角不宜小于20°，至场地最近边线与场地水平面的夹角宜为45°～75°（采用6灯杆式时夹角可为45°～60°；采用8灯杆式时夹角可为60°～75°）。灯杆在场地两侧应均匀布置。

因照明范围大（运动场地的面积在700m^{2}以上），要求照明的质量比较高，必须采用以远距离投射（窄光束）的照明器为主。为减少光源对运动员眩光的影响，足球场要有相当高的垂直照度。照明器的安装高度要高，应将照明塔布置在场地的转角处，与球门边线中心点的连线与底线成15°，并与以场地纵向中心点与边线成5°的两直线相交点处，如图8-9所示。根据足球运动的特点，球门附近区域的照度比其他部分要高些。

6. 网球场

网球场照明器的基本布置如图8-10所示。

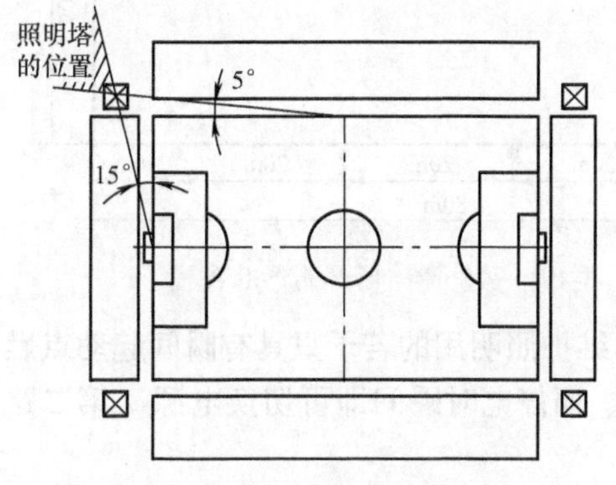

图8-9 足球场照明器的布置

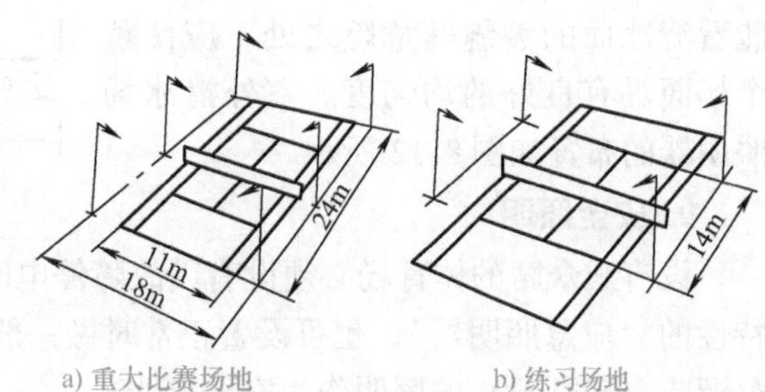

图8-10 网球场照明器的基本布置

由于网球场地较窄，相应的照明范围也较窄，故要求的投射距离较近，一般采用宽光束投射配光的照明器。为了避免运动员和网球产生强烈的阴影，照明器应采用两侧对称排列，并且要求在运动员的视线方向上不出现强光。为了满足场地上部空间有充足的照度，照明器安装高度不可低于10m。根据网球运动的特点，为满足运动员、裁判员和观众的视觉条件，在球网附近区域要特别提高照度。

7. 室外游泳池

室外游泳池白天自然采光，晚间则采用人工照明。室外游泳池照明器的布置如图8-11所示。一般照明是采用宽光束照明器做近距离投射，照明器安装在泳池四周侧面照明，应使光源最大发光强度的射线至最远池边，并与池水面的夹角为50°～60°。确定瞄准点应尽量做到减少光线进入运动员视线的频率，以泳池水面的反射光不进入运动员、观众视线为依据，确定照明器的安装高度。为了保证运动员、游泳者的安全和管理的需要，水面及地边的照度值不宜低于100lx。

当游泳池内设置水下照明时，应设有安全接地等保护措施。水下照明指标中水池面为

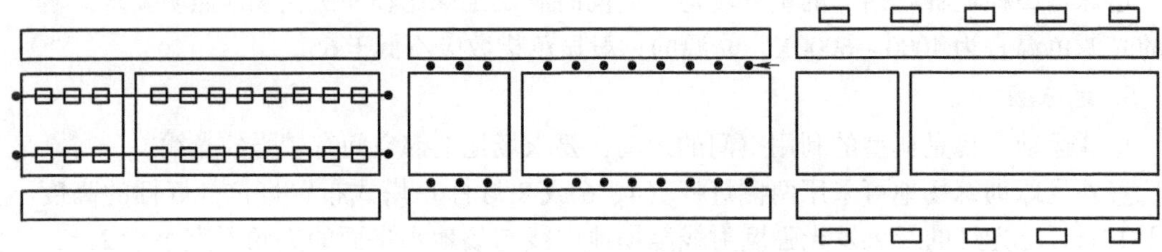

图 8-11 室外游泳池照明器的布置

600 ~ 650lm/m²。水下照明灯上沿口距离水面 0.3 ~ 0.5m；照明器间距应为 2.5 ~ 3.0m（浅水部分）和 3.5 ~ 4.5m（深水部分）。

8. 室外滑冰场

室外滑冰场地规格一般为 80m × 50m，该运动项目是低位运动，所以需要照明的均匀度比较高，而且不能出现强烈的阴影。为不致使对滑行者产生强烈阴影，宜采用照明器两侧对称排列的方式。因为该运动是低位进行的，故应采用近距离投射，照明器的出射配光为宽光束型。应注意避免冰面反射光进入运动员视线。为了能看清冰面的裂缝等危险之处，应使整个场面具有良好的均匀度。室外滑冰场照明器的布置如图 8-12 所示。

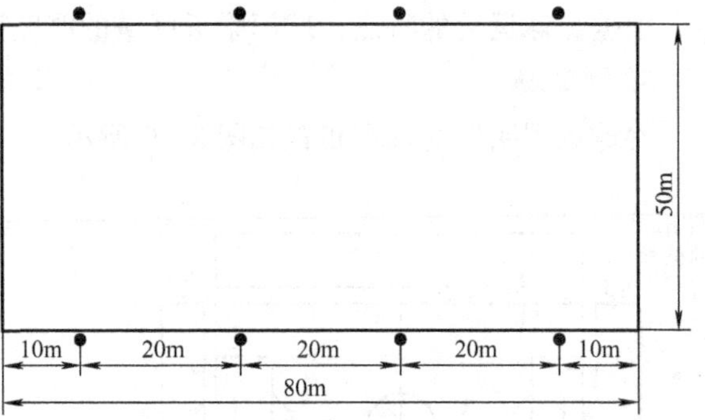

图 8-12 室外滑冰场照明器的布置

9. 安全照明

设有观众席的体育场必须设有因故障停电时作为维护照明用的若干只具有瞬间起动点燃特性的“应急照明器”。也可设置正常时做一般照明、而停电时瞬间即可切换电源（第二路电源或直流电源）的照明作为安全照明。

二、道路照明

照明良好的公路、街道和广场，会给人带来舒适、安逸和轻松的感觉，有利于交通质量的改善，减少交通事故，从而提高了交通的安全性。同时，良好的照明，消除了暗角，减小了交通参与者与居民的恐惧感，有助于维护公共秩序。

为了满足人们对和谐气氛的追求和突出建筑总体形象的需要，公路照明无论在白天或是夜晚的灯光效应都要与周围的环境浑然成一体。

1. 质量标准

（1）路面平均亮度 $\bar{L}$　人的视觉在黑暗中对颜色的感知力是通过辨别物质之间的颜色差异来实现的。物体与背景之间的亮度差异可以用亮度对比度来表示，即

$$C = (L_0 - \bar{L})/\bar{L} \tag{8-1}$$

式中，L_0 为物体自身亮度（cd/m²）；$\bar{L}$ 为背景亮度（cd/m²），此处为路面平均亮度。

1）当 $L_0 > \bar{L}$ 时，将呈现出较亮的物体轮廓，路面较暗，此时两者呈现正对比。

2）当 $L_0 < \bar{L}$ 时，物体可以显示出轮廓，此时是负对比。道路照明中主要使用负对比。

（2）路面亮度分布的亮度均匀度 U_0　亮度均匀度是指路面的最小亮度 L_{min} 与平均亮度 $\bar{L}$ 的比值，即

$$U_0 = L_{min}/\bar{L} \tag{8-2}$$

将车道轴线上路面的最小亮度 L_{min} 与最大亮度 L_{max} 之比定义为纵向均匀度，即

$$U_1 = L_{min}/L_{max} \tag{8-3}$$

如果在路面上连续、反复出现亮带与暗带，就会出现斑马效应。纵向均匀度可用来描述斑马效应的严重程度。

路灯照明的照度均匀度（最小照度与最大照度之比）宜在 1∶15～1∶10 之间。

（3）眩光程度 *TI*(%)　相对阈值增量(*TI*)是以路面平均亮度 $\bar{L}$ 为背景亮度 L_b，当满足 $0.05cd/m^2 < L_b < 5cd/m^2$ 条件时，*TI* 的计算公式可近似表示为

$$TI \approx \frac{65L_v}{0.8L} = 81.25\frac{L_v}{L} \tag{8-4}$$

式中，L_v 为等效光幕亮度（cd/m^2），此处为眩光产生。

（4）道路周围的环境指数 *SR*　环境指数 *SR* 定义为路边外侧 5m 宽的区域中的平均亮度与道路内侧的 5m 宽（路边起算）区域内的平均亮度之比。若路宽小于 10m，则取道路的一半宽度进行计算，*SR* 一般为 0.5。

（5）路灯排列的视觉诱导性　在道路照明中，合理的照明器布置，可以产生好的视觉引导，并将前方道路的走向、交叉情况传递给汽车驾驶员，这样可减少交通事故的发生，保证交通安全。

（6）适应性　道路照明的开始和结束对交通安全运行有着非常重要的意义。在人的视野内，眼睛要适应亮度的变化需要有一定的时间，因此，下列情况需要设置适应路段：

1）允许行驶速度 $v \geqslant 50km/h$，照明是在有建筑的区段之外或周围黑暗，且主路段的亮度 $L \geqslant 1cd/m^2$。

2）不同亮度的路段相互衔接处，亮度的适应时间需要 10s。在适应路段行驶时，照明器的光通量应逐步减小或变化。

2. 照度标准

机动车道照明标准见表 8-4～表 8-6。道路的照度要求在 5～15lx 以上。

表 8-4　机动车道照明标准

级别	道路类型	路面亮度			路面照度		眩光限制阈值增量 *TI*（%）最大初始值	环境比 *SR* 最小值
		平均亮度 L_{av}/(cd/m^2) 维持值	总均匀度 U_o 最小值	纵向均匀度 U_L 最小值	平均照度 $E_{h,av}$/lx 维持值	均匀度 U_E 最小值		
Ⅰ	快速路、主干路	1.50/2.00	0.4	0.7	20/30	0.4	10	0.5
Ⅱ	次干路	1.00/1.50	0.4	0.5	15/20	0.4	10	0.5
Ⅲ	支路	0.50/0.75	0.4	—	8/10	0.3	15	—

注：1. 表中所列的平均照度仅适用于沥青路面。若系水泥混凝土路面，其平均照度值相应降低约 30%。

2. 表中各项数值仅适用于干燥路面。

3. 表中对每一级道路的平均亮度和平均照度给出了两档标准值，“/”的左侧为低档值，右侧为高档值。

4. 迎宾路、通向大型公共建筑的主要道路、位于市中心和商业中心的道路，执行Ⅰ级照明。

供行人及非机动车使用的道路的照明标准值应符合表 8-5 的规定，眩光限值应符合表 8-6 的规定。

表 8-5 供行人及非机动车使用的道路的照明标准

级别	道路类型	路面平均照度 $E_{h,av}$/lx 维持值	路面最小照度 $E_{h,min}$/lx 维持值	最小垂直照度 $E_{v,min}$/lx 维持值	最小半柱面照度 $E_{sc,min}$/lx 维持值
Ⅰ	商业步行街；市中心或商业区人行流量高的道路；机动车与行人混合使用、与城市机动车道路连接的居住区出入道路	15	3	5	3
Ⅱ	流量较高的道路	10	2	3	2
Ⅲ	流量中等的道路	7.5	1.5	2.5	1.5
Ⅳ	流量较低的道路	5	1	1.5	1

注：最小垂直照度和半柱面照度的计算点或测量点均位于道路中心线上距路面 1.5m 高度处。最小垂直照度需计算或测量通过该点垂直于路轴的平面上两个方向上的最小照度。

表 8-6 供行人及非机动车使用的道路的照明眩光限值

级别	最大发光强度 I_{max}/(cd/1000lm)			
	≥70°	≥80°	≥90°	>95°
Ⅰ	500	100	10	<1
Ⅱ	—	100	20	—
Ⅲ	—	150	30	—
Ⅳ	—	200	50	—

注：表中给出的是灯具在安装就位后与其向下垂直轴形成的指定角度上任何方向上的发光强度。

3. 光源的选择

路灯照明光源宜采用高压钠灯、高压汞灯和白炽灯等。路灯伸出路沿边宜为 0.6～1.0m，路灯水平线上仰角宜为 5°，路面亮度不宜低于 1cd/m²。交通公路照明主要采用低压钠灯和荧光高压汞灯；城市内街道照明主要采用高压钠灯和金属卤化物灯。

4. 照明方式

（1）灯杆照明　灯杆照明高度在 15m 以下，照明器安装在灯杆顶端，沿道路延伸布置灯杆，可以充分利用照明器的光通量，视觉导向性好。这种照明方式适用于一般的道路、桥梁、街心花园和停车场等。

1）灯杆位置与道路的关系如图 8-13 所示。照明器安装在灯杆顶端，沿人行道路布置灯杆，灯杆的高度为 10～15m，悬挑长度小于 1.0m；安装高度为 10m，悬挑长度为 1.0～1.5m；安装高度为 12m，一般安装角度控制在 15°，照明器布置在人行道边缘的正上方。

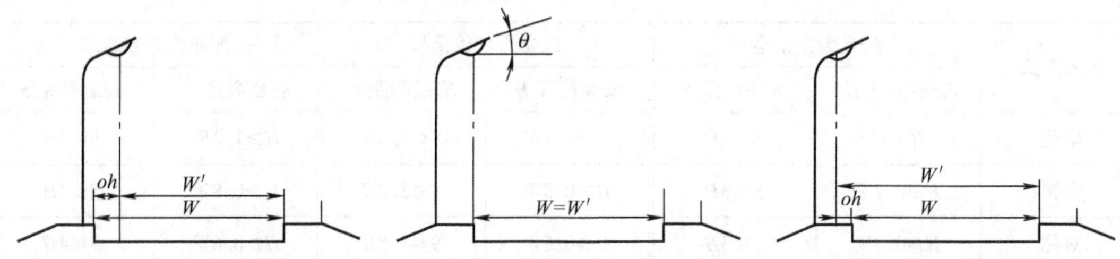

图 8-13 灯杆位置与道路的关系

oh—灯具外伸长度 *θ*—灯具仰角 *W*—道路宽度 *W'*—光源中心至车道右边距离

2）灯位的布置可以采用单侧、对称、交错、中央布置。中央布置灯位方式用于有中央隔离带的道路，可根据道路的宽度和结构来决定。灯位的布置方式见表 8-7。

表 8-7 灯位的布置方式

灯位的布置方式	俯 视 图	道路宽度/m
单侧	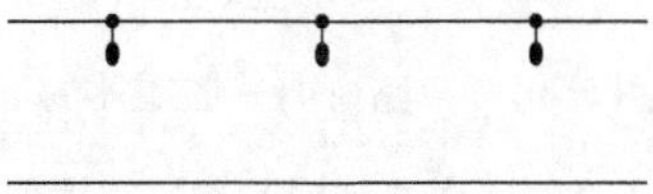	<12
交错	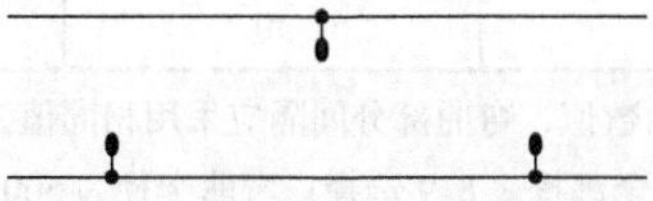	<24
对称	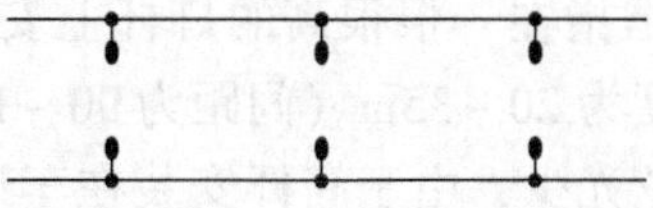	<48
中央隔离带	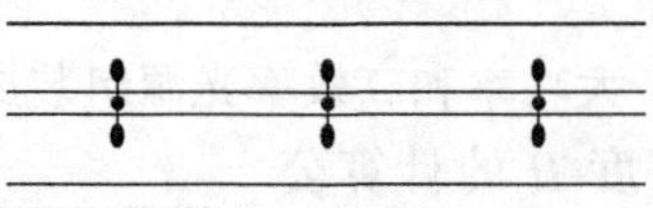	<24
中央隔离带双挑与对称	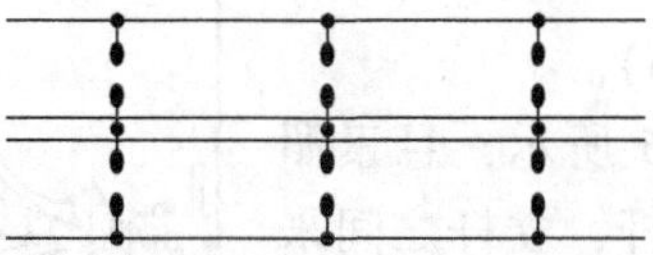	<90

3）道路照明中应根据使用的场所和周围的条件来选择有适当配光特性的照明器，常使用截止型、半截止型及非截止型等。各种照明器的安装高度和灯杆间距见表 8-8。

表 8-8 各种照明器的安装高度和灯杆间距 （单位：m）

排列方式	配光为截止型		配光为半截止型		配光为非截止型	
	安装高度 H	安装间距 S	安装高度 H	安装间距 S	安装高度 H	安装间距 S
单侧	$H\geqslant W$	$S\leqslant 3H$	$H\geqslant 1.2W$	$S\leqslant 3.5H$	$H\geqslant 1.2W$	$S\leqslant 4H$
交错	$H\geqslant 0.7W$	$S\leqslant 3H$	$H\geqslant 0.8W$	$S\leqslant 3.5H$	$H\geqslant 0.8W$	$S\leqslant 4H$
对称	$H\geqslant 0.5W$	$S\leqslant 3H$	$H\geqslant 0.6W$	$S\leqslant 3.5H$	$H\geqslant 0.6W$	$S\leqslant 4H$

注：W 为车道宽。

4）弯道处通常是事故发生的频繁处，为了使道路照明有很好的引导性，一般原则是无论其前后直线部分是哪种布置方式，都在弯曲部分的外线设置照明器，如图 8-14 所示。弯曲处照明器的布置间距见表 8-9。

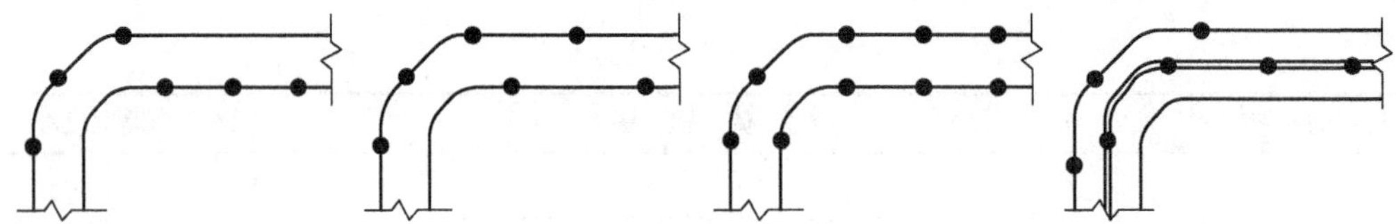

图 8-14 道路弯曲处照明器的配置

表 8-9 弯曲处照明器的布置间距

道路弯曲半径/m	>300	>250	>200	<200
照明器布置间距/m	35	30	25	20

注：1. 直线部分间距小于表 8-9 中的数值，弯曲部分间隔应采用相同值。

2. 弯曲半径在 500m 以下时，应全部按表 8-9 选择；弯曲半径为 500 ~ 1000m 时，应尽量按表 8-9 选择；弯曲半径在 1000m 以上时，可按直线部分选择。

（2）高杆照明 高杆照明是指在一根很高的灯杆上安装多个照明器，进行大面积的照明。一般来说，高杆照明的高度为 20 ~ 35m（间距为 90 ~ 100m），最高可达 40 ~ 70m。

这种照明方式非常简洁，眩光少，由于高杆安装在车道外，进行维护时不会影响交通。其缺点是投射到域外的光线多，导致利用率较低，而且初期投资费用和维护费用昂贵。这种照明方式适用于复杂道路的枢纽点、高速公路的立体交叉处及大型广场。

高杆照明的光源可选用多个大功率和高效率光源组装成轴对称配光的照明器，也可采用升降式的灯盘。照明器安装高度 H 的计算公式为

$$H\geqslant 0.5R \tag{8-5}$$

式中，R 为被照范围的半径（m）。

（3）悬索照明 如图 8-15 所示，悬索照明是在道路中央的隔离带上立杆，立杆之间采用钢索作为拉线，照明器悬挂在钢索上，这种方式适用于有中央隔离带的道路。一般立杆的高度为 15 ~ 20m，立杆间距为 50 ~ 80m，照明器的安装间距一般为高度的 1 ~ 2 倍。

图 8-15 悬索照明

悬索照明的照明器配光沿着道路横向扩张，眩光少，路面的亮度均匀度、视觉导向性好，湿路面与干路面相比，亮度变化不大，雾天形成的光幕效应也较少。这种照明较适用于潮湿多雾的地区。

(4) 栏杆照明　栏杆照明是指沿着道路走向，在两侧约1m高的地方安装照明器。栏杆照明不用灯杆，适用于飞机场附近，可以避免障碍问题。由于照明器的安装高度很低，易受污染，维护费用高，照明距离小，有车辆通过时，在车辆的另一侧面会产生强烈的阴影。这种方式仅适用于车道较窄处的照明，而且在坡度较大的地方和弯道处，应特别注意眩光的控制。

三、人行横道照明

当在人行横道前后50m以内，连续设有30lx以上的道路照明时，人行横道可不必另设照明，否则必须设置人行横道照明。特别是有斜坡路和转弯道路，应加强这部分的照明设施。

1. 照度标准

我国对人行横道的照度尚无明确的规定，国外对人行横道的照度，规定在横道宽度的中心线以上1m的地方的照度，见表8-10所示。如果人行横道附近另有其他照明设置可以满足表中数值，可以不再设置人行横道照明。

2. 照明器的布置

人行横道范围部分的照明器可以采用荧光汞灯、钠灯、荧光灯及碘钨灯等光源。人行横道与其邻近道路照明的照明器配置，应相互适应，协调一致。人行横道照明的照明器位置如图8-16所示。

表8-10　人行横道照度标准参考值

横道0.6W的范围		人行步道
平均	最小	最小
40lx以上	25lx以上	40lx以上

注：W为车道宽。

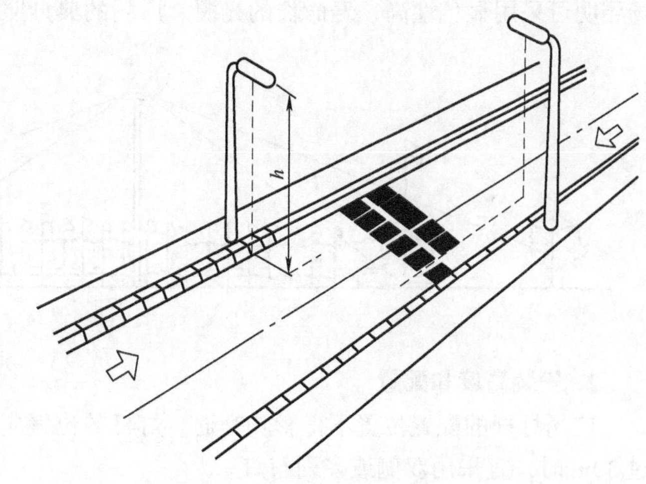

图8-16　人行横道照明的照明器位置

若光源的高度为h，人行横道中心线到光源的垂直距离为D，光源延伸幅度为L，则应满足以下条件：当$h \geqslant 5\text{m}$、$L \geqslant 1.5\text{m}$时，则距离D与光源延伸幅度L之比$D/L = 0.7 \sim 1.3$。一般而言，两侧交错布置如图8-17a所示；而两侧对称布置如图8-17b所示，它适用于较宽的道路。不太繁华和人流不多的人行横道可采用反射型灯泡集中照射。

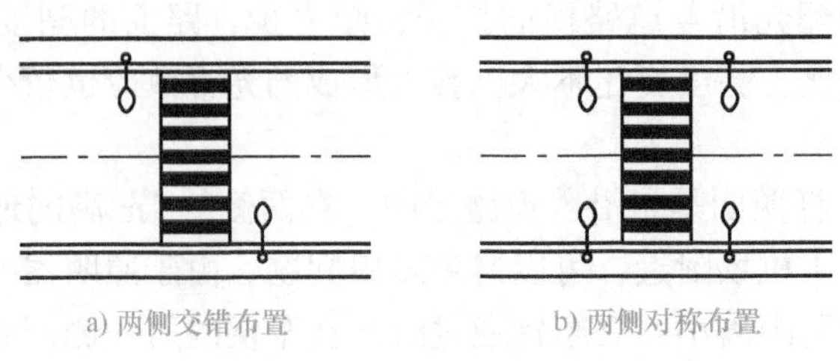

a) 两侧交错布置　　b) 两侧对称布置

图 8-17　人行横道的照明

四、广场照明

1. 广场照明的种类

（1）展览会场　展览会场的照明比重非常大，照明设计应该同建筑设计非常紧密地协同进行，这样才能在展览会场中产生良好的照明效果。

（2）集会广场　可以采用高杆灯照明，最好不采用广场中央的柱式灯，以免妨碍集会。要保证标准照度和良好的照度分布，使用显色性好的光源。当采用高杆或建筑物侧面设置投光照明时，需采用格栅（或调整照射角度）来消除眩光。

（3）交通广场　交通广场是人员车辆集散的场所，要使用显色性好的光源。大部分是车辆的地方要使用效率高的光源，要求从远处能识别车辆颜色；公共汽车站等地方必须确保足够的照度；火车站中央广场的照明设施，因为旅客流动量大，容易沾上灰尘和其他污染，必须设置在广场中心的周围，所用照明器要容易维护，其形式应同建筑物风格相协调。

广场照明常选用荧光高压汞灯、高压钠灯及金属卤化物灯，特殊情况采用氙灯。停车广场照明可采用显色性高、寿命长的光源。广场的典型照明如图 8-18 所示。

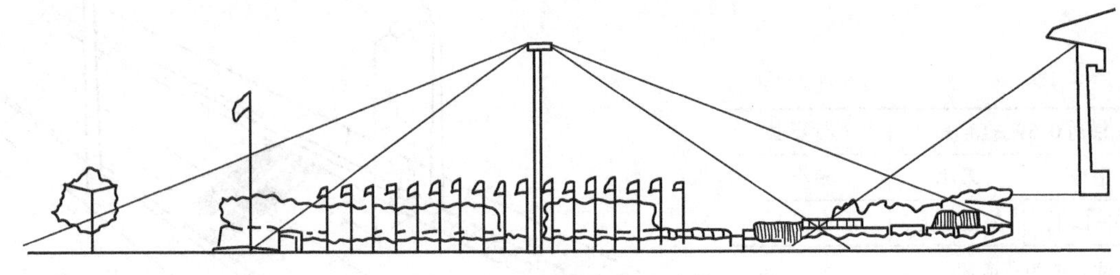

图 8-18　广场的典型照明

2. 安装高度和配置

广场灯杆的配置位置不得影响交通。灯杆的位置应沿广场的长向布置，当广场的宽度超过 30m 时，宜采用双侧或多列布灯。

（1）高杆照明方式　按照配光不同其照明范围也不同，当使用轴对称配光的照明器在垂直或接近垂直照射地面时，考虑照度的均匀性，原则上照明器安装高度 H 的计算公式为

$$H \geqslant 0.5R \tag{8-6}$$

式中，R 为被照范围的半径（m）。

（2）投光灯照明方式　根据以下两种场合进行分析：

1）一般广场。如图 8-19a 所示，一般有两种排列设置方案：

一侧排列　$S\leqslant 2H$　(8-7)

两侧对称排列　$S\leqslant 2.7H$　(8-8)

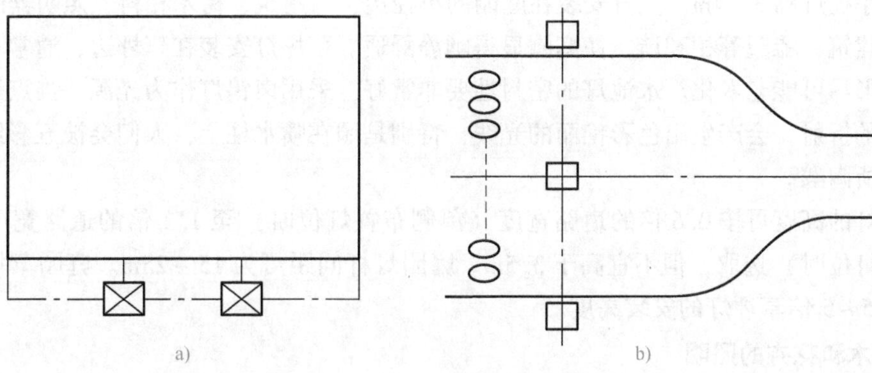

图 8-19　照明器的布置

2）收费处广场。如图 8-19b 所示，一般有三种排列方案：

两侧排列，照明器的安装高度为

$$\begin{cases} H_1 \geqslant 0.5W \\ H_2 \geqslant 0.5W \end{cases} \tag{8-9}$$

一侧排列（照明器仅安装在 H_1 处），照明器的安装高度为

$$H_1 \geqslant 0.6(W_1 + 0.3W_2) \tag{8-10}$$

中间设置。如果照明杆塔的高度超过 30m，可在中央建立一个照明塔 H_3，则这个照明杆塔的高度为

$$\begin{cases} H_1 \geqslant 0.5W_1 & H_2 \geqslant 0.5W_2 \\ H_3 \geqslant 0.5W_1 & H_3 \geqslant 0.5W_2 \end{cases} \tag{8-11}$$

式中，H 为照明器的安装高度（m）；W 为广场宽度（m）；W_1、W_2 为广场的 1/2 宽度（m）；S 为照明器安装间距（m）；H_1、H_2、H_3 为照明器安装位置。

第三节　景观照明

一、城市景观照明

1. 庭园照明

一般庭园照明的范围较小，照明器选型要简洁艺术，要让人们有置身于田园之间的感觉。灯杆的高度宜在 2m 以下，可以在假山草地旁设置埋地灯。对于住宅楼群之间的休息庭

园，应在道路上下坡、拐弯或过溪涉水之处设置路灯以方便住户。

庭园照明光源宜采用小功率、高显色的高压钠灯、金属卤化物灯、高压汞灯和白炽灯。室外照明宜选用半截光型或非截光型配光的照明器。当沿道路或庭园小路配置照明时，应有诱导性的排列（如采用同侧布置灯位）。

园林小径灯高3～4m，竖直安装在庭园的小径边，与建筑、树木相衬。照明器的功率不大，要与建筑、雕塑等相和谐，使庭园显得幽静舒适。草坪灯安装在草坪边，通常草坪灯都较矮，外形尽可能艺术化。水池灯的密封性要非常好，采用卤钨灯作为光源。当点燃时，灯光经过水的折射，会产生出色彩艳丽的光线，特别是照在喷水柱上，人们会被五彩缤纷的光色和水柱所陶醉。

庭园灯的高度可按0.6倍的道路宽度（单侧布置灯位时）至1.2倍的道路宽度（双侧对称布置灯位时）选取，但不宜高于3.5m。庭园灯杆间距可为15～25m。庭园草坪灯的间距宜为3.5～5倍草坪灯的安装高度。

2. 树木和花卉的照明

树木照明是根据树木形体的几何形状来布灯的，必须与树的形体相适应。灯光照亮树木的顶部，可以获得虚无缥缈的感觉，分层次照明不同亮度的树和灌木丛，可以造成深度感。为了不影响观赏远处的目标，位于观看者面前的物体应该较暗或不设照明，同时，要求被照明的目标不应出现眩光。

地面上的花坛都是从上往下看的，一般使用蘑菇状的照明器。此类照明器距离地面的高度为0.5～1m，光线只向下照射，可设置在花坛的中央或侧面，其高度取决于花的高度。由于花的颜色很多，所用的光源应有良好的显色性。

3. 雕塑的照明

对于5～6m高的中、小型雕塑，主要是照亮雕塑的全部，不要求均匀，要依靠光、影及其亮度的差别，把它的形体显示出来，所需灯的数量和灯位，视对象的形状而定。

当被照的雕塑位于地平高度，并独立于草坪的中央时，照明器最好与地面水平安装，以减少眩光，如图8-20a所示；如果雕塑下面有一底座，照明器应尽量布置得远一些，底座的边缘不要在雕塑的下侧形成阴影，如图8-20b所示；如果雕塑位于人们行走的地方，照明器可固定在路灯杆上或装在附近建筑物上，如图8-20c所示，必须防止眩光。

4. 旗帜照明

对于装在大楼顶上的一面单独旗帜，在屋顶上应布置一圈投光照明器，圈的大小是旗帜所能达到的极限位置，将照明器向上瞄准，并略微斜向旗帜。根据旗帜的大小以及旗杆的高度，可以采用3～8个宽光束型的投光灯，如图8-21a所示。旗帜插在一个斜的旗杆上时，应在旗杆两边低于旗帜最低点的平面上，分别安装两只投光照明器，这个最低点是在无风的情况下确定的，如图8-21b所示。若只有一根单独的旗杆，可在旗杆离地面至少2.5m处，用一圈密封光束灯（PAR灯）安装在筒形照明器内并向上照射，位置距离下垂旗帜的下端至少0.4m（无风的情况下确定的），以防燃烧，如图8-21c所示。当有一组旗杆上挂有旗帜时，分别用装在地面上的密封光束灯照明每根旗杆，照明器的数量和安装位置取决于所有旗帜覆盖的空间。

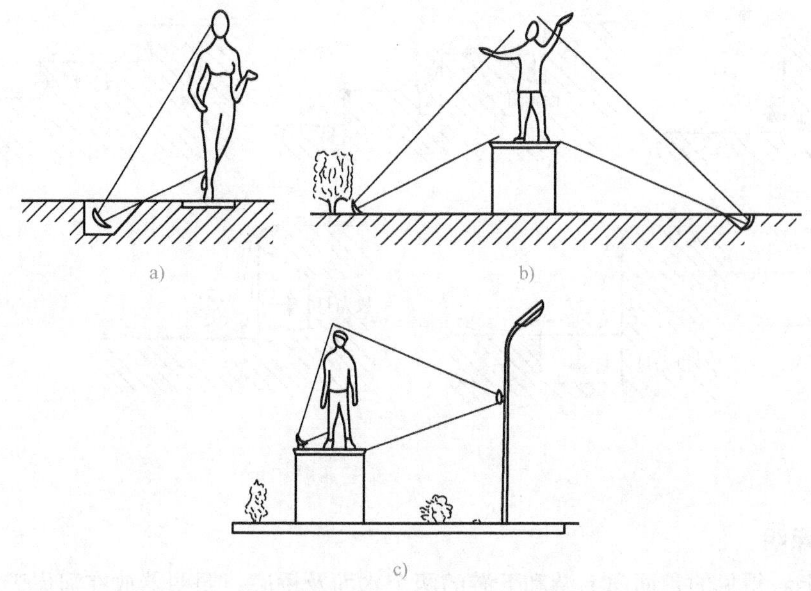

图 8-20　雕塑的照明布置

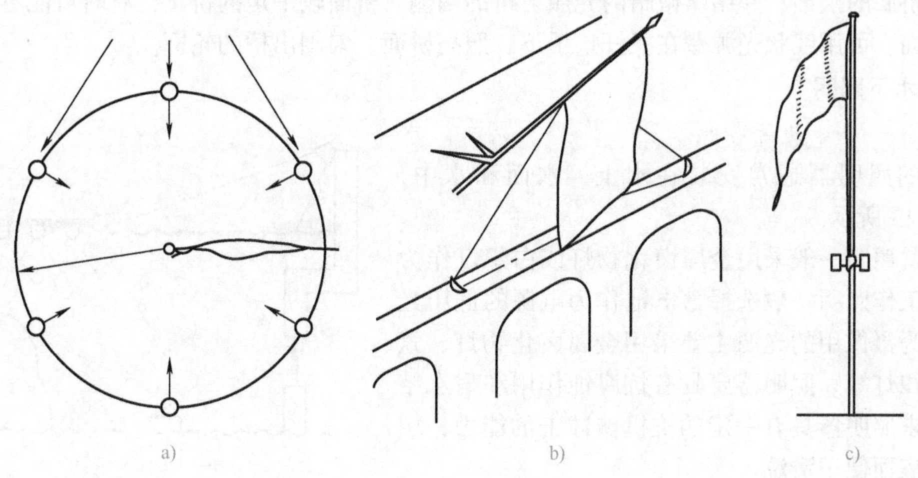

图 8-21　旗帜的照明

5. 水景照明

城市中的喷泉、瀑布、水幕等水景是动态的，而湖泊、池塘是静态的。水幕或瀑布照明的照明器应装在水流下落处的底部。光源的光通量输出取决于瀑布落下的高度和水幕的厚度等因素，也与水流出口的形状造成的水幕散开程度有关，如图 8-22a 所示。踏步式水幕的水流慢且落差小，需在每个踏步处设置管状的灯，如图 8-22b 所示。照明器投射光的方向可以是水平的也可以是垂直向上的，如图 8-22c 所示。

静止的水面或缓慢的流水能反映出岸边的一切物体。如果水面不是完全静止的而是略有些扰动的，则可采用掠射光照射水面，获得水波涟漪、闪闪发光的感觉。照明器可以安装在岸边固定的物体上，当岸上无法照明时，可用浸在水下的投光照明器来照明。

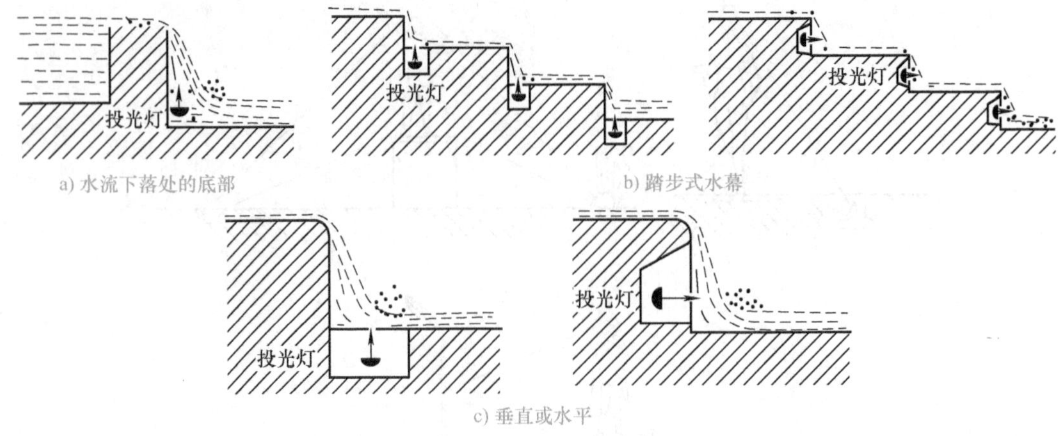

图 8-22 水幕或瀑布的照明布置

6. 桥的照明

人在桥上看得见的是面向上游和下游的两个水面及桥底，照明器放在河岸旁，用扩散的光照亮桥底的拱面。如果桥的长度和高度较大，则可在桥墩上另加照明器来补充照明，用强光照明桥底的拱面，并用略微暗的光照射桥的两侧。桥面较平坦的桥梁，有时可能看不到桥底的拱面，可用线状光源藏在栏杆扶手下，照亮桥面，勾画出桥的轮廓。

7. 水下照明

水下照明分为观赏照明和工作照明两种。水下照明的照明器通常安装在水上、水面和水中，如图 8-23 所示。

观赏照明一般采用金属卤化物灯或白炽灯作为光源。工作照明一般选择蓄电池作为电源的低压光源，作为摄像用的光源主要采用金属卤化物灯、氖灯及白炽灯等。照明器要具有抗腐蚀作用和耐水结构，要求照明器具有一定的抗机械冲击的能力，照明器的表面便于清洗。

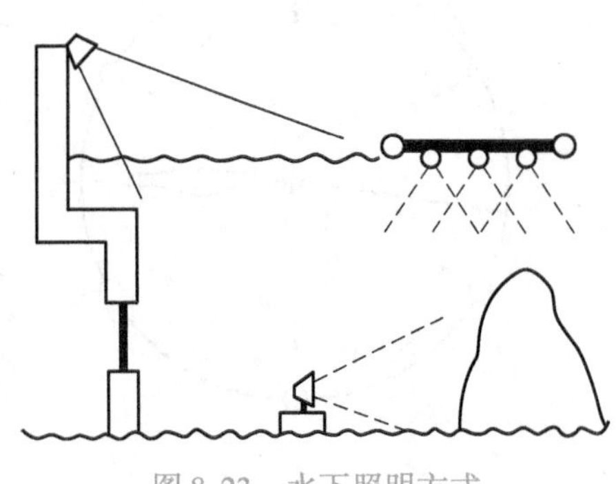

图 8-23 水下照明方式

8. 喷泉照明

在水流喷射情况下，将投光照明器装在水池内喷口后边，如图 8-24a 所示；或装在水流重新落到水池内的落点下面，如图 8-24b 所示；或在两个地方都装上投光照明器，如图 8-24c 所示。由于水和空气有不同的折射率，故光线进入水柱时，会产生闪闪发光的效果。

喷泉照明的照明器一般安装在水下 30 ~ 100mm 处，在水上安装时，应选在不会产生眩光的位置。照明器选用简易型照明器和密闭型照明器。12V 照明器适用于游泳池，220V 照明器适用于喷水池。

喷泉顶部的照度，当周围的环境比较亮时，喷泉的照度可以选择 100lx、150lx、200lx；比较暗时，可选择 50lx、75xl、100lx。喷泉照明的光源一般选择白炽灯，可采用调光方式；当喷泉较高时，可采用高压汞灯或金属卤化物灯。颜色可采用红、蓝、黄三原色，其次为绿色。喷水高度与光源功率的关系见表 8-11。

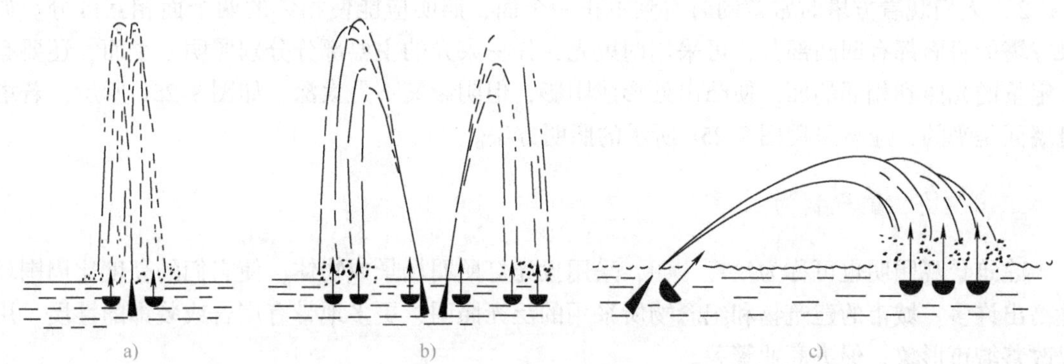

图 8-24　喷泉照明的布置

表 8-11　喷水高度与光源功率的关系

光源类别	白　炽　灯					高压汞灯	金属卤化物灯
光源功率/W	100	150	200	300	500	400	400
适宜的喷水高度/m	1.50 ~ 3	2 ~ 3	2 ~ 6	3 ~ 8	5 ~ 8	>7	>10

当喷水的照明采用彩色照明时，由于彩色滤光片的透射系数不同，要获得同等效果，应使各种颜色光的电功率的比例按表 8-12 中的数值选取。

表 8-12　光色与光源电功率比例

光　色	电功率比例	光　色	电功率比例
黄	1	绿	3
红	2	蓝	10

欲使喷水的形态有所变化，可与背景音乐结合，进而形成“声控喷水”方式或采用“时控喷水”方式。

9. 高塔照明

从塔的形状上来看，主要分为圆塔形和方塔形。

1）圆塔形的照明采用窄光束照明器，安装在比较近的地方，光束边缘的光线正好与塔身相切。最好采用三个或三组投光照明器，成 120°安装，如图 8-25a 所示。当采用三组投光照明器时，每组投光照明器对塔身不同的高度进行照明。

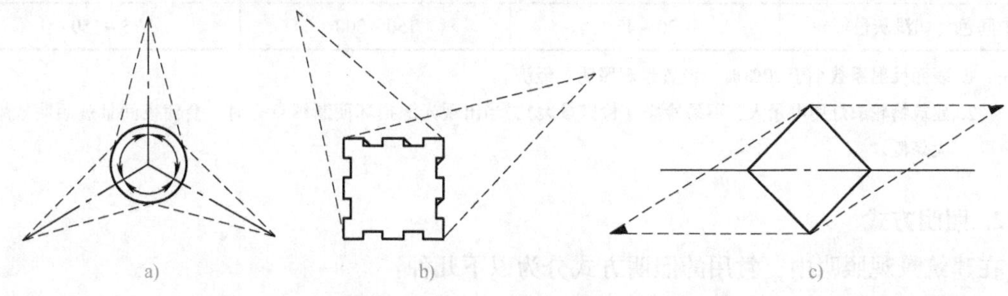

图 8-25　高塔照明

2）人们观看方塔时常常同时看到不止一个面，照明应能使相邻的两个面相互区分。如果方塔的每面都有凹凸部分，可采用两束光，任一束光的主要部分分别照明一个面，还要有一定量的光照到相邻的面，使凸出处形成阴影，但阴影又不是太深，如图 8-25b 所示；若塔身墙面是平的，应该采用图 8-25c 所示的照明方法。

二、建筑物景观照明

建筑景观照明也可称为投光照明，采用投光灯照明场景或物体，使它们的亮度比周围环境高出许多。城市的建筑物和纪念物所采用的泛光照明，更多地带有广告或装饰的性质，用以改善城市形象，促进商业繁荣。

目前城市中主要使用投光照明的建筑物有纪念物，如具有建筑艺术的城堡、教堂、剧院、有名的公共或私人建筑；商业或工业建筑物，如大百货商店、银行、办公楼或工厂；自然景点，如自然界中的悬崖、山峡、峡谷及瀑布都可以给城市的夜景增添生气；特殊建筑物，如桥梁、立交桥、塔及水坝等；城市中的建筑小品，如塑像、雕塑、浮雕及亭台楼阁等，此外还有公园、花园、花坛、树木及草坪等。

1. 照度标准

城市平均亮度的推荐值、城市夜间景观照明的照度值，分别见表 8-13、表 8-14。

表 8-13　城市平均亮度的推荐值

区域划分	平均亮度/(cd/m^2)	地　区	区域划分	平均亮度/(cd/m^2)	地　区
照明较暗淡	4	较暗淡或照明差的地方	很明亮	12	市中心的娱乐、商业区
比较明亮	6	小镇、大城市的市郊			

表 8-14　城市夜间景观照明的照度值

建筑物或构筑物表面特征		周围环境特征	
		明	暗
外观景色	反射系数（%）	照度值/lx	
白色（如白色、乳白色）	70～80	75～150	30～75
浅色（如黄色）	45～70	100～200	50～100
中间色（如浅灰色等）	20～45	150～300	75～150

注：1. 表面反射系数小于 20% 时，设置景观照明不经济。

2. 建筑物轮廓灯用电量大，不易检修（检修量大），当出现光源损坏而断续点亮时，会使夜间景观照明效果大大降低。

2. 照明方式

在建筑景观照明中，常用的照明方式分为以下几种：

1）投光照明。用于平面或有体积的物体，显示被照物的造型，将投光灯放在被照物周围就可获得永久且固定的效果。

2）轮廓照明。将发光线条固定在被照物的边界和轮廓上，以显示其体积和整体形态，用光轮廓突出它的主要特征。

3）形态照明。利用光源自身的颜色及其排列，根据创意组合成各种发亮的图案，装贴在被照物的表面起到装饰作用。

4）动态照明。在上述三种照明方式的基础上对照明水平进行了动态变化，变化可以是多种形式的，如亮暗、跳跃、走动及变色等，以加强照明效果。

5）特殊方式（声与光）。以投光照明对象为基础，通过光的色彩变化，结合音乐伴奏和声响以达到综合的艺术效果，如灯光音乐喷泉等。

3. 设计的步骤

1）确定泛光灯的安放位置、所要求的光分布类型和光源特性符合应用情况。

2）用流明法计算灯的数量和负载是否达到所要求的照度。

3）采用逐点法计算并验算是否达到要求的照度均匀度，绘制泛光灯的瞄准点图样。

大多数装饰性泛光照明的设计只要进行前两个步骤，第三个步骤可能会对初步计算做必要修正。

4. 设备布置与安装高度

泛光照明的设备可放置在区域范围内或安装于区域范围外的高塔、高杆或其他现存的建筑上。在确定泛光灯的光束角和瞄准点之前，必须决定安装的高度以及需要照亮区域的边界。

一般说来，安装高度越高，所需要的灯杆、高杆或高塔越少。安装高度较高的泛光照明系统通常是安装费最低、最有用和最有效的系统。安装高度 H 与该地区的纵深 D 的关系是影响该系统性能的重要指标。

如果从一侧照明一个露天场地，D/H 的值必须不大于5.0，如图8-26a所示；如果该场地内有障碍物，如堆料场和停车场，那么该比值应降至3.0，如图8-26b所示；当存在过多的障碍物时应该降为2.0，甚至降为1.5，如图8-26c所示；当照明来自两侧时，该比值则可升至7.0，如图8-26d所示，但是，如果存在障碍物则应该降至4.0。除了技术原因以外，安装高度可能还要受到美观方面及地方法规条例的限制。

确定了可能的安装高度和照明方向后，应考虑每个或每组泛光灯的间隔距离。间隔距离与安装高度的比值（称为“*SHR*”）是由所选用的泛光灯通过垂直平面中发光强度最大的水平方向上的水平或横向光束角来决定的。如果所需照亮区域为垂直平面，例如一座建筑的表面或一幅广告招贴牌，其安装高度就变成了泛光灯到该表面的距离。这种情况的照明计算和照亮区域与水平平面的计算相同。

不对称泛光灯的 *SHR* 值通常在1.5～2.0之间。*SHR* 值为3.0时的照度均匀度不好。如果由于场地的限制而导致了较高的 *SHR* 值，则应该将照明器的方向瞄准侧面而不是直接瞄向前方。

5. 表面是平面的建筑

对建筑物的表面是比较平的立面进行泛光照明时，为了减轻均匀照明平面时产生的单调感，可采用一些不同颜色的光源，借助不同的彩色光带，强调显示建筑物垂直结构的特征，如高压钠灯、彩色的金属卤化物灯等。现在使用比较多的彩色金属卤化物灯有发绿色光的碘

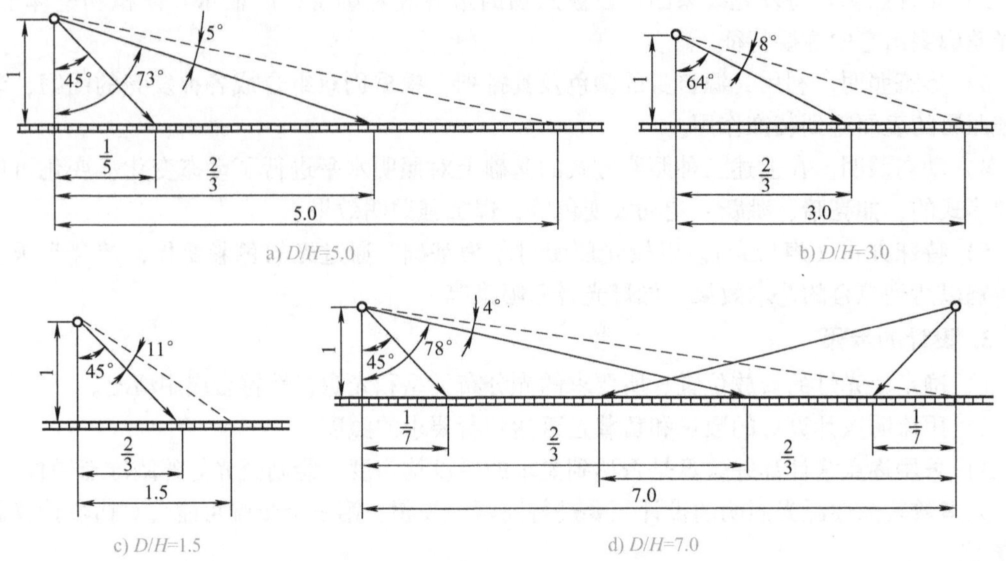

图 8-26 不同 D/H 值的照明范围

化铊灯、发蓝色光的碘化铟灯和发粉红色光的碘化锂灯。高大建筑物的立面照明需要采用高功率、窄光束、高发光强度的投光灯进行照明。

对建筑物的一侧立面进行泛光照明时，投光照明器可以按一定的间隔进行安装，各照明器光轴与被照面垂直。照明的均匀程度与这些投光照明器的光分布情况有关。也可以将一组照明器装在同一地点，但各照明器的射向不同，这一方式比较适用于被照面不是很大的情况，也可节省电缆线，有利于将照明器隐藏起来。

当建筑物相邻的两个立面都是平面时，可采用亮度对比来加以表现，主立面的亮度应比辅立面的亮度高一倍以上。也可以采用两种不同颜色的光束分别照明这两个立面，这样可以使受照的建筑物有立体感。

如果建筑物不是很高，照明器可以离建筑物很近，可采用光束很宽的投光照明器，各照明器以等间距安装，但两照明器之间的最大距离不能超过与立面间距离的 2 倍。对于高大建筑物，必须采用光束更为集中的照明器，照明器应安装在离建筑物较远处，如可将投光照明器成群地安装在灯柱和塔上。

6. 带凹凸层次的建筑物

当建筑物表面凹凸不平时，可通过形成阴影来表现其立体感。建筑物受照面的主要观察方向和光照方向之间必须有一定的角度，如图 8-27a 所示。如果阴影太长或太深，则会在很亮的表面和阴影之间产生太强的反差。淡化阴影的方法：可以用两组投光灯作为补充照明，如图 8-27b 所示。A 组投光灯为主照明投光灯，B 组投光灯属于宽光束，作为辅助照明，其中，B 组灯的光束方向基本上与 A 组灯的光垂直。一般说来，辅助光束产生的照度必须小于主光束产生照度的 1/3。

7. 廊柱的照明

廊柱的泛光照明可以采用剪影效应（“黑色轮廓像”效应）法，如图 8-28a 所示。编组为 2 号的照明器放在廊柱 3 后面，将建筑物的立面照得很亮，在这明亮的背景之上就浮现出

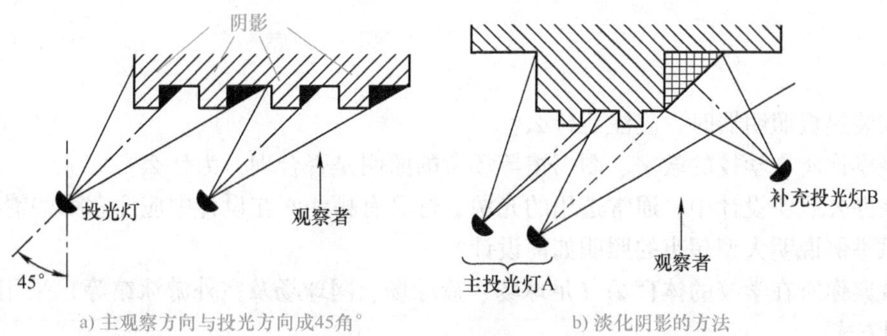

a) 主观察方向与投光方向成45角°　　b) 淡化阴影的方法

图 8-27 凹凸平面的立体感表现

廊柱的“黑色轮廓像”，即产生剪影效果。为了不使反差太强，最好再加一个辅助投光灯 1，以照明整个场景。

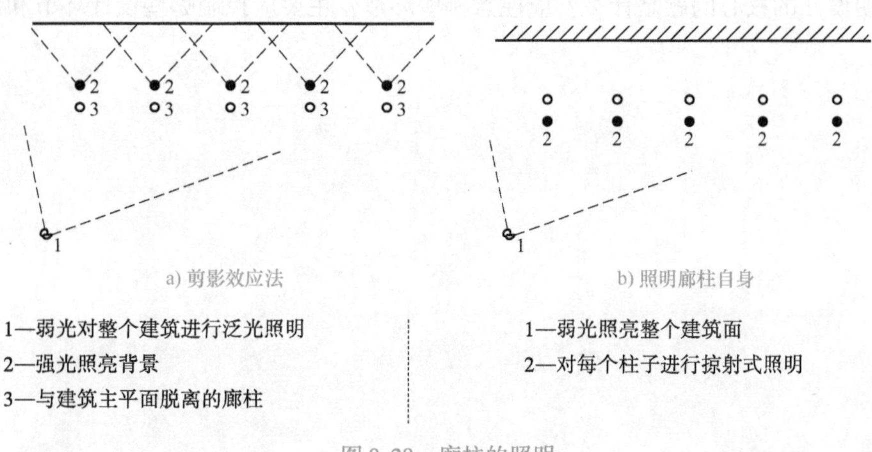

a) 剪影效应法　　b) 照明廊柱自身

1—弱光对整个建筑进行泛光照明
2—强光照亮背景
3—与建筑主平面脱离的廊柱

1—弱光照亮整个建筑面
2—对每个柱子进行掠射式照明

图 8-28 廊柱的照明

如果需要照亮廊柱自身，则可采用窄光束的投光灯 2，将其安装在廊柱的顶部或底部，由于光束很窄（实际上是垂直上下的），这些照明器基本上没有光照在建筑物的立面上，为了使立面不致太暗，有必要加辅助投光灯 1 以照明整个场景，如图 8-28b 所示。投光灯 2 采用掠射式的照明方式，还有利于显现廊柱表面的细节。

除以上两种方法以外，还可以采用对建筑物的立面采用一种颜色的光照明，而对廊柱采用另一种颜色的光照明，将建筑物和廊柱区分开来。

8. 玻璃幕墙的照明

玻璃幕墙一般采用内光外透的照明方式，从室内将光线打到建筑物的窗孔上，在窗口处的下部放置一只或多只照明器来照明窗帘、窗框。也可采用很多线状的光源沿幕墙的网架排布，形成规则的彩色光网格图案。还可用很多闪光灯或光导纤维装在玻璃幕墙上，使它们顺序地或随机地发光，产生动态的效果。如果支撑玻璃幕墙的金属网架有很好的反光性能，也可从下部进行投光照明，这时，玻璃幕墙尽管是黑的，但是闪闪发亮的金属框架照样能显现建筑物的轮廓。

思 考 题

1. 安装黑板照明器时，应注意什么？

2. 观察你所在学校的教室、图书馆等场所的照明是否合理，为什么？

3. 在办公照明设计中，通常选用的光源、灯具有哪些？在设计中应注意哪些情况？

4. 试举例说明大型超市的照明如何设计？

5. 观察你所在学校的体育场（足球场、篮球场、网球场及室外游泳馆等）采用的光源、灯及照明方式。

6. 观察你所在城市中某一标志性建筑物的泛光照明，描述出它的照明特点。

7. 请设计出你所在学校的某一局部景观（如花坛、凉亭、水景、塑像及雕塑等）的照明。

8. 照明设计的核心问题是什么？应注意哪些环节？主要应控制哪些设计环节和设计点？

第九章

照明测量

照明工程中，常常需要对光通量、照度、亮度、发光强度等光度量进行测量，它们的测量方法各有不同。本章主要以照度测量为例，介绍最常用的测量方法。

光的测量与纯物理的测量不同，它涉及使眼睛产生可见光感觉的一段电磁波所引起的心理-物理反应。眼睛不能用于测量，仅能判断相等的程度。这种目视光度学只用于视觉研究和国家实验室的标准化活动中，而在其他方面已用物理光度学替代。从本质上说，物理光度计是利用滤光片或计算方法将辐射测量转换为光度测量。随着技术的发展可实施自动测量，其数字技术较大程度上代替了早期的物理光度计的模拟读数，计算机不仅能接收光度计的输出并做处理，而且还可以控制形成读数的顺序，这使测量的精度、准确度都得到了很大的提高。

第一节 照 度 计

照度计是用于照度测量的专用仪器，它是利用光电池所产生的光电流与落到光电池上的光通量成正比的工作原理进行测量的。

如图 9-1 所示，照度计包括接收器和记录仪表两个部分。测量时，将照度计与电流表连接起来，并把光电池放置在需要测量的地方。当光电池的整个表面被入射光照射时，可根据光度头（以 lx 为单位进行分格）直接读出光照度的数值。由于照度计携带方便、使用简单，故得到了广泛应用。

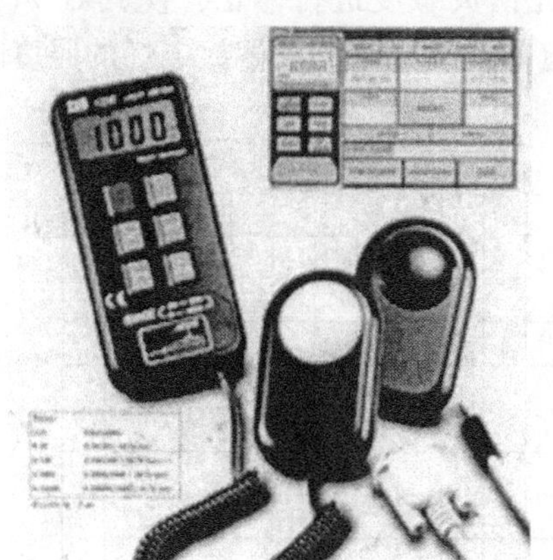

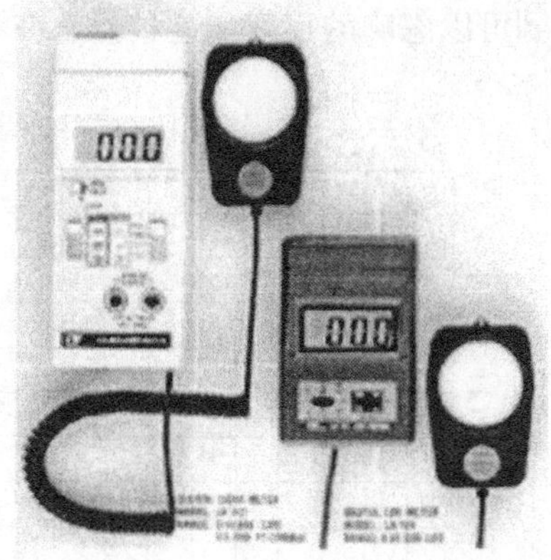

图 9-1 照度计的基本组成

近年来，无论是国内还是国外，照度计的研究和生产都有了很大发展，并且已经制成了采用硅光电池、带运算放大器的数字式照度计，测量准确度大大提高，读数也比指针式照度计方便得多。

一、基本结构

（1）接收器 通常由光电池、滤光器及余弦校正器组成。

1）光电池。光电池是根据光电效应原理制成的，它是一种将入射的光能转换为电能的光电元件。

常用光电池的基本结构如图 9-2 所示。当入射光照射到光电池表面时，入射光透过金属薄膜到达半导体层与金属薄膜所形成的分界面（又称阻挡层），并在界面上在产生光电效应，从而在界面上下之间产生电位差。此时，若接上外电路将会形成光电流。光电流的大小取决于入射光的强弱和回路中的电阻。在实际应用中，总是选择合理的外接电路，在较大范围内使光电流与入射光通量保持线性关系。

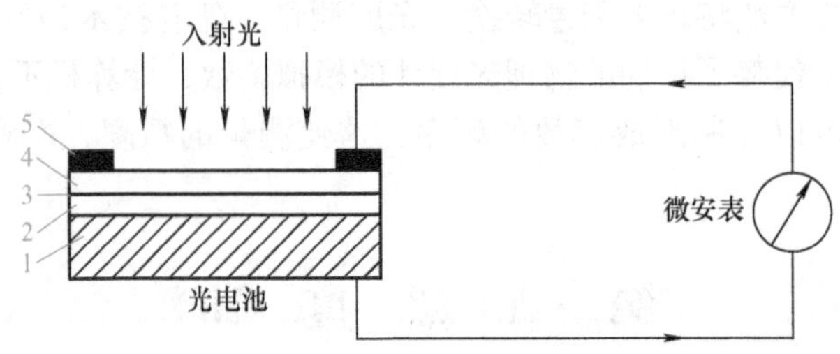

图 9-2 光电池的基本结构

1—金属底板 2—半导体层 3—分界面 4—金属薄膜 5—集电环

2）光谱灵敏度修正。光电池如同其他光电接收元件一样，其光谱灵敏度有很大差别。以硒光电池为例，图 9-3 中曲线 a 为未经校正的硒光电池的相对光谱灵敏度；曲线 b 为人眼标准光谱光视效率 $V(\lambda)$；曲线 c 为经校正后的硒光电池的相对光谱灵敏度。因此，为了能够直接测得照度的准确值，必须对光电池的相对光谱灵敏度进行修正，使其对 $V(\lambda)$ 曲线的偏离达到可以忽略的程度。这种修正在测量具有非连续光谱的气体放电灯的照度时，尤为重要。

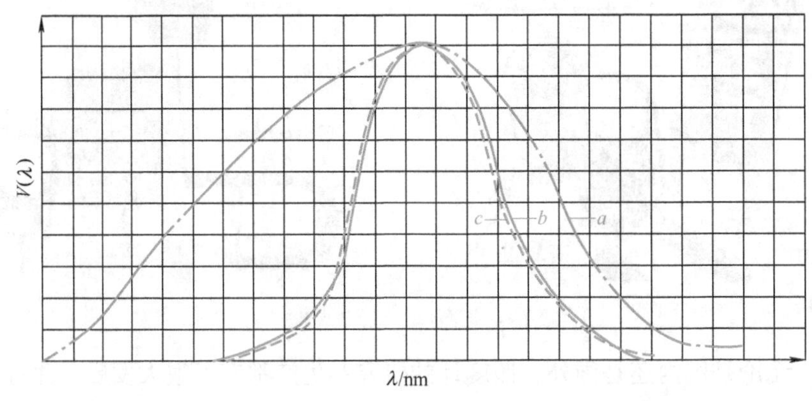

图 9-3 相对光谱灵敏度曲线

相对光谱灵敏度修正常用的方法是在光电池前面配一个合适的玻璃或颜色溶液的滤光器。由于各种光电池的光谱灵敏度不完全相同，故当要求精确测量时，应对每种光电池分别找出合适的滤光器。

3）余弦校正器。光电池的一个重要特性是它所产生的光电流对光线入射角度的依赖性，即角特性。

在路面上进行照度测量时，往往会发现远近不同的光源发出的光是以不同的角度入射到路面上的。路面上各点的实际照度应当符合照度的余弦法则，这就要求光电池的输出必须满足余弦法则，这样才能使照度计测得的照度值恰好是该点的实际照度。然而，未经校正的光电池偏离余弦法则的程度相当大，若光电池不进行余弦修正，就无法应用于大部分光线倾斜入射在受照面上的照度计。因此在对85°以下入射角的照度测量时，都要求对光电池进行修正。

光电池之所以存在着这种角特性，是由于其表面的镜面反射作用。入射角较大时，会从光电池表面反射掉一部分光线，致使产生的光电流小于正确数值。此外，安装光电池的盒子边框具有挡光作用，还会在光电池表面上造成阴影。

为了修正这一误差，通常在光电池上外加一个均匀漫透射材料制成的余弦校正器，这种光电池组合称之为余弦校正光电池。余弦修正的方法有很多，例如，外加球形乳白玻璃罩、中心带孔的盖子、平面乳白玻璃板、内壁涂成白色的扩散球、粘合一块薄透镜，以及采用两块光电池等。目前，常采用外加球形乳白玻璃罩或外加平面乳白玻璃板的修正方法。

(2) 记录仪表　通常选用低内阻的微安表作为记录仪表，将它和光电池连接在一起即可构成简易照度计。

二、照度计的选用

通常，性能优良的照度计应符合以下要求：

1）附带 $V(\lambda)$ 滤光器。照度计的相对光谱灵敏度曲线与 $V(\lambda)$ 曲线符合程度越好，照度测量的精确度也就越高。

2）配有合适的余弦校正（修正）器。

3）选择线性度好的光电池。

4）硒光电池受强光（1000lx 以上）照射时会逐渐损坏。要测量较大的发光强度，硒光电池前面应带有几块中性减光片（倍率为已知）。

光电池受环境的影响，其特性会有所改变，因此，照度计在使用和保管过程中，为保证其测量精度，必须定期对照度计进行标定。

三、使用时的注意事项

1）光电池（特别是硅光电池）所产生的光电流极大地依赖于环境温度，而且光电池又是在一定的环境温度（一般为20°C ±50°C）下标定的。因此，实测照度时的环境温度与标定时的环境温度差别很大时，必须对温度影响进行修正。其修正系数一般由制造厂商提供。

2）照度计的接收器是作为一个整体（包括光电池、滤光器和余弦校正器）进行标定或校准的，因此，使用时不能拆下滤光器或余弦修正器不用，否则会得到不正确的测试结果。

3）光电池表面各点的灵敏度不尽相同，因此，测量时尽可能使入射光均匀地布满整个光电池表面，否则会引入测量上的误差。

4）照度计的使用致使光电池逐渐老化，因此，照度计要进行定期或不定期的校准，校准间隔要视照度计的质量以及使用频繁而定，一般一年校准一次。

5）光电池具有吸潮性。潮湿空气有可能会使之损坏或完全失去光的灵敏度。因而，应当将光电池保存在干燥的环境之中。

在照明设计和实验室实验时，常需要测量光源的亮度和表面的亮度。为此，人们根据光度量之间所存在的关系，运用照度计来测量其他光度量，如使用照度计进行亮度测量。

第二节 照度测量

照度的现场测量，其目的是检验实际照明效果是否达到预期的设计目标，现有的照明装置是否需要进行改造，或为将来某些研究与分析积累资料。

一、注意事项

现场测量需注意以下几个方面：

1）选择符合测量精度要求的照度计。一般选用精度为 2 级以上的照度计，照度计需经过校准，定期进行标定。

2）选择标准的测量条件。测量时，要将新建的照明设施先点燃一段时间，使光源的光通量输出稳定，并达到稳定值。同时，由于灯的光通量也会随电压的变化而波动，故测量中需要监视并及时记录照明电源的电压值，必要时根据电压偏移给予光通量变化的修正。

3）实测报告。既要列出详实的测量数据，也要将测量时的各项实际情况记录下来，详见后面的照度测量实验指导书（室内）。

4）防止测试者和其他因素对接收器的遮挡。

二、测量方法

在进行工作的房间内，应该在每个工作地点（如书桌、工作台等处）测量照度，然后加以平均。对于没有确定工作地点的空房间，或非工作房间，如果单用一般照明，通常选 0.8m 高的水平面测量照度。将测量区域划分成大小相等的方格（或接近长方形），测量每个测量网格中心点的照度 E_i，平均照度等于各点照度的算术平均值，即

$$E_{\mathrm{av}}=\frac{\Sigma E_i}{n} \tag{9-1}$$

式中，E_{av} 为测量区域的平均照度（lx）；E_i 为各网格中心点照度（lx）；n 为测量点数目。

一般室内或工作区为 2～4m 正方形网格；走廊、通道、楼梯等狭长的交通地段沿长度方向中心线布置测点，间距为 1～2m，网格边线一般距离房间各边 0.5～1m。当

房间较小时，可取 1 ~ 2m 正方形网格，以增加测点数。无特殊规定时，测量平面一般为距离地面 0.8m 的水平面，而对于走廊、楼梯，则规定为地面或距离地面 0.15m 以内的水平面。

测点数目越多，得到的平均照度值就越精确，不过要花费更多的时间和精力。如果 E_{av} 的允许测量误差为 ±10%，则可采用室形指数 RI 选择最少测点数的办法来减少相应的工作量。室形指数与最少测点数的关系见表 9-1。若灯具数与表 9-1 给出的测点数恰好相等，则必须增加测点数。

表 9-1　室形指数与测点数的关系

室形指数	最少测点数
$RI<1$	4
$1\leqslant RI<2$	9
$2\leqslant RI<3$	16
$RI\geqslant 3$	25

当用局部照明补充一般照明时，要按人的正常工作位置来测量工作点的照度，并将照度计的光电池置于工作面上或进行视觉作业的操作表面上。

测量数据可用表格记录，并运用 CAD MATLAB 等计算机的图形处理软件将所测数据绘制成等照度曲线，这样能够较为直观、形象地显示所测场所的照度分布情况。

三、照度测量实验指导书（室内）

1. 实验目的

了解室内照度测量的方法、平均照度的计算，并学会使用照度计。

2. 实验准备

预习实验指示书，熟悉测点布置方法及测量方法。

3. 实验设备

实验设备清单见表 9-2。

表 9-2　实验设备清单

设备名称	数　量
光电池式照度计	1 台
电压表（交流 0 ~ 500V）	1 台
温度计	1 只
卷尺	1 卷

4. 实验项目

（1）室内一般照明的平均照度计算　共分以下五个步骤：

1）在测定场所打好网格，并做测点记号。

2）确定测量平面与测点高度。

3）按实验要求，点燃必要的光源，并排除其他无关光源的影响。测定开始前，白炽灯需点燃 5min，荧光灯需点燃 15min，高压气体放电灯需点燃 30min，在所有光源的光输出稳定后再进行测量。对于新安装的光源，应在点燃 100h（气体放电灯）和 20h（白炽灯）后进行照度测量。

4）测量每个网格中心点的照度，并记录在表格中。

5）根据所测范围内各点照度值，求出全部测量范围的平均照度值 E_{av}，即

$$E_{av}=\frac{\Sigma E_i}{MN} \tag{9-2}$$

式中，M、N 为纵、横方向的网格数。

（2）室内局部照明的照度计算　在室内需要局部照明的地方进行测量。当测量场所狭窄时，选择其中有代表性的一点；当测量场所开阔时，可按一般照明时的方法布点。

(3) 室内混合照明的照度计算 将一般照明系统、局部照明系统的灯全部点燃，按室内一般照明的照度测量方法进行。

5. 注意事项

1）照度计必须配备滤光片，使光电池的灵敏度曲线与人眼一致，同时配备余弦校正器，以免产生测量误差。测量前，照度计必须经过校正。

2）测量时，先使用照度计的大量程档，然后根据指示值大小逐步找到合适的量程档，原则上不允许在最大量程的1/10范围内测定。

3）指示稳定后再读数。

4）在测量过程中，应使电源电压稳定，并在额定电压下进行测量。如做不到，测量时应同时测量电源电压，当与额定电压不符时，则应按电压偏移予以光通量变化修正。

5）为提高测量的准确性，每个测点可取2~3次读数，然后取其算术平均值。

6）测量者应穿深色衣服，并防止测试者人影和其他各种因素对接收器读数的影响。

6. 实验报告

1）将实验中的各项数据记录在照明测量情况记录表和照明实测记录表中，并进行分析和评价。

2）根据测定值，绘制平面上的等照度曲线。

例如，某教室长11m、宽6m、高3.5m，布置了10盏荧光灯（每盏2只光源）。实测教室的等照度曲线，如图9-4、图9-5所示。

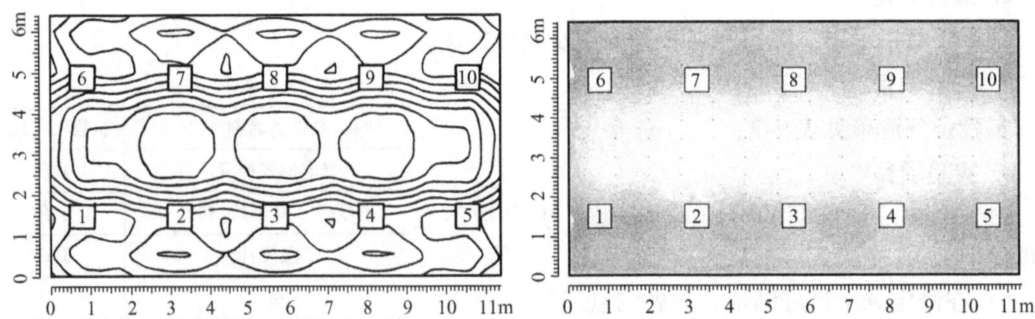

图9-4 灯具长轴与窗户垂直布置的等照度曲线

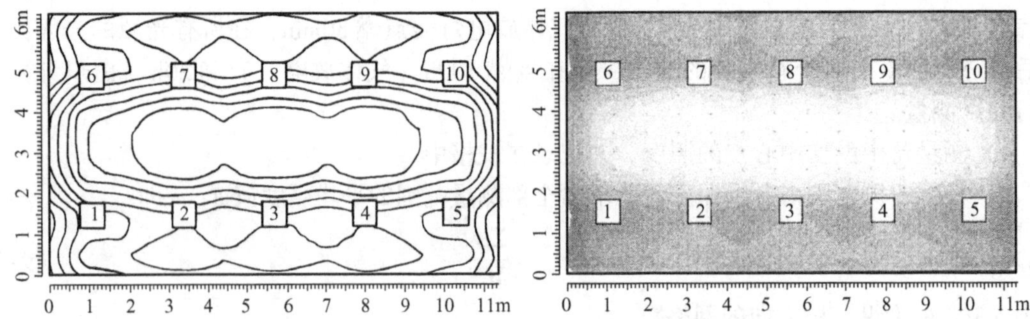

图9-5 灯具长轴与窗户平行布置的等照度曲线

第三节　亮度测量

一、亮度计的工作原理

照明设计和实验室实验时，常常需要测量光源的亮度和表面的亮度。为了满足这个需要，人们研制了亮度计。使用亮度计时，总是希望能通过仪器看到被测的面积，有时这个面积很小而且必须从远距离进行观察，因而亮度计具有透镜和光学系统，并用某种形式的光栏隔离出被测面积。

二、亮度的现场测量

1. 直接测量

环境的亮度测量应在实际工作条件下进行。先选定一个工作地点作为测量位置，从这个位置测量各表面的亮度。将得到的数据直接标注在同一位置、同一角度拍摄的室内照片上，或以测量位置为视点的透视图上。亮度计的放置高度以观察者的眼睛高度为准，通常站立时为1.5m，坐下时为1.2m。需要测量高度的表面是人眼经常注视且对室内亮度分布和人的视觉影响大的表面，主要是：

1）视觉作业对象。

2）贴邻作业的背景，如桌面。

3）视野内的环境，从不同角度看顶棚、墙面、地面。

4）观察者面对的垂直面，如在眼睛高度的墙面。

5）从不同角度看灯具。

6）中午和夜间的窗子。

2. 间接测量

当没有亮度计时，可用下列方法进行间接测量：

1）当被测表面反射比已知时，可通过照度来确定表面的亮度，对于漫反射的表面，其亮度为

$$L=\frac{\rho E}{\pi} \tag{9-3}$$

式中，E 为表面的照度（lx）；ρ 为表面的反射比。

2）当被测表面反射比未知时，测量方法如下：

选择一块适当的测量表面（不受直射光影响的漫反射面），将光电池紧贴被测表面的一点上，受光面朝外，测出入射照度 E_i，然后将光电池翻转180°，面向被测点，与被测面保持平行且渐渐移开，这时照度计读数逐渐上升。当光电池离开被测面相当距离（约400mm）时，照度趋于稳定（再远则照度开始下降），记下这时的照度 E_m，于是

$$\rho=\frac{E_m}{E_i} \tag{9-4}$$

此时被测表面的亮度近似为

$$L=\frac{\rho E_i}{\pi}=\frac{\frac{E_m}{E_i}E_i}{\pi}=\frac{E_m}{\pi} \tag{9-5}$$

思 考 题

1. 光电池的基本特性有哪些？
2. 硒光电池、硅光电池各有何特点？
3. 为什么近年来照度计陆续采用硅光电池？
4. 如何校验照度计？
5. 如何使用照度计测量照度？
6. 绘制等照度曲线有什么用途？
7. 简述亮度计的工作原理。
8. 在没有亮度计的情况下，已知某房间墙面的反射比 $\rho=0.7$，问用照度计如何测得墙面的亮度值？

第十章

室外景观夜景照明

曾记得一位大师说过："建筑是凝固的音乐，照明是最跳跃的音符。无论光线是慢的还是快的，是恒定不变的还是一闪而过的，它穿过城市上空和建筑，在它的沐浴下，一切都照耀生辉"。今天的城市夜晚正是这样的熠熠生辉，泛光照明早已渗透到每幢建筑、每条街道中，形成风格迥异、造型独特的光的海洋、光的世界。因此，室外景观夜景照明设计是对个性化的建筑，通过独特的创意，并成功使用新技术来创造"建筑艺术精品"，营造建筑美与艺术美。

第一节　古（仿古）建筑物的泛光照明设计

"上有天堂，下有苏杭"，犹如人间天堂似的西子湖畔，又重新矗立起雷峰塔的身影，重现"雷峰夕照"的神韵。人们仿佛又见到了白娘子，又听到了那动人的传说。下面介绍杭州市雷峰塔立面泛光照明设计。

一、概述

雷峰塔位于西湖的南岸，向北面对三潭印月，西面是苏堤和花港观鱼，南面与南屏晚钟相呼应。由山、水和塔组成了具有中国特色的风景画，每当夕阳斜照，湖中显现塔影，即体现了"塔影初收日色昏"。

二、设计思路

1. 夜景主题

营造夜色中雷峰塔的整体美，使其成为西湖的夜明珠，闪闪发光。同时，为确保古建筑的安全和节能，主要采用 LED 光源，清晰而多变，动静结合。

2. 设计思路

（1）显现整体形态美　雷峰塔是一座经过建筑师精心设计而非常精湛的中国式古塔，它比例恰当、上下协调、形体完美。立面照明应把它完整地体现出来，而不是它的局部，更不是一样亮。它的各部分应以不同的亮度或不同的光色或不同的色温有层次地表达出来，使夜晚的雷峰塔成为一座灯光的艺术品。

（2）采用低亮度　雷峰塔地处湖畔、山顶和树林之中，周围环境幽雅、清新，塔的亮度应适应于这种暗环境，以避免造成过分的明暗之差。为此不宜过多采用泛光照明，而采用轮廓线清晰的 LED 光源的轮廓照明为主，用它来勾画整个塔的基本形态。

（3）透亮的塔刹　整体不宜太亮，但塔的顶端塔刹却要透亮。塔刹是塔的精华部分，远看时首先看到的是塔刹，然后才是塔身，因此塔刹是人们中远距离观看的主要视点。另外塔刹上的内容丰富，从上到下有宝珠、仰月、圆光、宝盖、相轮等，这些体形不大、形状各异的造型，只有在高亮度下才容易看清楚。为此，立面照明在亮度上突出了塔刹，让它显得晶莹剔透，成为西湖西南角上的一个比较突出的亮点。

(4) 多变的效果 杭州的气候四季分明，冬夏温差大，这种大温差造就了不同的环境，另外对于平时和节假日、一般假日和重大节日、晴天和雨天、傍晚和深夜，立面照明都应不同。为了满足多种变化，本设计采用的照明控制系统，充分利用 LED 光源，并设置了投光灯、埋地灯、小型射灯以及塔外照明的不同的组合，预编制多种程序，创造多变、动态的照明效果。

(5) 体现民间传说 “白蛇与许仙喜结良缘，法海和尚借佛法将白蛇镇于雷峰塔下”的动人故事早已广为流传，雷峰塔正因此而名扬天下。

现在可以借助高度发达的现代照明技术，用灯光的独特魅力来重现人间的美妙传说。塔的上部是精致的，塔的地下却是神秘的，为了造就这种神秘感，从塔的根部有意识地向天空发射光线，就像从塔下发射出来似的，再设置激光和喷雾，形成神奇白蛇出塔的景象。

这种特殊的演示性照明可作为节庆灯光效果，加在平时静态低亮度的照明上，在平静西湖中适当增加活跃的动态效果。

(6) 保护塔的完整性 安装在塔上的许多灯具，其体形和塔可能并不协调，如果附在塔的明显部位就破坏了塔的完整性。希望只见光而不见灯具，这就需要将灯具尽量隐蔽起来，让它看不见或不明显，但有时难以做到。对于一些无法隐藏的灯具，设计中可进行“伪装”，让它不明显或不像灯具，如灯具的外形颜色与被装表面同一色；灯具的体形尽量小，把灯具“化妆”一下，使其与塔比较协调等。

(7) 防止光的污染 人们需要光，没有光就无法看见世界，而且人工光比自然光更精彩，它可按人们的要求调节亮暗、变换光色、组成美妙的图案，人们离不开光，但光又有有害的一面：光会造成眩光，光的紫外线部分会损害人们的眼睛等。在雷峰塔的立面照明设计中，注意了眩光问题，在选择灯具位置时，其投光方向尽量避开了人的视线，有可能产生眩光的灯具加装了格栅片，投光灯的功率尽量小一些，光源的亮度尽量低一些，灯具的配光适当，尽量减少了逸散光。

三、照明方式和灯具布置

以上的设计思路是一个非常周全的设想，结合雷峰塔的结构和表面材料，本设计采用三种方式：

1) 以 LED 为光源的动态轮廓照明。

2) 采用投光灯、射灯灯具、金卤灯和高压钠灯光源的泛光照明。

3) 由塔外向天空发射的投光灯和激光加喷雾共同组成的演示性照明。

各灯具的布置如图 10-1 所示，灯具表见表 10-1。

四、照明控制

1. 控制要求

雷峰塔立面照明的控制对象主要为 LED 轮廓照明和投光灯、射灯、地埋灯照明。LED 灯具为动态照明，可做各种变化。每层 LED 分为 18 个回路，LED 做成点光源，每点可做 7 种颜色的变化，以点组线，每条线上分成若干段，使各线可做各种转动、跳动和变色。上下可按人们的设想按一定程序变化，投光灯等按不同的层次和部位开启和关闭，配合 LED 做不同的组合。控制设备在专用的控制室内，但可在任何地方遥控，也可根据预先设定好的程序，自动变换场景。

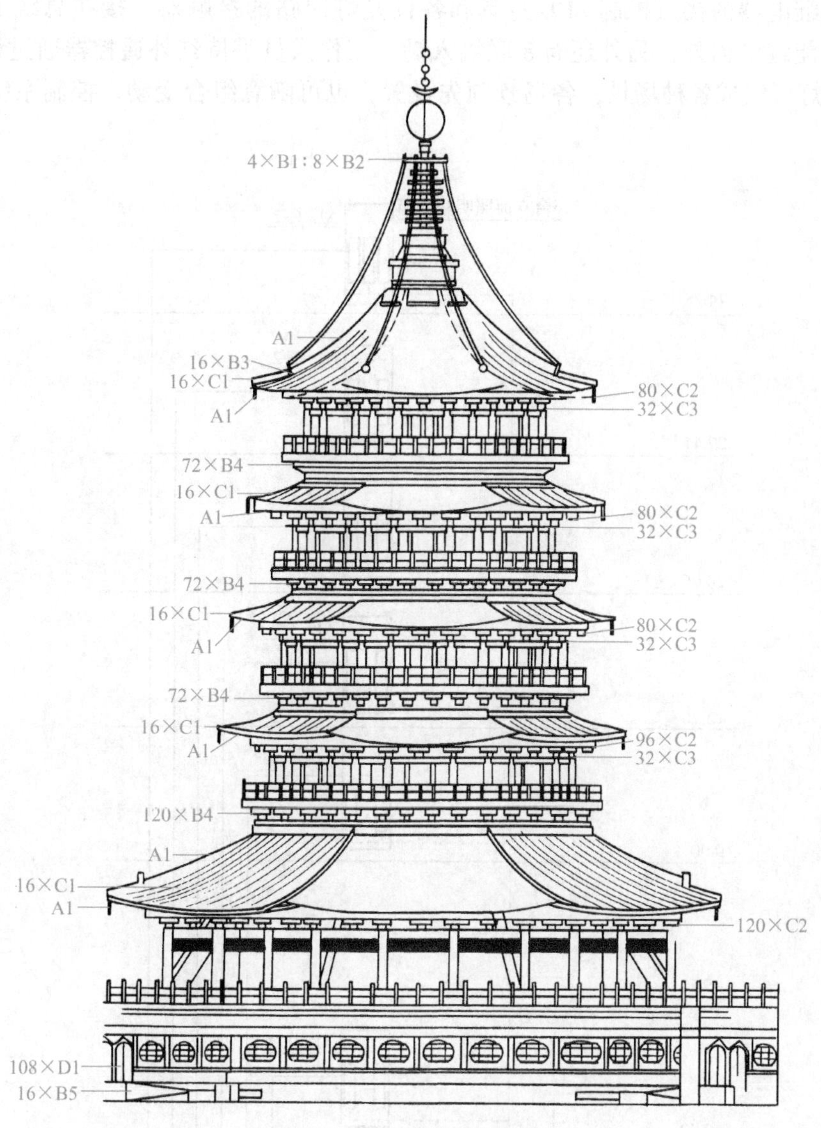

图 10-1　立面照明布灯图

表 10-1　灯具表（与图 10-1 对应）

A1	三色 LED	直流 24V 3×0.6W/只（红、蓝、绿）	B5	灯杆投光灯	中配光 250W 金卤灯
B1	上射投光灯	特窄配光 150W 高压钠灯	C1	兽头 PAR 灯	70W 金卤灯
B2	下射投光灯	中配光 250W 金卤灯	C2	墙面射灯	70W 金卤灯
B3	上射投光灯	窄配光 250W 高压钠灯	C3	上射日光灯	32WT5 电子镇流器
B4	瓦面投光灯	中配光 150W 金卤灯	D1	地埋灯	150W 高压钠灯

2. 控制系统

本设计采用的是 C－BUS 总线制智能控制系统，为了提高系统的利用率，室内外照明共用一套控制系统。立面照明的直接被控对象是 6 台立面照明配电箱。各箱内的各回路均通过智能继电器的接点控制 LED 灯具和各投光灯回路的接触器。接在总线上的设备除了主机和智能继电器外，另外还有 8 联输入键，工作人员手持红外遥控器通过该输入键控制各灯，各灯可组成各种场景，各场景预先设置，也可随意组合变动。控制系统如图 10-2 所示。

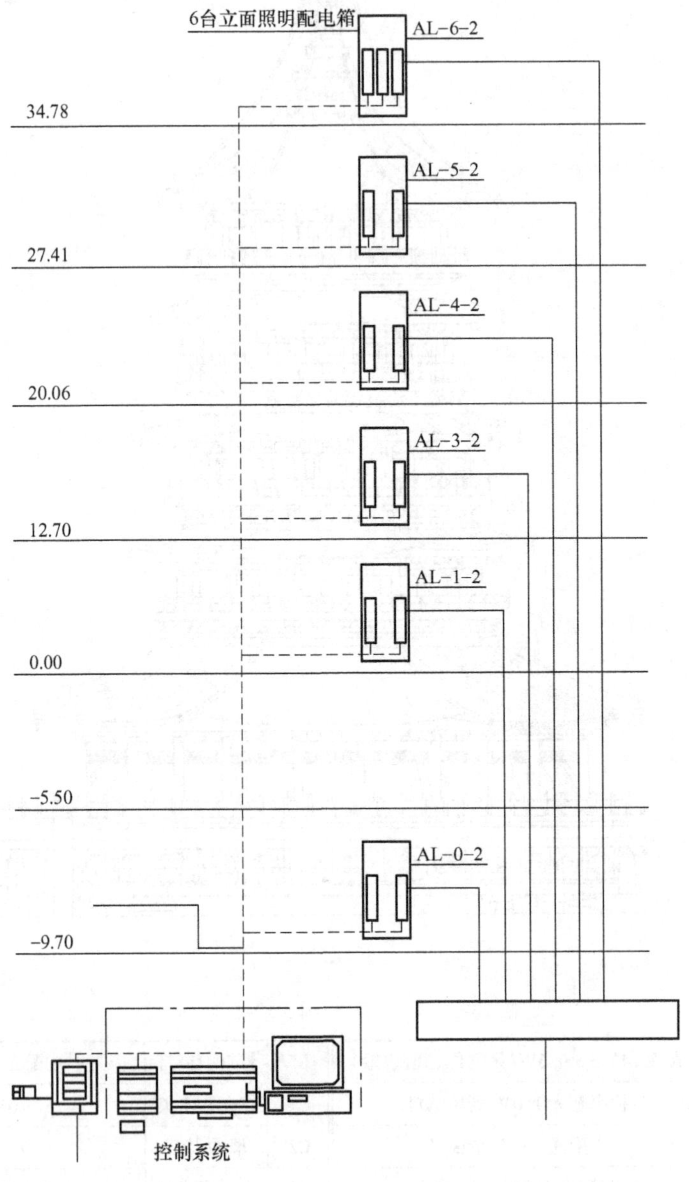

图 10-2　照明配电控制系统

第二节　现代建筑的泛光照明设计

上海城市规划展示馆地处闹市区人民广场，与市政府毗邻，是上海市新建的十大标志性建筑之一，与大剧院、博物馆一起构成一道亮丽的风景线，让市民参观学习和休闲娱乐。下面介绍上海市城市规划展示馆立面泛光照明设计。

一、概述

上海城市规划展示馆主要采用声、光、电等现代科技手段，陈列代表着上海城市变迁的主要建筑的微缩模型，让人们更了解和热爱上海。

正是由于其功能的需要，它的建筑处理层次分明、寓意深刻，外形结构表达独特。上海城市变迁的历史进程是严肃而庄重的，而新世纪上海的发展和腾飞又是令人喜悦与兴奋的。因此，整个建筑是“发展与腾飞”相交汇的主题，是庄重与喜悦的统一。

正是这样的建筑主题决定了它的结构，如图 10-3 所示。其下部是一幢铝板装饰的五层长方形，造型整齐规则，钢楼梯居于明框装饰的竖条玻璃幕墙中，5m 见方的正方形“窗框”加以点缀，反映旧上海的变迁，突出“严肃庄重”。上部则是四个穹形“屋帽”的造型，喻为四朵盛开怒放的上海市市花——白玉兰，这部分占有绝对的优势，充分体现出上海将来的发展和腾飞，富有令人“喜悦和兴奋”的心情。

图 10-3　熠熠生辉的上海城市规划展示馆

二、夜景主题和设计构思

1. 夜景主题

良好的照明效果是建筑和灯光组成的艺术品，其主题和立意应与建筑一致。因此，上海城市规划展示馆的建筑主题——发展与腾飞、庄重和喜悦，正是泛光照明所要表达的鲜明主题。

丰富的内涵和创意通过独特的照明设计理念、巧妙的构思、分明的层次以及艺术的灯光处理，完美地展现在人们眼前。

2. 设计构思

建筑以人为本，只有深刻理解建筑的寓意，充分利用建筑的结构，才能创造个性化的光环境，使建筑更具魅力。

上海城市规划展示馆的泛光照明在构思上，紧扣主题，由建筑物的内部向外部，底部向顶部照射，突出整个建筑物的立体感，充分体现建筑设计的价值，注重建筑立面的效果，具有鲜明的个性化和层次感。

下面从四个方面进行介绍：

第一，将建筑视觉上的特征作为泛光照明的重点刻画区，层次分明。

从上海城市规划展示馆的整个建筑外形和结构考虑，主要分为三个层次：表现四个穹形的屋帽（寓意“发展与腾飞”主题）的投光照明为层次一；明框装饰的竖条玻璃幕墙与钢楼梯的“剪影”，左右两边对称，形成内光外透的照明效果，为层次二；铝板装饰的建筑大面，均匀布置着5m见方的正方形“窗框”，使用新型的灯具，勾出每个正方形的边框，为层次三。其中层次一、二作为建筑框架的支撑体，五层影视厅的圆形屋顶，为层次一、二的过渡，采用轮廓照明勾边。这样视觉由上往下形成竖直有力、晶莹透亮、由强减弱、层次分明的效果，整个建筑物在天空轮廓下，熠熠生辉，立体感极强。

第二，考虑周围环境的影响，确定适宜的照度值。

上海城市规划展示馆地处人民广场东首，市级商业街背部，人群熙熙攘攘。展示馆东面用于道路照明的10m处的高压钠灯，如同一团团火球；底层临街商店里的格栅荧光灯，像一道道的光屏，造成高照度的干扰；西面市府大楼的泛光照明，照度远高于附近其他三幢公共建筑。为此，展示馆的泛光照明平均照度值应不低于西藏中路路面的中心照度，才能与周围环境相协调，并成为其中又一个亮点，捕捉到行人的视觉。

选择展示馆南面作为泛光照明主立面，采用降低其他立面照度的对照方法，着力突出照亮建筑物正面，主次分明。

第三，灯光艺术处理技法的巧妙运用。

在设计中，大胆采用光色分区、光色对比、亮度对比、光影对比、灯光的流动和静止等艺术处理技法，充分展示艺术的美感。

层次一、二、三分别采用不同的照明方式进行照射。层次一最亮，从上往下照度逐渐降低，光源选用不同的色温。穹形屋顶处采用冷色调的投光灯照射，突出“发展与腾飞”的寓意，犹如栩栩如生的上海市市花“白玉兰”的形象。铝板幕墙凹入处采用宽光暖色调照亮；所有白晶石通过来自铝板的反射光照亮；并且通过玻璃幕墙底部向顶部的光照同建筑物的正面亮处形成对照，使得建筑物的中心区域照明完全体现建筑物的精髓部分，成为一座跳跃的殿堂；楼梯“剪影”清晰，轮廓分明。各层次照度不均匀，有一定的光影对比。

主入口处是绿色的草坪，优雅别致的庭院灯，配上音乐喷泉，流动和静止的灯光效果，使整个建筑物中有了最具动感的部分，大大渲染了气氛，动与静真正完美地结合在一起。

第四，光色恰当选用，冷暖适度。

一般来说，光源色温高低不同会产生冷或暖的感觉，选择低色温和中间色温的光源相对较合适。为此，选择3000K和4200K色温的400W金属卤化物灯作为投光灯的主要光源照亮层次一；选择3000K色温的70W金属卤化物灯作为照射楼梯和建筑大面等层次二、三的光源。同一层次采用一致的光色，整个建筑从下往上逐渐由暖色向冷色过渡，形成色温变化。同样，照度的高低也会影响人的冷暖感觉，照度太高或偏低都不舒适。通常500～1000lx的照度让人感到亲切而温暖。因此，整个建筑的照度从500～1000lx不均匀，局部甚至超过1000lx，使建筑物有了明暗变化、光影对比、突出主题。

三、具体实施方案

1. 三个层次的实现

依照整个泛光照明设计的主题和构思，从不同的方面予以实现前面三个层次，达到良好的照明效果。

1）表现四个穹形屋帽的四朵绽放的“白玉兰”，寓意“发展与腾飞”的主题，采用投光照明。

2）明框装饰的竖条玻璃幕墙与钢楼梯的“剪影”，左右对称，运用内光外透手法。

3）铝板的建筑大面，以低照度处理。使用新灯具重点突出正方形的“窗框”，勾勒轮廓。

在层次一中，四个穹形的屋帽完全对称，如同四朵绽放的“白玉兰”，考虑到建筑南面是正面，应着力刻画。在此仅以南面的一朵“白玉兰”进行介绍，其他与之相同。南面的“白玉兰”由根部和花瓣两部分组成，采用复合铝板进行装饰，反射率高，立面造型是弧形。照射时考虑尽量利用阴影，明暗相间，突出花瓣的造型和立体感，充分展示“白玉兰”盛开怒放的形象，体现出“上海笑迎新世纪”的喜悦主题。

利用专门的照明专业软件计算，确定了灯具的安装位置及数量。选择四套投光灯，色温为4000K，光源是400W金属卤化物灯，安装于五层影视厅屋顶上，靠近根部前端的中间位置，使得根部最亮，沿弧形立面不断上升，亮度则逐渐降低。同时，利用上射光自然照亮花瓣顶面，完成整个“白玉兰”盛开怒放的造型塑造。

对于层次二，在每层楼梯的正、半平台拐点处分别安装两个投光灯，光源是70W金属卤化物灯，色温为3000K，偏黄色，非常柔和。以间接照明方式，衬托富有规律的正、半平台钢制楼梯底板，远处望去，恰如楼梯的“剪影”映在明框装饰的竖条玻璃幕墙上，并淡化楼梯的钢材质。层次二由于“内光外透”的作用，陈列空间一目了然，采用间接的手法突出了展示馆的文化内涵。

对层次三，铝板装饰的建筑大面采用低照度处理。在每个方形框架（边长5m）下底边窗台上分别安装三套新型投光灯具，成功地实现了对整个方形框架进行勾边的效果。由于照度较层次一、二低，色温低，光线柔和，使呆板的铝材质建筑大面显得自然、生动，有妙笔生花的效果。

2. 整体环境的营造

重点突出三个层次后，布置在广场南北面上，装饰精美的10盏投光灯采用立杆照射，为整个建筑物罩上一层淡淡的调和色，柔和美丽。与庭院灯交相辉映，形成一幅完整的构图，达到了预期的照明效果。

四、光源和灯具的使用情况

1）照射四个穹形屋顶的投光灯为64套1129JMT－400W金属卤化物灯和32套8153JMT－400W金属卤化物灯。

2）照射楼梯的投光灯为36套3434－70W金属卤化物灯。

3）照射窗框的投光灯为162套7366－70W投光灯。

第三节　城市广场照明设计

云南省兰坪县是著名的“三江汇流”之地，有“三江之门”的赞誉，地理位置非常重要，自然资源极其丰富，聚居着白族、普米族、藏族等少数民族，具有浓郁的风土人情。

一、概况

云南兰坪民族文化广场位于兰坪县文化路，广场总规划面积为46960m^2，其中文化路以东部分为一期工程，占地26650m^2；以西部分为二期工程，占地20310m^2。

二、设计原则

1. 以建筑和环境设计为依托

夜景照明工程是在建筑和景观工程的基础上实施的，其设计也必须以建筑和景观的设计原则为依托。在云南兰坪民族文化广场的夜景设计中，充分消化理解其建筑和景观设计的构思，充分考虑到建筑在环境中的地位及建筑和环境的互动关系，使夜景设计与建筑设计、景观设计融为一体。

2. 以人为本

人是夜景工程的使用者，夜景照明的设计需满足观赏和使用的主体——人的需求。对行人和游客进行充分的行为和心理分析，特别注意人在夜间环境下行为心理发生的特殊变化。

3. 点面结合、重点突出、主次分明

人的心理和生理在夜晚会发生明显变化，因此夜景照明的设计更应该注重整体性和突出重点。对重点景点重点表现，做到“突出”“点到”两不误。

4. 绿色节能、可持续发展

明确绿色照明环境是以设计为龙头，以科技为关键，以产品更新为支撑，以系统管理为驱动的系统工程。

5. 安全

1）夜景工程中所涉及的灯具、线路及控制设备必须确保行人和游客的安全并达到各种预期性能。

2）广场的照明具有特殊的要求，照明设计中应充分考虑行人的安全和安保，满足广场照明的特殊需求。

三、夜景设计目标

1. 营造整体统一、局部变化的完整景观体系

民族文化广场建成后将成为这一地区的重要景观。在夜景照明设计中，我们从建筑设计和环境设计的角度出发，综合考虑广场各活动空间之间、广场与周围道路之间、广场与周围其他建筑之间的关系，使之完整和谐，又突出广场在整个环境中的重要地位。

2. 体现城市开放空间的景观特色

云南兰坪民族文化广场建成后将是云南兰坪最重要的开放公共空间，在照明设计中紧紧抓住城市开放空间的环境特征，满足人们交往休闲的需要。

3. 体现时代特征、地域人文色彩

兰坪位于云南省西部，是白族、普米族和藏族的聚居地，具有浓厚的地域人文特色。夜景工程作为具有浓厚现代特征的城市景观，在设计中也将适当融入具有地域特征的景观元素和符号，体现独特的人文色彩。

4. 绿色节能、安全舒适

绿色照明包含了多方面的内容，节约能源、创造舒适照明和减少光污染是其主要的方面。兰坪民族文化广场照明的设计中，应尽量选用高光效的光源和灯具，采用合理的照明方式，并采用科学合理的照明控制手段，体现绿色照明的优点。

四、方案总体构思

1. 主要观景点

入口、中心广场、湖滨。

2. 主要景观元素

入口发光地坪、球形花灯组合、中心广场地埋灯、喷泉和叠水、发光图腾、张膜结构、玉屏桥、湖滨“珠链”、步行街。

3. 亮度控制

广场的不同区域，按照不同的使用功能，设定不同的亮度分布等级。

入口处的基本照明是由路灯和庭院灯提供的，并采用发光地坪将亮度集中在地坪上。

中心广场上的亮度中心点是喷泉，周围的发光灯柱起到水平方向围合空间的作用。在入口和广场叠水溪流两个方向分别由球形花灯和发光图腾形成高处的亮度中心，在垂直方向形成开放的亮度模式。

广场上其他的通道设庭院灯和草坪灯，将亮度中心控制在人体尺度之内。

4. 颜色光的使用

广场灯光的颜色以自然光色为主基调，在重点部位（主要观景对象）适当采用颜色光加以点缀。颜色光的选择集中在红、黄、蓝、绿等纯净色调，以表现当地淳朴的民族风格。

五、方案细部设计

(1) 入口　入口是夜景照明方案重点设计的景观点之一。在主入口处，我们减少绿化的种植面积，把主入口前方的空间全部打开，增加入口的开放性，并在两侧设置石制座凳，排列成弧形，石凳的下方设置地埋灯，起到引导人流视线的作用。同时，为了增强入口的趣味性，在面向入口台阶的地面上设置发光地坪，采用地藏式安装，光线从地面上的圆形发光孔透出，营造富有情趣的夜景效果。

(2) 中心广场　中心广场是人们主要的活动聚集区域，是一块直径60m的圆形场地，中心设有旱地喷泉，周围设有文化墙、水池和花坛。为满足广场的基本照明，在广场周围设置高度为3.5m、整体透光的发光灯柱；沿广场的发散线条设置美耐灯地埋灯，增强中心广场的向心性；文化墙照明由设置在水池中的水下PAR灯提供，光线透过水体在墙上形成富有变化的阴影效果。

入口和中心广场有两列台阶相联系，台阶两侧的绿化中设置两组球形花灯。

(3) 图腾柱　图腾柱是体现地域文化特征的重要景观元素，为了突出其在夜间的效果，将其上半部做成整体发光的灯柱，外壳采用不锈钢材料，设置富有民族风情的镂空图案，内部设置灯光。夜间的灯光通过镂空部分外透，形成晶莹剔透的效果。下半部采用石制基座，并设地埋灯照亮。

图腾柱上方各设置一组“空中芭蕾”探照灯，增强图腾柱在夜间的主导地位，营造热烈欢快的气氛。

(4) 湖滨　人工湖景点将是人们主要的驻足点，在其沿岸设置球形栏杆灯，连续的发光点在夜间形成“珠链”的效果。

(5) 膜结构　膜结构帐篷是广场的重要景观元素之一，对进行良好的夜间照明非常重要。为保证照明效果，在膜结构内部和外部分别采用投光灯照亮。

(6) 步行街　步行街的照明包括保证行人安全的庭院灯和商铺内透光两部分。在节日里可以在商铺门口设置灯笼或灯串，营造欢快繁华的气氛。

(7) 玉屏桥　玉屏桥虽属于二期建设，但它在一期的整个景观体系中占有重要的地位，也是夜景重要的景观元素。玉屏桥面向广场的侧立面是重点表现的部分。除了设置投光灯照亮立面外，在桥栏杆上设置变色数码管，形成横向的线条，勾勒桥体的轮廓。

(8) 道路照明　广场周围的道路需要有高质量的道路照明。在设计中，综合考虑道路照明与广场的环境照明，设置风格统一的路灯。

各细部照明效果如图10-4所示。

a) 入口夜景效果预想图

b) 中心广场夜景预想图

c) 图腾夜景效果预想图

图 10-4　兰坪广场细部照明效果

六、控制系统

本工程采用澳大利亚奇胜（CLIPSAL）C-BUS 智能灯光控制系统，以满足光环境控制与节能的需要，预设置的控制模式如下。

（1）平常工作日　开广场入口区域、中心区域、图腾柱以及主要交通线路、主要景观点的灯。

（2）双休日　在平常工作日的基础上加开广场内所有交通线路的灯。

（3）节庆日　开所有的灯。

（4）后半夜　开基本照明用灯。

广场照明平面图如图 10-5 所示；广场照明配电箱系统图如图 10-6 所示；各模式具体控制回路见表 10-2。

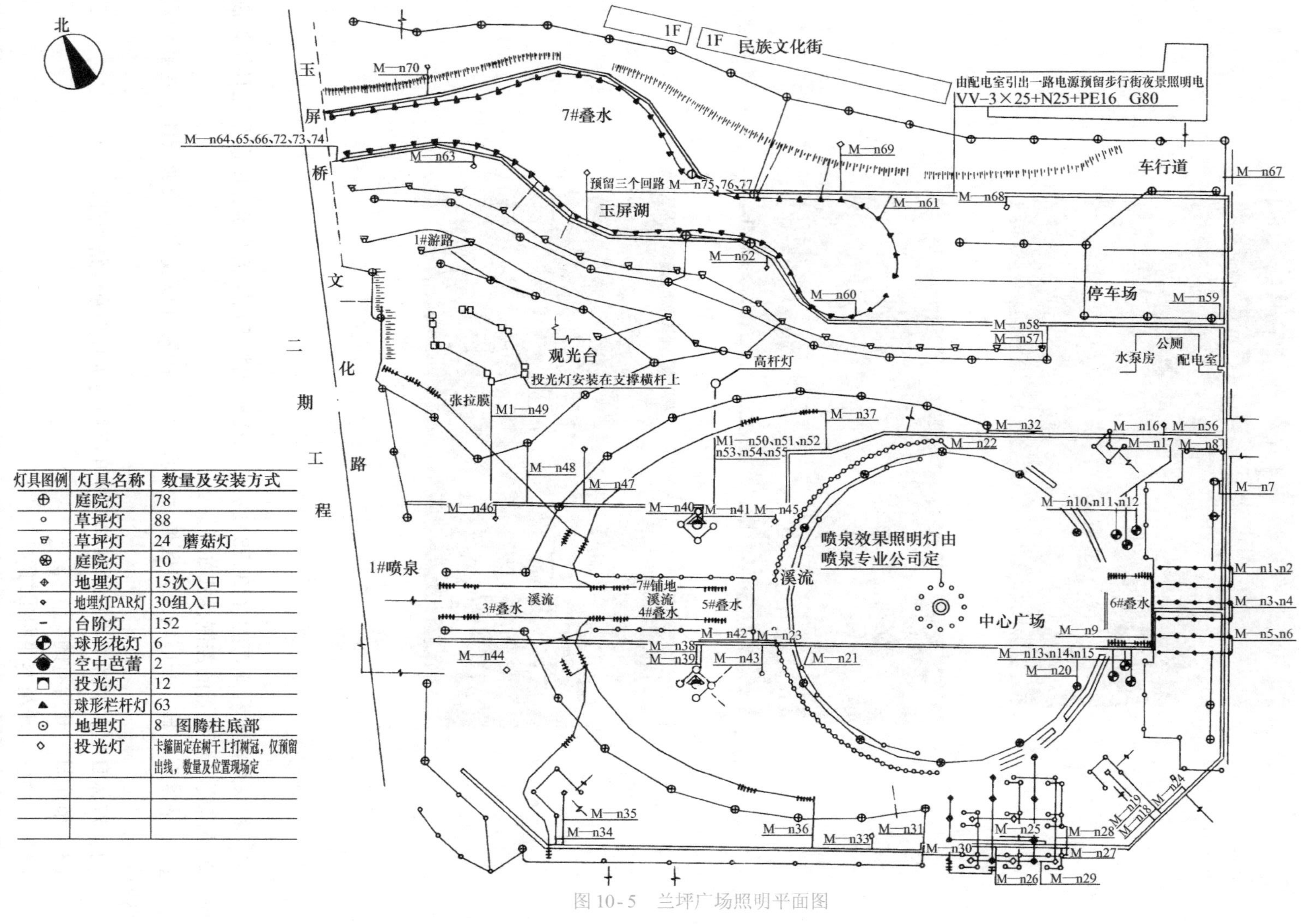

灯具图例	灯具名称	数量及安装方式
⊕	庭院灯	78
○	草坪灯	88
▽	草坪灯	24 蘑菇灯
⊛	庭院灯	10
◈	地埋灯	15次入口
⋄	地埋灯PAR灯	30组入口
-	台阶灯	152
◐	球形花灯	6
●	空中芭蕾	2
◘	投光灯	12
▲	球形栏杆灯	63
⊙	地埋灯	8 图腾柱底部
◇	投光灯	卡箍固定在树干上打树冠，仅预留出线，数量及位置现场定

图 10-5 兰坪广场照明平面图

HSM1-125M/4300
I_n=125A
W-3×70+N70+PE35 G100
N 铜质搪锡
PE 铜质搪锡
铜汇流派(带绝缘护套)
ΣP=23kW
I_j=46A
QGBD1

回路编号	断路器型号规格	接触器型号规格	配出电缆型号规格、穿管管径、敷设方式	回路用途 回路负荷	相序	控制编号
n1	DPNVigi-20	25A～220V	W-2×4+PE4 G25 DA	主入口发光地板 10×(2×70W)	(A)	M—C1
n2	DPNVigi-20	25A～220V	W-2×4+PE4 G25 DA	主入口发光地板 10×(2×70W)	(B)	M—C2
n3	DPNVigi-20	25A～220V	W-2×4+PE4 G25 DA	主入口发光地板 10×(2×70W)	(C)	M—C3
n4	DPNVigi-20	25A～220V	W-2×4+PE4 G25 DA	主入口发光地板 10×(2×70W)	(A)	M—C4
n5	DPNVigi-20	25A～220V	W-2×4+PE4 G25 DA	主入口发光地板 10×(2×70W)	(B)	M—C5
n6	DPNVigi-20	25A～220V	W-2×4+PE4 G25 DA	主入口发光地板 10×(2×70W)	(C)	M—C6
n7	DPNVigi-20	LC1-D09004	W-2×4+PE4 G25 DA	庭院灯 4×70W	(A)	M—C7
n8	DPNVigi-20	LC1-D09004	W-2×4+PE4 G25 DA	草坪灯 12×18W	(B)	M—C8
n9	DPNVigi-20	LC1-D09004	W-2×4+PE4 G25 DA	台阶灯 24×9W	(C)	M—C9
n10	C65N-32/2 +VigiC65	LC1-D12004	W-2×4+PE4 G25 DA	球形花灯 2kW	(A)	M—C10
n11	C65N-32/2 +VigiC65	LC1-D12004	W-2×4+PE4 G25 DA	球形花灯 2kW	(B)	M—C11
n12	C65N-32/2 +VigiC65	LC1-D12004	W-2×4+PE4 G25 DA	球形花灯 2kW	(C)	M—C12
n13	C65N-32/2 +VigiC65	LC1-D12004	W-2×4+PE4 G25 DA	球形花灯 2kW	(A)	M—C13
n14	C65N-32/2 +VigiC65	LC1-D12004	W-2×4+PE4 G25 DA	球形花灯 2kW	(B)	M—C14
n15	C65N-32/2 +VigiC65	LC1-D12004	W-2×4+PE4 G25 DA	球形花灯 2kW	(C)	M—C15
n16	DPNVigi-20	LC1-D09004	W-2×4+PE4 G25 DA	草坪灯 4×18W	(A)	M—C16
n17	DPNVigi-20	LC1-D09004	W-2×4+PE4 G25 DA	投光灯 4×150W	(B)	M—C17
n18	DPNVigi-20	LC1-D09004	W-2×4+PE4 G25 DA	草坪灯 4×18W	(C)	M—C18
n19	DPNVigi-20	LC1-D09004	W-2×4+PE4 G25 DA	投光灯 4×150W	(A)	M—C19
w1	DPNVigi-20	LC1-D09004	备用		(B)	M—w1
w2	DPNVigi-20	LC1-D09004	备用		(C)	M—w2
w3	DPNVigi-20	LC1-D09004	备用		(A)	M—w3
w4	DPNVigi-20	LC1-D09004	备用		(B)	M—w4
w5	DPNVigi-20	LC1-D09004	备用		(C)	M—w5

a) 广场照明配电箱系统图M(A)

图 10-6 兰坪广场配电箱系统图［M（A）～M（D）箱］

注：1. 照明配电箱（参考）尺寸 $W=800\text{mm}$、$D=400\text{mm}$、$H=2000\text{mm}$。10#槽钢搁高 0.3m 落地安装。

2. ▶ 固态电子继电器。

3. 剩余电流断路器 DPNVigi 漏电动作电流 30mA。

W-3×70+N70+PE35 G100

HSM1-125M/4300
I_n=80A

N 铜质搪锡

PE 铜质搪锡

铜汇流派(带绝缘护套)

ΣP=12kW
I_j=24A
QGBD1

回路编号	断路型号规格	接触器型号规格	配出电缆型号规格、穿管管径、敷设方式	回路用途回路负荷	相序	控制编号
n20	DPNVigi-20	LC1-D09004	W-2×4+PE4 G25 DA	广场庭院灯 10×150W	(A)	M—C20
n21	DPNVigi-20	LC1-D09004	W-2×4+PE4 G25 DA	广场草坪灯 8×18W	(B)	M—C21
n22	DPNVigi-20	LC1-D09004	W-2×4+PE4 G25 DA(防水)	水下灯 31×35W	(C)	M—C22
n23	DPNVigi-20	LC1-D09004	W-2×4+PE4 G25 DA(防水)	水下灯 31×35W	(A)	M—C23
n24	DPNVigi-20	LC1-D09004	W-2×4+PE4 G25 DA	投光灯 4×150W	(B)	M—C24
n25	DPNVigi-20	LC1-D09004	W-2×4+PE4 G25 DA	嵌入地埋灯 15×18W	(C)	M—C25
n26	DPNVigi-20	LC1-D09004	W-2×4+PE4 G25 DA	台阶灯 5×9W	(A)	M—C26
n27	DPNVigi-20	LC1-D09004	W-2×4+PE4 G25 DA	草坪灯 28×18W	(B)	M—C27
n28	DPNVigi-20	LC1-D09004	W-2×4+PE4 G25 DA	投光灯 5×2(×150W)	(C)	M—C28
n29	DPNVigi-20	LC1-D09004	W-2×4+PE4 G25 DA	投光灯 3×2(×150W)	(A)	M—C29
n30	DPNVigi-20	LC1-D09004	W-2×4+PE4 G25 DA	草坪灯 12×18W	(B)	M—C30
n31	DPNVigi-20	LC1-D09004	W-2×4+PE4 G25 DA	庭院灯 9×70W	(C)	M—C31
n32	DPNVigi-20	LC1-D09004	W-2×4+PE4 G25 DA	庭院灯 9×70W	(A)	M—C32
n33	DPNVigi-20	LC1-D09004	W-2×4+PE4 G25 DA	投光灯 5×2(×150W)	(B)	M—C33
n34	DPNVigi-20	LC1-D09004	W-2×4+PE4 G25 DA	草坪灯 4×18W	(C)	M—C34
n35	DPNVigi-20	LC1-D09004	W-2×4+PE4 G25 DA	投光灯 4×150W	(A)	M—C35
n36	DPNVigi-20	LC1-D09004	W-2×4+PE4 G25 DA	台阶灯 60×9W	(B)	M—C36
n37	DPNVigi-20	LC1-D09004	W-2×4+PE4 G25 DA	台阶灯 60×9W	(C)	M—C37
w6	DPNVigi-20	LC1-D09004	备用		(A)	M—w6
w7	DPNVigi-20	LC1-D09004	备用		(B)	M—w7
w8	DPNVigi-20	LC1-D09004	备用		(C)	M—w8
w9	DPNVigi-20	LC1-D09004	备用		(A)	M—w9
w10	DPNVigi-20	LC1-D09004	备用		(B)	M—w10
w11	DPNVigi-20	LC1-D09004	备用		(C)	M—w11

b) 广场照明配电箱系统图M(B)

图 10-6 兰坪广场配电箱系统图

注：1. 照明配电箱（参考）尺寸 $W=800\text{mm}$、$D=400\text{mm}$、$H=2000\text{mm}$。10#槽钢搁高 0.3m 落地安装。

2. 剩余电流断路器 DPNVigi 漏电动作电流 30mA。

	回路编号	断路型号规格	接触器型号规格	配出电缆型号规格、穿管管径、敷设方式	回路用途回路负荷	相序	控制编号
HSM1-125M/4300 I_n=125A	n38	DPNVigi-20	LC1-D09004	W-2×4+PE4 G25 DA	地埋灯 4×150W	(A)	M—C38
W-3×70+N70+PE35 G100; N 铜质搪锡	n39	C65N-32/2 +VigiC65	LC1-D09004	W-2×6+PE6 G25 DA	空中芭蕾 3kW	(B)	M—C39
PE 铜质搪锡; 铜汇流派(带绝缘护套)	n40	DPNVigi-20	LC1-D09004	W-2×4+PE4 G25 DA	地埋灯 4×150W	(C)	M—C40
	n41	C65N-32/2 +VigiC65	LC1-D09004	W-2×6+PE6 G25 DA	空中芭蕾 3kW	(A)	M—C41
	n42	DPNVigi-20	LC1-D09004	W-2×4+PE4 G25 DA	草坪灯 16×18W	(B)	M—C42
	n43	DPNVigi-20	LC1-D09004	W-2×4+PE4 G25 DA	投光灯 3×(4×150W)	(C)	M—C43
	n44	DPNVigi-20	LC1-D09004	W-2×4+PE4 G25 DA	投光灯 3×(4×150W)	(A)	M—C44
	n45	DPNVigi-20	LC1-D09004	W-2×4+PE4 G25 DA	投光灯 3×(4×150W)	(B)	M—C45
	n46	DPNVigi-20	LC1-D09004	W-2×4+PE4 G25 DA	投光灯 3×(4×150W)	(C)	M—C46
	n47	DPNVigi-20	LC1-D09004	W-2×4+PE4 G25 DA	投光灯 3×(4×150W)	(A)	M—C47
	n48	DPNVigi-20	LC1-D09004	W-2×4+PE4 G25 DA	庭院灯 12×18W	(B)	M—C48
	n49	C65N-32/2 +VigiC65	LC1-D09004	W-2×4+PE4 G25 DA	投光灯 12×150W	(C)	M—C49
	n50	C65N-32/2 +VigiC65	LC1-D09004	W-2×4+PE4 G25 DA	高杆灯 2×1kW	(A)	M—C50
	n51	C65N-32/2 +VigiC65	LC1-D09004	W-2×4+PE4 G25 DA	高杆灯 2×1kW	(B)	M—C51
	n52	C65N-32/2 +VigiC65	LC1-D09004	W-2×4+PE4 G25 DA	高杆灯 2×1kW	(C)	M—C52
	n53	C65N-32/2 +VigiC65	LC1-D09004	W-2×4+PE4 G25 DA	高杆灯 2×1kW	(A)	M—C53
	n54	C65N-32/2 +VigiC65	LC1-D09004	W-2×4+PE4 G25 DA	高杆灯 2×1kW	(B)	M—C54
	n55	C65N-32/2 +VigiC65	LC1-D09004	W-2×4+PE4 G25 DA	高杆灯 2×1kW	(C)	M—C55
	w12	DPNVigi-20	LC1-D09004	备用		(A)	M—w12
	w13	DPNVigi-20	LC1-D09004	备用		(B)	M—w13
	w14	DPNVigi-20	LC1-D09004	备用		(C)	M—w14
	w15	DPNVigi-20	LC1-D09004	备用		(A)	M—w15
	w16	DPNVigi-20	LC1-D09004	备用		(B)	M—w16
ΣP=30kW I_j=60A QGBD1	w17	DPNVigi-20	LC1-D09004	备用		(C)	M—w17

c) 广场照明配电箱系统图M(C)

[M（A）~M（D）箱]（续）

注：1. 照明配电箱（参考）尺寸 W=800mm、D=400mm、H=2000mm。10#槽钢搁高 0.3m 落地安装。

2. 剩余电流断路器 DPNVigi 漏电动作电流 30mA。

HSM1-125M/4300 I_n=125A

W-3×70+N70+PE35 G100

N 铜质搪锡 PE 铜质搪锡 铜汇流派(带绝缘护套)

ΣP=20kW I_j=40A QGBD1

回路编号	断路型号规格	接触器型号规格	配出电缆型号规格、穿管管径、敷设方式	回路用途回路负荷	相序	控制编号
n56	DPNVigi-20	LC1-D09004	W-2×4+PE4 G25 DA	投光灯 4×150W	(A)	M—C56
n57	DPNVigi-20	LC1-D09004	W-2×4+PE4 G25 DA	庭院灯 10×70W	(B)	M—C57
n58	DPNVigi-20	LC1-D09004	W-2×4+PE4 G25 DA	草坪灯 24×12W	(C)	M—C58
n59	DPNVigi-20	LC1-D09004	W-2×4+PE4 G25 DA	庭院灯 8×70W	(A)	M—C59
n60	DPNVigi-20	LC1-D09004	W-2×4+PE4 G25 DA	堤岸圆泡灯 30×18W	(B)	M—C60
n61	DPNVigi-20	LC1-D09004	W-2×4+PE4 G25 DA	堤岸圆泡灯 30×18W	(C)	M—C61
n62	DPNVigi-20	LC1-D09004	W-2×4+PE4 G25 DA(防水)	投光灯 3×2(×150W)	(A)	M—C62
n63	DPNVigi-20	LC1-D09004	W-2×4+PE4 G25 DA(防水)	投光灯 3×2(×150W)	(B)	M—C63
n64	DPNVigi-20	LC1-D09004	W-2×4+PE4 G25 DA	变色护栏灯→桥 0.6kW	(C)	M—C64
n65	DPNVigi-20	LC1-D09004	W-2×4+PE4 G25 DA	投光灯→桥 10×150W	(A)	M—C65
n66	DPNVigi-20	LC1-D09004	W-2×4+PE4 G25 DA	投光灯→桥 10×150W	(B)	M—C66
n67	DPNVigi-20	LC1-D09004	W-2×4+PE4 G25 DA	庭院灯 15×70W	(C)	M—C67
n68	DPNVigi-20	LC1-D09004	W-2×4+PE4 G25 DA	投光灯 3×2(×150W)	(A)	M—C68
n69	DPNVigi-20	LC1-D09004	W-2×4+PE4 G25 DA	投光灯 3×2(×150W)	(B)	M—C69
n70	DPNVigi-20	LC1-D09004	W-2×4+PE4 G25 DA	投光灯 3×2(×150W)	(C)	M—C70
n71	DPNVigi-20	LC1-D09004	W-2×4+PE4 G25 DA	投光灯→桥拱 10×150W	(A)	M—C71
n72	DPNVigi-20	LC1-D09004	W-2×4+PE4 G25 DA	投光灯→桥拱 10×150W	(B)	M—C72
n73	DPNVigi-20	LC1-D09004	W-2×4+PE4 G25 DA	投光灯→桥拱 6×150W	(C)	M—C73
n74	DPNVigi-20	LC1-D09004	W-2×4+PE4 G25 DA	庭院灯→桥 8×70W	(A)	M—C74
n75	DPNVigi-20	LC1-D09004	W-2×4+PE4 G25 DA	预留回路→小岛	(B)	M—C75
n76	DPNVigi-20	LC1-D09004	W-2×4+PE4 G25 DA	预留回路→小岛	(C)	M—C76
n77	DPNVigi-20	LC1-D09004	W-2×4+PE4 G25 DA	预留回路→小岛	(A)	M—C77
w18	DPNVigi-20	LC1-D09004	备用		(B)	M—w18
w19	DPNVigi-20	LC1-D09004	备用		(C)	M—w19

d) 广场照明配电箱系统图M(D)

图 10-6 兰坪广场配电箱系统图［M（A）~M（D）箱］（续）

注：1. 照明配电箱（参考）尺寸 $W=800$mm、$D=400$mm、$H=2000$mm。10#槽钢搁高 0.3m 落地安装。

2. 剩余电流断路器 DPNVigi 漏电动作电流 30mA。

表 10-2 兰坪广场的控制模式与所控制回路对应表

模式 1	M—C1～C6、C7、C10～C15、C17、C19、C20、C25、C30、C31、C32、C35、C38～C42、C48、C49、C50～C55、C57、C59、C60、C61、C64～C66、C67、C71～C74
模式 2	M—C1～C77 全部回路
模式 3	M—C7、C20、C59、C67、C74

第四节 步行街照明设计

随着经济建设的发展，目前我国掀起了新一轮的城市建设，这大大改善了城市的环境，各地都根据自己的特色，建成了一批供市民休闲、娱乐的步行街。步行街的夜景建设是其中很重要的一个组成部分。下面介绍江苏省无锡市大成巷步行街的夜景照明设计。

一、概况

大成巷位于无锡市崇安区中心，中山路和解放北路之间，总长约 400m，大成巷北侧两条支路（姚宝巷、黄石弄）各长约 100m。

大成巷步行街的商业定位为高档次的服装精品屋和咖啡屋、茶室等为主的休闲娱乐场所，夜景的设计也应以这一商业定位为出发点，营造舒适、宜人的整体景观效果。

二、照明设计目标

（1）提供步行街功能照明　功能照明是夜景照明设计的首要目标，在人流集中的步行街区域，功能照明应能保证行人安全，清晰辨识路、人和街道设施，并能保证在步行街上的定向。

（2）创造商业与休闲街区舒适宜人的夜间环境　舒适宜人的夜间环境是提升商业与休闲街区环境品质的重要环节，艺术化的照明手段和灯具设置将形成整体环境氛围的有力支撑，成为吸引客流的重要元素。

（3）体现历史文化内涵　大成巷步行街位于无锡市中心城区，步行街上有顾宅等历史文化景点，通过夜景照明充分体现街区的历史文化内涵，在物态的环境中融入精神元素，加强街区的人文景观特色。

（4）安全节能　设计中采用安全节能的照明设备，通过合理的控制手段，以保证行人的安全并能达到各项预期的目标。

三、照明设计原则

（1）以建筑和环境设计为依托　建筑和环境设计是照明表现的载体，通过对建筑和环境的理解，结合其自身特点，合理设置灯光布局。

（2）以历史和文化内涵为导向　历史和文化内涵是步行街区的精神核心，符合历史文化特色的夜景才能做到“锦上添花”，表现区域特色。

（3）点、线、面结合的景观布局　夜景照明设计应该注重整体性和突出重点，对重点景点加以重点表现，做到“点、线、面”相结合，避免面面俱到。

（4）绿色节能、持续发展　夜景照明是以设计为龙头、以科技为关键、以产品更新为支撑、以系统管理为驱动的系统工程，“绿色照明”是照明科技的发展方向，也是照明设计的指导原则。

四、夜景定位与整体构思

（1）夜景定位　富于历史与文化气息的现代化商业步行街。

（2）整体设计构思　整体设计构思如下：

1）大成巷全长约400m，步行街景观及两侧建筑设计呈现整体和谐的效果，建成后将成为无锡崇安区重要的休闲、旅游、购物场所，夜景照明的设计需要同时考虑功能、美观、节能和维护等多方面的因素。

2）为夜间行人交通和活动提供必要的功能性照明是夜景照明设计的首要目的。大成巷的功能性照明主要由设施带上的庭院灯提供，同时通过两侧商铺内的橱窗照明和内透光照明加强步行街两侧的照明，增强商铺对行人的吸引力，同时形成步行街的围合效果。

3）为了增强步行街对行人的吸引力，步行街主线及各个主要节点上应设置装饰性景观照明，并对主要建筑物和绿化进行特殊表现，形成完整的夜间景观。

4）颜色控制。整体以高显色性的白光为主，局部辅以彩色光线为点缀。

（3）夜景构成元素　整条步行街的夜景由庭院灯照明、地埋灯照明、广告牌照明、绿化照明、建筑物泛光照明、建筑物内透光照明、建筑物局部装饰照明、商铺招牌与广告照明构成。

五、整体规划

整条街由一条主线和五个节点组成。

一条主线：以庭院灯、地埋灯为主要元素的夜景主线。

五个节点：中山路入口节点，顾宅广场节点，大成巷、姚宝巷交叉口节点，大成巷、黄石弄交叉口节点，解放北路入口节点。

六、街区细部照明方案

1. 主线照明方案

主线照明分为两个层次：功能照明和装饰照明。

功能照明采用70W金属卤化物灯庭院灯，安装于设施带内。庭院灯杆高4m，样式如灯具目录所示，间距12m安装，可保证路面上照度的均匀，同时在纵深方向形成强烈的视觉引导效果。

装饰照明采用引导性的地埋灯，安装于设施带两侧。地埋灯采用LED光源，红、绿、蓝的三基色LED放置于一个地埋灯内，通过组合得到不同的颜色，采用智能化控制手段实现光色的统一变化，创造富有情趣的景观效果。

设施带上原有一处景观花架，为了增强步行街的舒适氛围，在其他四处设置同样造型的花架，花架上采用嵌入式安装的绿、蓝两色LED光带，变化的景观效果可增加公共休闲区域对行人的吸引力。

2. 节点照明方案

（1）中山路入口节点　中山路入口是大成巷休闲街的主要出入口之一，开放式的建筑和景观布局增加了这一区域对人流的吸引力。

为了加强夜间的标识作用，在入口的一侧加设景观型发光路牌，路牌光源采用黄、绿、蓝三色LED和PL节能灯，皆为隐蔽安装，利用外透光线形成“发光雕塑”的效果，通过自动控制的LED面板可以实现颜色的变化，营造富有趣味性的景观效果。

（2）顾宅广场节点 顾宅广场是大成巷休闲街上的重要节点，古宅、青石地坪、绿化的综合布置使之具有了丰富的历史文化内涵。

为和顾宅广场的景观特色相匹配，其夜景设计的主要目标是营造舒适、宜人的整体氛围，灯具的选择和安装位置尽可能不对白天的景观造成破坏。此处夜景的主要处理方法采用了LED地埋灯组成的发光地坪，LED地埋灯采用红、绿、蓝三色LED，安装于同一个地埋灯内，通过统一的智能控制实现光色的变化。为了与主线上的LED地埋灯形成对比的效果，此处的控制可以采取更为灵活的方式，不但可以统一变化，也可以采取渐变、追逐和自由变化的方式。

与顾宅相对的绿化是大成巷上唯一的一块面状绿化，采用150W金属卤化物灯地埋灯照亮高大的乔木，隐蔽安装的灯具不会影响白天的景观。绿化后面的叠水采用低压水下灯，以表现水流。

改造后的顾宅底层将成为休闲茶座，上层为学校的展览用饭。根据使用功能的不同，对上下两层采用不同的照明手法。底层茶座采用和周边店铺相同的处理方式，内透光结合壁灯营造温馨的环境；上层建筑采用外部投光的方式，投光灯安装在二层阳台上，将二层墙面均匀照亮，表现顾宅这一古迹的整体效果。

（3）大成巷、姚宝巷交叉口节点 大成巷与姚宝巷的交叉口是一个重要节点，在建筑设计中结合连元街小学沿街建筑设置了“门”式交通空间和若干小品，成为这一节点的视觉中心。对“门”式建筑的照明表现是这一节点照明设计的中心。

除了用投光灯将“门”的侧面照亮以表现整体效果外，在“门”内还设置了与上部通透的圆形天窗同样造型的大型吊灯，吊灯上安装变色LED灯组，与大门的天窗造型相呼应，营造整体统一的装饰效果，大“门”内部的照明光线由安装在天窗周围的灯具提供。

（4）大成巷、黄石弄交叉口节点 为了通车需要，大成巷和黄石弄交叉口的建筑景观设计采取了简化的处理方式，照明设计以对周围建筑的表现为中心。

连元街小学沿街建筑的转角和文化局建筑是照明表现的重点，结合建筑立面和使用功能的特点，采用内透光和投光照明结合的方式表现建筑的整体效果，同时在文化局建筑的檐口采用局部重点照明，突出表现建筑的整体轮廓，连元街小学转角顶部设置的霓虹灯广告牌，成为这一节点的视觉焦点。

（5）解放北路入口节点 解放北路入口是大成巷步行街主入口之一，建成后将有大量人流从解放北路汇集于此进入步行街，对入口夜间照明的处理显得格外重要。

为了加强标识的作用，在入口的一侧加设与中山路入口造型一致的景观型发光路牌，步行街两端入口的路牌成为有力的呼应。

商业银行是这一区域的地标，虽然在夜间没有营业的商铺，但是其重要的地理位置仍决定了它在夜景照明中的重要地位。根据改造后建筑自身的特点，采用外投光为主的照明方式：采用投光灯照亮建筑的主体部分，表现银行建筑的稳重，给人以信赖感。

七、建筑物泛光照明

大成巷两侧有高层建筑、住宅、商铺、行政办公建筑等，根据每幢建筑立面造型、使用材质等的不同而采用不同的照明方式，配合整条步行街的照明效果，突出商业、休闲的氛围。

大成巷步行街两侧建筑如下：新中润广场、连元街小学沿街建筑、文化局建筑、锦绣花园会所、商业银行、西河花园店面、明珠广场店面。经过精心的设计，采用合理的照明方式，形成熠熠生辉的效果，与整条街融为一体，成为又一个亮点。

八、使用灯具和数量

大成巷步行街定位较高、人流密集，为保证行人人身安全和整体环境的协调，综合项目投资等因素，设计中将灯具选定为中高档次，LED、入口发光路牌等特殊部位采用定制照明设备，大功率地埋灯等对性能要求很高的灯具采用进口设备，其他灯具采用优质国产设备。灯具使用情况见表10-3，部分灯具介绍如图10-7所示，照明平面图如图10-8（见书后插页）所示。

表10-3 灯具使用情况

编号	名　称	光　源	功率/W	数量	安装位置	备　注
1	庭院灯	70W金属卤化物灯	70	37	步行街及支路	杆高4m，IP55
2	地埋灯	红、绿、蓝LED	5	118	步行街及支路	单色统一变化，IP66
3	地埋灯	红、绿、蓝LED	5	60	顾宅广场	全色，IP66
4	地埋灯	150W金属卤化物灯	150	8	绿化照明	加防眩光格栅，IP66
5	水下灯	24VPAR38卤钨灯	120	10	顾宅广场	IP68
6	入口标志牌	LED、荧光灯		4	入口	定制
7	景观花架	蓝LED		5	设施带	定制
8	地埋灯	150W金属卤化物灯	150	2	建筑物墙面照明	宽光束，IP66
9	地埋灯	150W金属卤化物灯	150	25	建筑物墙面照明	窄光束，IP66
10	投光灯	150W金属卤化物灯	150	22	金属格栅	宽光束，IP65
11	投光灯	150W金属卤化物灯	150	9	墙面	宽光束，IP65
12	投光灯	150W金属卤化物灯	150	58	广告牌	宽光束，IP65
13	投光灯	150W金属卤化物灯	150	58	广告牌	宽光束，IP65
14	投光灯	50W卤钨灯	50	111	绿化、金属格栅	宽光束，IP65
15	投光灯	70W金属卤化物灯	70	7	顾宅二层	宽光束，IP65
16	吸顶灯	26W节能灯	26	25	雨棚	IP43
17	壁灯	70W金属卤化物灯	70	35	柱子	上宽下窄光束，IP65
18	壁灯	70W金属卤化物灯	70	5	柱子	上窄下宽光束，IP65
19	壁灯	70W金属卤化物灯	70	4	柱子	宽光束
20	变色LED光带	红、绿、蓝LED		32m	连元街小学勾边	全色
21	变色LED光带	红、绿、蓝LED		127m	锦绣花园会所立面	全色
22	灯光小品（吊灯）	红、绿、蓝LED		1组	连元街小学“门“	全色
23	灯光小品（广告牌）	霓虹灯		1组	连元街小学转角处	全色
24	LED点灯	红、绿、蓝LED		50	连元街小学玻璃幕墙	全色

总之，室外环境照明（如广场照明、步行街、建筑物立面的泛光照明等）是技术美和艺术美的结合，只有在设计师（包括建筑、电气和照明设计）、供应商（包括灯具、控制设备和配电设备）、施工单位及业主的共同努力下，才能创造出熠熠生辉的效果。

a) 庭院灯

b) 发光地坪(LED)

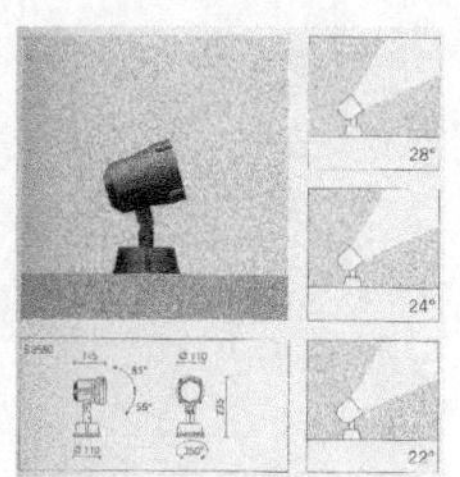

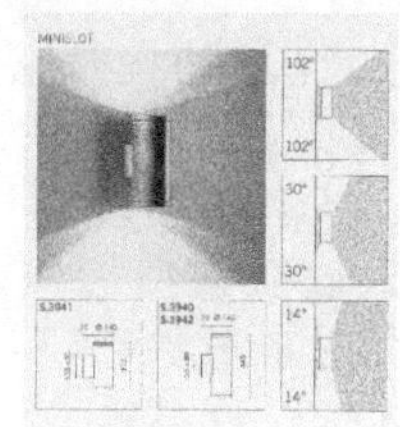

c) 壁灯

图 10-7　部分灯具介绍

参考文献

[1] 周太明．光学原理与设计［M］. 2 版．上海：复旦大学出版社，2006.
[2] 杨公侠．视觉与视觉环境［M］. 2 版．上海：同济大学出版社，2002.
[3] 俞丽华．电气照明［M］. 4 版．上海：同济大学出版社，2014.
[4] 北京照明学会照明设计专业委员会．照明设计手册［M］. 3 版．北京：中国电力出版社，2017.
[5] 顾国维．绿色技术及其应用［M］. 上海：同济大学出版社，1999.
[6] 肖辉乾．城市夜景照明规划设计与实录［M］. 北京：中国建筑工业出版社，2000.
[7] 唐定曾，唐海．建筑电气技术［M］. 2 版．北京：机械工业出版社，2016.
[8] 孙景芝．建筑电气控制系统安装［M］. 北京：机械工业出版社，2007.
[9] 李海，黎文安，等．实用建筑电气技术［M］. 北京：中国水利水电出版社，2001.
[10] 北京市建筑设计研究院．建筑电气专业设计技术措施［M］. 北京：中国建筑工业出版社，1998.
[11] 吴成东．怎样阅读建筑电气工程图［M］. 北京：中国建材工业出版社，2001.
[12] 华东建筑设计研究院．智能建筑设计技术［M］. 2 版．上海：同济大学出版社，2002.